The Mode of Green Residential District
绿色住区模式
中美绿色建筑评估标准比较研究

中国房地产研究会人居环境委员会

开 彦 王涌彬 编著

中国建筑工业出版社

图书在版编目（CIP）数据

绿色住区模式　中美绿色建筑评估标准比较研究/开彦，王涌彬编著．—北京：中国建筑工业出版社，2011.12
 ISBN 978-7-112-13777-0

Ⅰ.①绿… Ⅱ.①开…②王… Ⅲ.①生态建筑-评估-标准-对比研究-中国、美国 Ⅳ.①TU18-65

中国版本图书馆CIP数据核字（2011）第231028号

责任编辑：唐　旭　陈　皓
责任设计：陈　旭
责任校对：张　颖　关　健

The Mode of Green Residential District
绿色住区模式
中美绿色建筑评估标准比较研究
中国房地产研究会人居环境委员会
开　彦　王涌彬　编著
*
中国建筑工业出版社出版、发行（北京西郊百万庄）
各地新华书店、建筑书店经销
北京嘉泰利德公司制版
北京云浩印刷有限责任公司印刷
*
开本：880×1230毫米　1/16　印张：14½　字数：440千字
2011年12月第一版　　2011年12月第一次印刷
定价：68.00元
ISBN 978-7-112-13777-0
　　　（21541）

版权所有　翻印必究
如有印装质量问题，可寄本社退换
（邮政编码　100037）

《绿色住区模式》编委会组织机构

指导单位：中国房地产研究会
主编单位：中国房地产研究会人居环境委员会
参编单位：北京梁开建筑设计事务所
　　　　　　美国自然资源保护委员会
　　　　　　美国绿色建筑委员会(2007-2009)
　　　　　　北京工业大学
　　　　　　北京中外建建筑设计有限公司
　　　　　　浙江大经建设集团股份有限公司

顾　　　问：张元端　赵冠谦
编委会主任：开　彦
编委会副主任：王涌彬　秦　铮　朱彩清　张　建　靳瑞东　万育玲　梁　才

编　　委：王宝刚　毛　钺　韩秀琦　钱京京　陶　滔　赵文凯　刘东卫　周静敏
　　　　　　杨　红　吕海川　彭春芳　李嘉宁　孙波平　王　萌　孙玉容　罗爱梅
　　　　　　丛　军　樊　航　左春姬　朱宏森　韩　娜　屈瑞芳　Shakil Alyas(丹麦)
　　　　　　章沐曦　靳博川
　　　　　　（排名不分前后）

编　　著：开　彦　王涌彬
执行主编：万育玲　朱彩清

序一

加快转型创新，走绿色发展之路

中国房地产业正在进入一个全新的时代。绿色发展无疑是这个新时代最重要的特质之一。

在过去的近20年中，我国房地产业作为国民经济的重要组成部分，在拉动经济增长、改善群众居住条件、改变城镇面貌等方面取得了令人瞩目的巨大成就。与此同时，粗放的产业发展方式和过高的资源能源消耗也在严重影响着整个行业甚至国家经济的健康发展。据全国政协人口资源环境委员会调查，我国民用建筑在建材生产、建造和使用过程中，能耗已占全社会总能耗的49.5%。加快转型创新，走绿色发展之路是我国房地产业发展的必然趋势，也是新形势下房地产业发展与国民经济和社会发展要求相适应，与日益提高的居民住房需求相适应的客观要求。

房地产业向绿色发展转变，是系统性、战略性的转变，需要理念的变革，更需要模式的创新。在发展理念上，首先要树立提高建筑使用寿命是最大的节约的理念；其次要树立从规划、设计、施工、使用、维护和拆除再利用全过程和建筑全寿命周期综合考虑建筑节能的理念。在发展模式上，一是要摒弃工业化的思维模式，按照建设生态文明的要求来调节我们的生产关系、生态秩序、生活方式与居住形式，提倡和引导住区建设走可持续发展的道路；二是要大力推进住宅产业现代化，通过工业化建造方式和产业链组织方式，积极发展省地节能环保型住宅；三是要在住宅建造的过程中加大推广绿色低碳技术，促进太阳能等清洁能源、可再生能源应用和资源的循环利用，促进节能减排适用技术的普及和应用。

中国房地产研究会人居环境委员会在本书中所展示的绿色住区模式即是一次有益的探索。这一成果是人居委在承担住房和城乡建设部重要课题《中美绿色建筑评估标准比较研究》中，通过将美、英、德、加等国际上具有权威度和影响力的绿色建筑与住区评估体系，与我国现行绿色建筑与住区评估体系进行了系统比较研究，并充分考量我国房地产开发实际提出的，是国际化与本土化融合的产物。绿色住区模式强调住区在建筑全寿命周期内的资源与能源利用最大化，强调住区与城市体系的高度协调与融合，强调绿色技术的系统优化与整合，融入了大量现行住区规划体系所不包含的社会、文化的要素。这一模式最突出的特点是，以人居环境的视角和手法来审视和引导城市建设和房地产业的科学发展，具有较强的可操作性和示范意义。

"十二五"期间是行业调整转型的关键时期。希望并相信,本书的出版能够助力于中国房地产业加快转型发展,助力于人居环境的全面改善和提高,共同建设人与自然和谐共生的绿色家园。

是为序。

全国政协常委、全国政协人口资源环境委员会副主任、
中国房地产业协会会长、中国房地产研究会会长

刘志峰

2011-11-30

序二

开创绿色住区的新时代

曾几何时，我们"地球村"发生了两件大事：第一件事是资源和能源紧缺的信号屡屡发出警示；第二件事是"天人合一"的人间正道出现了偏离，今天人类社会和经济活动之广和强度之大，已经对整个地球气候和生态产生明显的负面影响。

于是，"地球村"的村民们大声疾呼：我们只有一个地球，而地球正在发生变化。今天我们地球环境的变化正在加速，并且把地球系统推进到一种新的状态。这种状态在地球的历史上是找不到相似型的。这正是人类面临的最紧迫的挑战。

于是，"地球村"的村民们慷慨陈词：人类已经成为地球核心变化的主要驱动力，我们不能再是被动地来适应地球环境的变化，而是要主动调整自己的行为，包括生活方式、消费模式，把地球未来的运用掌握在我们自己的手里，建设起发达进步的生态文明。

再于是，"地球村"的村民们在反省警醒以后改弦更张。经过近三十年来的不断完善和推进，绿色建筑所倡导的低碳、低能耗、与环境相融合、创造健康舒适安全的居住环境等理念，已经获得社会各界的广泛共识。时至今日，绿色和低碳已经成为时代发展的潮流。

与先进发达国家相比较，我国绿色建筑的研究和实践虽然起步稍晚，但是由于有着"急起直追"的强烈意识，其发展之迅速，成果之丰硕，实乃有目而共睹。

中国房地产研究会人居环境委员会（以下简称"人居委"）作为国内最早关注并长期致力于人居环境理论研究和社会实践的专业学术社团，一直以来积极推动改善人居环境的研究和实践，为实现人居环境的可持续发展尽绵薄之力。

2003年，人居委在全国发起了以"提升住区品质、改善人居环境"为核心的实践活动——"中国人居环境与新城镇发展推进工程"，相继在全国建立了近百个"中国人居环境金牌建设试点"项目，并逐渐探索和形成了"社团、政府、企业"多方参与、共建人居的独特有效的工作模式。

近年来，为了推动人居环境建设的发展和转型，全面提升住区的品质，人居委在深入总结上述实践经验的基础上，又提出了绿色住区模式，并启动了"中国人居环境绿色住区共建项目"，以期通过科研课题与共建项目的紧密结合，真正将绿色住区的思想和理念落实到开发建设一线。

本书所呈现的即是人居委在推进绿色住区模式的过程中，开展住房和城乡建设部重大研究课题——《中美绿色建筑评估标准比较研究》结出的最新果实。

中国正在践行着全世界规模最大、速度最快的城市化进程。随着农村人口大规模地、持续地向城镇集聚，城镇住区开发建设在未来的十到二十年中将保持方兴未艾之势。

为了应对这种大规模住区开发的需求，尤其是为了应对这种快速城市化过程中日益加重的资源、环境约束，亟须将"绿色建筑"的相关理念与评估体系从"建筑"层面延展至"住区"层面，弘扬"绿色住区"的理念，并相应制订出评估体系。这是本书阐述的一个重要思想。

从资源相对逼仄的小区级开发，跃入资源相对宽裕的住区（社区）级开发，更加容易综合统筹安排，更加有利于完善城市机能，提升城市文化品质，更加有利于最大地发挥节地、节能效应，更加有利于市民出行、购物、享受城市文明居住品质的提升，真正实现可持续、和谐发展的目标。

而从企业的角度来看，从住区这一层面切入，更符合我国房地产开发事业发展的必然趋势，更有利于发挥企业的智慧、才能、核心竞争力、综合实力和社会责任。

绿色住区模式既是一个全新的探讨，也是对人居委多年开展的"中国人居环境金牌建设试点"工作的升华。这种升华体现为三个方面：一、从过去主要针对具体项目服务升华到为企业产品体系和品牌建设服务；二、从过去提供单项的技术咨询为主升华到提供完整体系的指导；三、关注和研究的范围从住区层面升华到包含更多社会、经济、文化要素的社区层面。

这种整体性、系统性的研究，将有利于更深入地推进政府和房地产企业适应现阶段经济发展和市场调整的趋势，有利于促进中国居住文化的继承与创新。

本书所展现的绿色住区模式，虽说仅仅是住区模式创新的一个开篇，但也为中国的现代住区、乃至新城镇开发建设提供了一个能够提升产品核心价值并具有良好可操作性的指导体系和操作模式。这对于深入贯彻落实党中央提出的"加快转变发展方式，大力推进生态文明建设"的方针，走理性、健康、绿色的可持续发展之路，对于引发社会各界进一步关注和参与绿色住区开发建设，形成共识、共力、共建的生动局面，是有其重要的价值和意义的。

绿色是大自然的色彩，是机遇和财富的象征。

绿色也是时代的色彩，是希望与憧憬的愿景。

我们的住区，既要有"小桥流水"之美景，更要有"绿色环保"之美质；既要享有"诗意的栖居"，更要成为"绿色的王国"。

今天，请让我们以赤子之心播下一粒粒绿色的种子，期盼明日祖国广袤大地结出绿色硕果，奏响和谐发展的绿色乐章！

我们相信，随着日益增多的政府、企业和社会的有识之士的关注、参与，一个充满活力与创新的绿色住区新时代很快就会到来！

2011-12-1

前言

一、写在前面

人居环境可持续发展始终伴随着人类的生存和社会进步的历程。

在中国，以城市住区为主的开发模式占据了城市建设的主导地位。以开发商自主开发的住区常以自身为核心，较少考虑与城市功能的协调，因此倡导"精明增长"的高效、紧凑、集中的城镇发展理念，以人居环境的视角，建立市民生活与城镇文明的互动关系——一个以绿色理念和绿色社会的发展目标成为绿色建筑运动的必然。

《中美绿色建筑评估标准比较研究》是由住房和城乡建设部科技司正式批准立项的重要科研课题。课题以国家基础标准《绿色建筑评价标准》为核心，通过对我国及地方现有绿色建筑评估体系与以美国绿色建筑评估体系（LEED）为代表的多国绿色建筑评估体系，展开了较为系统和深入的比较研究。并在此基础上，汲取各家之长，同时结合我国实际开发建设特点的要求，构建起适合我国并具有行业引领性和国际化要素的绿色住区评估指标体系——《可持续发展绿色住区建设导则》。

该课题历时三年，集合了我国绿色建筑领域众多知名专家和机构优势力量，旨在引导绿色建筑的高目标发展，树立行业规划示范案例。课题成果极为丰硕，体现为综合研究报告、可持续发展绿色住区建设导则、中美绿色建筑比较研究报告、中美绿色建筑标准分项比较表四个部分。

二、细说成果

在绿色建筑评估标准和运营方式近 20 年的发展历史上，英、美、日等多个国家相继建立了基于各国国情和绿色建筑发展基础并各具特色的评估标准。其中，以美国绿色建筑评估标准体系最为成熟和具有影响力，因此，课题组重点选择了美国绿色建筑评估体系（LEED）作为对比体系，从技术、管理、运营等多个角度对我国现有绿色建筑评估体系展开了较为系统和深入的比较研究。

著者开彦对我国绿色建筑发展现状有着明晰的认识。他说，由于我国绿色建筑的推广缺乏基层发展的动力，整体发展尚处在起步阶段。概念满天飞、炒作超过实干等浮躁的行为方式在一定程度上阻碍了绿色建筑的纵深发展，因此，绿色建筑评价标准的水准和相关技术的集成是当前我国绿色建筑发展的软肋。

开彦说："我特别想强调的是，绿色建筑的本质内涵不等于单纯的节约，也绝不等于绿色技术的简单叠加，它强调资源能源效益最大化，是一种全新的生活方式在建筑和住区环境中的反映，是一个综合、全面的解决能源危机和实现环境保护切实可行的途径。绿色建筑不仅是对大量绿色技术的优化和整合，也包含了经济、社会、文化等方面丰富的内容。"

在美国，绿色建筑最初的兴起是民间自下而上的自发的环保行为，经过不断的发展，绿色建筑逐渐被赋予了更多经济和社会的内涵。尽管我国的绿色建筑起步稍晚，但是在政府的大力推进下，逐步呈现出蓬勃发展之势。自2004年以来，每年一届的"中国国际智能和绿色建筑技术研讨会"的召开，对于扩大宣传影响、交流绿色技术起到了积极的作用。

开彦说："相比较，课题成果之一《可持续发展绿色住区建设导则》更侧重于对绿色建筑高目标的引导。"他认为，尽管各国和地区绿色建筑的发展现状不同，但是绿色建筑的内涵和对绿色目标的追求应该是一致的。绿色建筑国际化的发展趋势要求我们的研究手段和各项指标体系应与国际水平趋同一致，把我国绿色建筑的发展与国际水准联动起来，将有力带动我国建筑业的高标准运行，并真正推动低碳经济发展、提升居民的居住质量。因此，制定一个切合地区实际且与国际目标要求接轨的评价体系，更有利于在提高的基础上快速带动行业的发展。而深入引导绿色建筑的发展，在标准条文上引导性的条文应占绝大多数，在操作模式上应是由具有自愿性、有追求和有能力的企业来参与，择优逐步推进，而不是自上而下地强制性贯彻。

三、本土创新

一个突出的创新体现在，国家基础标准重点以建筑单体和建筑群为主，《可持续发展绿色住区建设导则》则一开始就定位在住区，特别是新区、新镇和城市住区层面。

住区规划设计是对不同的地域、传统文化和生活方式在城市空间上的再思考和创建，任何仅仅照搬传统的经验是不够的。把绿色建筑的理念和思路逐步延伸到城市住区领域，是为了适应我国房地产规模开发的现状。定位于城市住区的《可持续发展绿色住区建设导则》，将从理论和操作层面深层次地引导我国房地产开发朝着绿色住区可持续发展方向迈进，为快速城市化背景下新的城镇开发区与生态城建设提供了较为完整的指导方针和原则。

在编制方法上面也有新的思路、新的想法，打破了传统的编制思路，更多地考虑了项目开发应用、检查和评估的需要。即每一条目都分为条文的目的、定量定性规定、技术措施三个方面。在提高标准量化程度的同时，进一步明确达到绿色目标应采取的技术措施，《可持续发展绿色住区建设导则》不仅涵盖了绿色住区开发要求的完整内容，表达方式上也更为清晰明了，量化程度高，更适合检查和评估。

四、群英论述

备受业界关注的课题研究项目《中美绿色建筑评估标准比较研究》顺利通过住房和城乡建设部科技司验收并获得高度评价。尤其是该课题重要研究成果——《可持续发展绿色住区建设导则》受到了验收专家委员会的一致肯定和赞誉。有专家评价道："这是目前我所看到的针对国内城市开发最完整、最细致、最具有领先水平的一部建设导则！"在住房和城乡建设部课题《中美绿色建筑评估标准比较研究》的验收结题会上，评审专家们对于课题成果《可持续发展绿色住区建设导则》的赞赏之情溢于言表。

中国未来十到二十年，城市化还将持续快速发展，将会面对更加严峻的资源、环境、人口老龄化等方面的挑战，与此同时人们将对居住环境和城市生活质量提出更高的要求。中国房地产研究会人居委（CCHS）常务副主任委员王涌彬认为："转变发展方式，特别是改变我国城市持续性粗放型发展模式，建设绿色住区，创建低碳城市，正在成为时代发展的主旋律"。

德中建筑协会副主席、洲联集团副总经理卢求对此十分感慨。他说："目前中国大规模、快速的城市化及乡村建设，急需真正绿色的可持续理论体系的指导。尽管我国政府已经高度重视，并且在理念宣传、配套建设等方面均取得了显著的成果，但是真正缺乏的是科学的、具有指导作用的理论体系。"他认为：《可持续发展绿色住区建设导则》的最大价值在于为现阶段尚属空白的中国绿色住区开发建设提供了一个较为完整并能够提升产品核心价值的指导体系。

翻开《可持续发展绿色住区建设导则》，可以清晰地看到，整个体系分为可持续建设场地、城市区域价值、住区交通效能、人文和谐住区、节能减排效用、健康舒适环境、全寿命住区保证七大章节内容。对此，著者开彦进行了深入解读："绿色住区的内涵包含三个基本要素，即资源和能源利用效益最大化、废物排放减量无害、居住环境健康舒适。它不是技术的简单叠加，其最终的目标是要为绿色、环保、低碳的健康生活提供良好的环境和设施。通过室内外环境空间的布置和安排促进这种绿色生活的良性发展，因此绿色的内涵不能仅仅停留在科技和节能层面，而应该按照可持续发展的理念来完整定位，最终实现人—建筑—环境的和谐统一。"

美国自然资源保护委员会绿色建筑项目主管靳瑞东指出："任何住区的发展都需要与周边环境结合起来，《可持续发展绿色住区建设导则》强调住区与城市的融合，包含了大量城市功能的建设要求，实质上不仅是对城市住区层面绿色发展模式的建立具有系统的指导作用，对于绿色城镇的建设同样是适宜的。"

无论南北、沿海与内地，评价内容是一致的。这是为了保持绿色住区体系的完整性。针对不同地域的具体情况可用权重根据地方施行不同的权衡。卢求认为："保持体系的完整是非常重要的,即使有些内容目前来看在实际操作中要求过高,还不太现实,但还是应该放在导则之中,因为这些内容是绿色建筑和住区最基本的东西,必须要有一个系统的完整性。"

课题成果转化成为评审专家们关注的热点。清华大学建筑学院教授金笠铭提出:"在绿色概念满天飞舞的当下,给绿色建筑一个定性定量的概念,奠定绿色评估的科学基础是非常有必要的。现阶段的关键是做好课题成果的转化。他建议要选择一个比较好的地区来应用这个标准。"

五、著者记

绿色建筑正当其时,绿色建筑任重道远。我们有理由相信,随着《中美绿色建筑评估标准比较研究》等一批立足于现实、着眼于未来的重要课题的开展与成果示范建设推广,我国的绿色建筑体系将不断完善和深化,并最终带动我国的绿色建筑、绿色住区和绿色城市健康发展。

本书的出版得到了住房和城乡建设部科技司等部门及中国房地产研究会领导的大力支持和帮助。课题组专家及中国房地产研究会人居委(CCHS)同仁为课题研究及本书出版付出了辛勤的劳动和心血;梁开建筑设计事务所(L&K)对本课题的研究提供了全过程参与和技术支持。同时,对美国自然资源保护委员会(NRDC)、美国绿色建筑委员会(USGBC)、北京工业大学、浙江大经众茂房地产开发有限公司等参编机构,在此一并表示感谢!

尽管我们对本书的内容进行了反复修改和校正,但难免仍有不当之处,恳请提出批评和建议。

人人享有美好的人居环境!

目录

第一部分 课题研究综合报告 … 001

1.1 概述 … 003
- 1.1.1 绿色人居发展概述 … 003
- 1.1.2 人居委历史使命 … 003

1.2 课题立项介绍 … 004
- 1.2.1 立项背景 … 004
- 1.2.2 立项经过 … 006
- 1.2.3 立项理由 … 007
- 1.2.4 立项依据 … 007

1.3 课题成果及应用价值 … 008
- 1.3.1 课题研究内容 … 008
- 1.3.2 课题研究目的 … 008
- 1.3.3 课题研究成果 … 009
- 1.3.4 课题创新点 … 010
- 1.3.5 课题推广价值及发展建议 … 012

1.4 课题研究路线 … 015
- 1.4.1 项目研究方法 … 015
- 1.4.2 项目技术路线 … 016
- 1.4.3 项目研究组织 … 016

1.5 小结 … 017

第二部分 中美绿色建筑评估标准比较分析 … 019

2.1 绿色建筑的定义与发展概况 … 021
- 2.1.1 绿色建筑的定义 … 021
- 2.1.2 绿色建筑的发展趋势 … 022

2.2 国内外绿色建筑评估体系 … 026
- 2.2.1 国外部分国家及地区绿色建筑评估发展概况 … 026

		2.2.2 美国绿色建筑评估体系	028
		2.2.3 中国绿色建筑评估发展状况	033
		2.2.4 《绿色建筑评价标准》运营架构	035
	2.3	中美绿色建筑评估体系比较	036
		2.3.1 管理机构比较	037
		2.3.2 评估体系比较	042
		2.3.3 评价体系权重比较	049
		2.3.4 中美绿色建筑评估体系认证体系比较	052
		2.3.5 小结	057
	2.4	中美绿色建筑评估体系运营比较	058
		2.4.1 中美绿色建筑运营方式比较	058
		2.4.2 中美绿色政策激励比较	062
		2.4.3 绿色建筑与社会发展比较	065
		2.4.4 中美绿色建筑评估体系培训体系比较	067
		2.4.5 绿色标识评价商业化比较	069
	2.5	发展中国绿色建筑评价体系之建议	071
		2.5.1 加强政府政策和基础标准的设立	071
		2.5.2 发挥行业组织先锋的作用	074
		2.5.3 完善评估标准之建议	075
		2.5.4 绿色建筑普及推广	078
	2.6	小结	080

第三部分　中美绿色建筑标准分项比较表 ……………… 081

	3.1	可持续建设场地	084
		3.1.1 建设场地污染防治	084
		3.1.2 场址选择	085
		3.1.3 开发强度和配套设施	086
		3.1.4 褐地再开发	087

3.1.5	利用公共交通	088
3.1.6	自行车存放和更衣间	089
3.1.7	节能机动车	090
3.1.8	公共车辆停车位	091
3.1.9	场地绿化	092
3.1.10	空地最大化	094
3.1.11	径流控制和雨水收集利用	094
3.1.12	热岛效应——非屋面部分	096
3.1.13	热岛效应——屋面部分	097
3.1.14	降低光污染	098

3.2 节水　　100
- 3.2.1 节约景观用水　　100
- 3.2.2 废水利用　　101
- 3.2.3 节约用水　　102

3.3 能源与大气　　106
- 3.3.1 建筑基本系统运行调试　　106
- 3.3.2 节约能源　　107
- 3.3.3 减少空调的使用　　109
- 3.3.4 优化系统能效　　110
- 3.3.5 可再生能源的利用　　112
- 3.3.6 系统调试　　113
- 3.3.7 制冷剂管理　　114
- 3.3.8 能耗核查　　115
- 3.3.9 绿色电力　　116

3.4 材料与资源　　117
- 3.4.1 废弃材料的收集和存放　　117
- 3.4.2 建筑再利用（结构框架）　　118
- 3.4.3 建筑再利用（内装组件）　　119
- 3.4.4 施工废弃物再利用　　120
- 3.4.5 可循环材料的使用　　121
- 3.4.6 循环材料含量　　122
- 3.4.7 就地取材　　123
- 3.4.8 快速再生材料　　124
- 3.4.9 认证木材　　125

3.5 室内环境质量　　126

  3.5.1 室内空气质量　　　　　　　　　　126
  3.5.2 禁烟控制　　　　　　　　　　　127
  3.5.3 室内新风　　　　　　　　　　　128
  3.5.4 增加通风量　　　　　　　　　　129
  3.5.5 室内污染源控制　　　　　　　　131
  3.5.6 低排放材料（胶和密封材料）　　132
  3.5.7 低排放材料（油漆和涂料）　　　133
  3.5.8 低排放材料（地板）　　　　　　134
  3.5.9 低排放材料（复合木材和秸秆制品）　135
  3.5.10 室内空气质量管理（施工中）　136
  3.5.11 室内空气质量管理（入住前）　137
  3.5.12 照明控制　　　　　　　　　　138
  3.5.13 温度控制　　　　　　　　　　139
  3.5.14 热舒适度（设计）　　　　　　140
  3.5.15 热舒适度（目的）　　　　　　141
  3.5.16 自然采光和通透视野（采光）　142
  3.5.17 自然采光和通透视野（视野）　145
3.6 创新设计及地方优先　　　　　　　　146
  3.6.1 设计中创新　　　　　　　　　　146
  3.6.2 专家认证　　　　　　　　　　　147
  3.6.3 地方优先　　　　　　　　　　　148

第四部分　可持续发展绿色住区建设导则　　149

4.1 《建设导则》概述　　　　　　　　　151
  4.1.1 《建设导则》的编制　　　　　　152
  4.1.2 《建设导则》的实施　　　　　　153
  4.1.3 《建设导则》的说明　　　　　　153
4.2 《建设导则》条文　　　　　　　　　153
  4.2.1 可持续建设场地　　　　　　　　153
  4.2.2 城市区域价值　　　　　　　　　156
  4.2.3 住区交通效能　　　　　　　　　159
  4.2.4 人文和谐住区　　　　　　　　　161
  4.2.5 资源能源效用　　　　　　　　　164
  4.2.6 健康舒适环境　　　　　　　　　168

    4.2.7 全寿命住区建设 175
  4.3 导则评价方法与分值总览 177
    4.3.1 导则评价方法 177
    4.3.2 评估说明 178
    4.3.3 导则评价分值总览 178

第五部分　国外绿色城市·住区·建筑案例　…………　189

  5.1 绿色城市 191
    5.1.1 哥本哈根的可持续发展之路 191
    5.1.2 美国城市发展"精明增长"理念 195
  5.2 绿色住区 198
    5.2.1 东北克里克住区 199
    5.2.2 坞边绿地—维多利亚 202
  5.3 绿色建筑 203
    5.3.1 德国绿色生态建筑 203
    5.3.2 日本可持续建筑"NEXT 21"未来建筑 206

附录1 名词解释 209
附录2 住房和城乡建设部科技计划项目验收证书 210
附录3 住房和城乡建设部科技计划项目验收意见 211

参考文献 213

第一部分
课题研究综合报告

1.1 概述
1.2 课题立项介绍
1.3 课题成果及应用价值
1.4 课题研究路线
1.5 小结

1.1 概述

1.1.1 绿色人居发展概述

20世纪70年代以来,全球性的能源危机使人们意识到自然能源枯竭将抑制经济发展,同时连带发生的全球灾难性的气候、生态系统的破坏将危及人们的生存。摆在世界各国面前的是生存还是毁灭?是掠夺还是自救?绿色建筑近二十年来在世界各国相继产生并发展着,以应对日益严重的能源危机和环境生态的破坏。

从1997年《京都协议书》的制定到2009年哥本哈根会议为低碳减排、控制气候变化大致提出了实施的途径和相关国家职责义务,推行绿色建筑成为各国义不容辞的责任,绿色建筑成为行业中最佳的解决资源利用、环境保护、建筑能耗利用效能、健康舒适人居环境的理念和实施途径。二三十年来,随着可持续发展理念的完善,世界各国对于绿色建筑的理解已经在概念、标准和推广应用方面逐步趋向一致和成熟,以美国绿色建筑评估体系LEED为代表的绿色建筑理念及其应用已为各国普遍认可的绿色建筑评估标准。

中国正处在城镇化建设高速发展期,社会的可持续发展正面临严峻的挑战。《国家中长期科学和技术发展规划纲要(2006–2020年)》中已将"建筑节能与绿色建筑"作为重点领域优先项目。据有关数据显示,在中国的能耗结构中,建筑能耗、建筑用电和其他类型的建筑用能(炊事、照明、家电、生活热水等)折合为电力,总计约为7400亿千瓦·时/年(2005年),约占中国社会终端电耗的27%(引自《低碳之路》),当前还以每年一个百分点的速度增加。

1.1.2 人居委历史使命

绿色建筑在节能减排方面将以综合整合的方式取得实效,同时在可持续发展,推进社会、经济、文化理性化的精明增长等方面起到其他技术方式不可替代的作用。人类住区生态环境及可持续发展已成为我国政府和广大国民共同关注的热点问题。城市住区持续的作用制约着居民的生理、心理、观念和行为,对人的生活质量产生直接或间接的影响。因此,加强城市住区绿色建筑建设并开展评估工作是人居环境与可持续发展的重要内容。

中国房地产研究会人居环境委员会,关注社会积极倡导可持续发展,在多年城镇和住区人居环境中积极推进人居环境建设的可持续发展,绿色住区建设和绿色建筑技术应用的关键性和必要性在推广过程中逐步凸显,制定相应的绿色人居建设导则和确定可持续发展的方向已成为人居环境建设升级的必然。

"十二五"期间要"坚持把建设资源节约型、环境友好型社会作为加快转变经济发展方式的重要着力点。深入贯彻节约资源和保护环境基本国策,节约能源,降低温室气体排放强度，发展循环经济，推广低碳技术，积极应对气候变化，促进经济社会发展与人口资源环境相协调，走可持续发展之路。"在 2010～2020 年未来十年内，坚持可持续发展理念创建低碳城市成为新城镇建设的发展方向；可持续土地开发、资源能源利用、环境保护和材料再生、居住生活质量建设等方面将成为时代的主流。人居委将努力把它贯彻到我国快速城市化和住区建设中去，开发代表城市形象和时代精神的可持续发展绿色人居的生态健康住区和新型城市。今天我们不仅仅满足于在城市开发的小区建设的硬件环境的提高，更要追求打造高品质的人文社区软环境，为社区注入更多的文化内涵，全面提升住宅社区的生活品质。

住房和城乡建设部 2007 年发布的中国《绿色建筑评价标准》是我国政府推广的国家级绿色建筑基础性标准。人居委于同年向建设部提出立项课题《中美绿色建筑评估标准比较研究》，目的是以国家基础标准为指导，以国内外引导性的指标和标准作为依据，特别是以美国绿色建筑标准的蓝本作为研究对象，意在制定出一套完整的可持续发展绿色人居住区的具有引领性评估指标体系，用于提升城市住区中的以高水平为目标的建设整体水平，树立行业规划示范案例，通过绿色建筑技术水平的应用和提高，实现城市区域性经济效益、社会效益和环境效益的共同发展。

1.2 课题立项介绍

1.2.1 立项背景

中国绿色建筑的研究始于 2002 年在建设部立项的"绿色建筑评价研究"课题。项目从国际对影响绿色建筑的主要因素出发，列出了包括能源、水资源、材料、环保和室内声、光、热、空气、健康九个方面的要素，开创了绿色建筑研究的先例，成果引发了业界的重视。

随后因我国北京奥运会项目筹建的需要，绿色北京、绿色奥运成为建设场馆的导向，由来自清华大学等高校的专家编制完成《绿色奥运建筑评估》项目研究报告，首次对绿色建筑的理论运用于实践做出了有益的探索。看得出来项目的编制力图模仿国际的经验，用打分的办法把评估要素用加权平衡的方法表达了对评价要素重要性的程度做出不同的反应。但项目因繁琐和适应性较差遭到质疑，没用于工程实践中去。

直到 2005 年中国绿色建筑发展进入了新的阶段，中国绿色建筑协会应运成立。由建设部牵头召开了首届"全国绿色建筑与智能建筑"国际大会，国际绿色建筑协会及包括美国在内的众多的绿色建筑协会的代表出席了大会，总人数达到数千人，表达了中国发展绿色建筑的决心。此后每年召开一次，同时举办大型绿色建筑技术展览。中国绿色建筑理念得到了普及，为绿色建筑在我国健康发展奠定了较好的基础。

2007年由建设部主持发布了中国第一部绿色建筑评价标准，同时推出了绿色建筑标识活动的管理办法，使绿色建筑进入了有序管理阶段。但是《绿色建筑评价标准》偏重基础性规范类的编制理念，偏离了国际绿色建筑标准作为行业发展引导性标准惯例做法，过于迁就现行方针的贯彻，以及现状和普及的目标，项目评估的要素局限于"节地、节水、节能、节材和保护环境"的"四节一环保"的朴素口号上。强调节省的做法是绿色理念中的一个重要方面，但是不能涵盖绿色建筑三个原则基本主题：减少对地球资源与环境的负荷和影响，创造健康和舒适的生活环境，与周围自然环境相融合。绿色建筑强调资源利用最大化、循环经济和提高舒适健康，把对环境的影响降低到最低程度的主体精神。如果只是把《绿色评价标准》局限在实用性的表达、实惠朴素的追求、常规规范的应用方面，只能说是一种普及性规范性的做法。

中国的绿色节能技术研究和标准编制近几年取得较大的进展，围绕能源资源利用以及环境卫生、居住安全、舒适实用、经济美观等基础性规范标准已大致形成系统，普及应用情况良好。但行业性质的引领性标准目前不普及。与国际相比中国存在人多地少，各地区环境、经济差异等诸多不同点，在引领性目标理念和基础量化指标方面从内容到形式上还存在不完善的地方。尤其是在人居环境领域，坚持规模住区层面的可持续发展方向的绿色人居评估标准还是个空白，国际化的趋势和全球共同关注的地球环境，要求我们在满足中国国家基础标准的前提下，通过研究手段确立一套与国际水准相当、引领性的指标体系成为一种必然。把我国的绿色人居住区的建设和发展与国际发展联动起来，从而启动我国的建筑业高标准运行，不光必要而且具有真正推动绿色经济，提升绿色人居环境水准的重要意义。

中国房地产研究会人居环境委员会（简称人居委）作为人居环境领域国家级行业协会，自2002年成立以来，致力于人居环境科学和事业的研究，推进行业引领性标准的制定和实施。在2003年首届中国人居环境高峰论坛会上提出了《中国人居环境和新城镇发展推进工程》，从规模住区建设、城镇城市化、既有建筑改造三大领域圈定了我们的工作目标，倡议发起全国性人居环境实践行动，其中理论推进就是《推进工程》中的关键一环。该环节通过多项课题研究、项目试点、评估标准、业务培训和学术交流的方式，以市场导向作指导，将制定城镇化和住区人居环境实施标准作为我们的工作方向，追逐国际国内热点难点问题进行研究。近几年人居委针对行业发展制定的规模住区七大标准和城镇人居环境规划九大指标体系就是例证。

在2010～2020年十年内，坚持可持续发展理念创建低碳城市方向；在可持续土地开发、资源能源利用、环境保护和材料再生、居住生活质量建设等方面将成为时代的主流。人居委将努力把它贯彻到我国快速城市化和住区建设中去，开发代表城市形象和时代精神的绿色人居可持续发展的生态健康住区和新型城市。今天我们不仅仅满足于在城市开发的小区建设的硬件环境要求上，而是要追求打造软件环境人文社区，为社区注入更多的文化内涵，全面提升住宅社区的生活品质。

人居委在 2003 年以来推广实践人居环境金牌试点项目，积极推广《规模住区人居环境评估指标体系》成绩显著，体会到编制绿色住区行业评估标准需求的紧迫。2007 年人居委提出的《中美绿色建筑评估标准比较研究》立项报告，意在通过《比较研究》提出行业性绿色建筑引领性科研成果，满足城镇建设和规模住区绿色人居可持续建设升级需要。项目以绿色住区绿色建筑理念和技术应用的评估体系和评价方法为核心，建立评估标准体系。使从事房地产开发、研究、设计和规划管理部门有章可循，有指标可以检查，有措施可执行。达到简单易行、操作简便、目标明确的要求。

2009 年哥本哈根会议以后，低碳减排成为全社会关注的重要议题，并影响着整个建筑行业，制定一个指导房地产行业绿色低碳、节能减排开发的原则方法，简明可行的低碳技术项目与低碳量化方法，是很多开发企业热盼的手段，不少的社团和组织采用多种途径积极探讨。人居委作为直接服务于房地产开发企业、设计及管理部门，同样也在做出努力，尽可能提供一个更适合启蒙入门的敲门砖，以适应我国房地产绿色低碳技术发展，乃至迎接全球低碳减排、绿色环保运动高潮的到来。

1.2.2　立项经过

2006 年前后，人居委的人居科技工作一直在探索研究国际上先进的绿色建筑标准和案例。先后对欧洲、北美、亚洲多国的标准进行了解和考察。在人居委和美国绿色建筑协会接触阶段，美国绿色建筑协会 Rouber Wshen 等绿色建筑创始专家在积极寻求美国 LEED 标准（Leadership in Energy & Environmental Design Building Rating System）在中国的发展推广机遇。

美国自然保护协会中国办事处给予大力帮助，人居委与美国 LEED 很快建立了互动的关系。并共同为建立筹备 GBCI-CB 中国机构而开展紧张的工作。2007 ~ 2009 年三年中间双方进行了深入的了解和推进筹备工作计划安排。2008 年 11 月人居委派出代表参加了丹佛尔 2008 美国绿色建筑年会。经过多次国内国外的绿色节能技术学习考察活动，研究比较后认为美国绿色建筑评估标准 LEED 系列推广应用模式，有其行业典型性、代表性，有着广泛的国际影响力和普遍推广面，具有很高的可比较研究价值。

为加强中美两个社团学术研究的对等地位和政府支持的色彩，2007 年人居委提出的《中美绿色建筑评估标准比较研究》课题上报建设部申请批准，通过比较研究吸纳美国绿色建筑理念和标准条文精华，建立我国房地产行业应用的引领性的中国建筑行业性质的绿色建筑评估标准指标体系，去除美国 LEED 中不适应中国实际情况的提法和条文，增加中国本土化特色的做法，特别是人居委近年来的研究理论成果和规模住区和城镇人居建设标准实践。

申请报告获得建设部科技司批准，性质归属建设部软科学研究开发项目。

1.2.3 立项理由

绿色建筑运动在美国起源于 70 年代的世界能源危机，使人们认识到节能与环保对人类生存的地球的重要性，揭示了绿色建筑的概念。美国绿色建筑协会（USGBC）主持和推进绿色建筑的发展。USGBC 研发编制的《绿色建筑评估体系》(Leadership in Energy & Environmental Design Building Rating System)，国际上简称 LEED™，致力于提供一个可谓"绿色建筑"的国际标准。目前在世界各国的各类建筑环保评估、绿色建筑评估以及建筑可持续性评估标准中被认为是最完善、最有影响力的评估标准，已成为世界各国建立各自建筑绿色及可持续性评估标准的范本。

根据我国房地产发展以住区建设为主的特点和趋势，人居委确定引进 LEED 的理念和市场推进方式。并且具体选择 LEED-NC（新建建筑）和 LEED-ND（住区）两个标准作为比较分析的对象。与 LEED-NC 新建住宅评估不同，LEED-ND 着重于将建筑融入社区、社会与周围的关系。通过对比研究，吸收和消化 LEED-NC 和 LEED-ND 的框架结构和原则精神，并结合中国的应有实际加以本土化，希望能够更有利于 LEED 的原则方法尽快得到体现并收益，使我国人居环境与新城镇建设有相应技术指标和合理可行的评估方法，最大可能推动我国人居环境建设的技术进步。

绿色建筑是近年来全球和我国可持续发展的重要组成部分，也是达到健康舒适的人居环境的要求。随着 1997 年《京都协议书》的制定，到 2009 年哥本哈根会议对每个国家提出具体的减排 CO_2 的指标，建筑减排也势在必行。

建设部主持发布的绿色建筑评估标准，与随后推出的绿色建筑标识活动的管理办法，使我国绿色建筑进入了有序管理阶段，各地开始进入了蓬勃的发展阶段。但是评估标准时效味浓重，评估要素主要定位于"节地、节水、节能、节材和保护环境"的"四节一环保"的朴素口号上，偏离了绿色建筑的主体资源最大化、循环经济和舒适健康环境的精神，使引领性的表达变得有缺憾而不完整，属于普及性的做法。

人居委作为人居环境领域国家级行业协会，2003～2006 年前后不断地进行人居环境金牌试点项目的推广实践，在实践过程中积极推广《规模住区人居环境评估指标体系》，成绩显著。在推广评估体系七大目标的过程中，借鉴国外先进的绿色评估体系与中国的实际经验相结合，发现国内国外体系有相同之处，也有参差互补之处。人居委依靠雄厚的专家力量的支持，有能力、高目标地完成《中美绿色建筑评估标准比较研究》的立项课题任务。

1.2.4 立项依据

建设部科技司于 2007 年正式批准立项

项目编号：建科 2007-R3-27，建设部软科学类研究开发项目

项目名称：《中美绿色建筑评估标准比较研究课题研究》

指导单位：中国房地产研究会
主管部门：建设部房地产与住宅发展司

1.3 课题成果及应用价值

1.3.1 课题研究内容

世界各国绿色建筑大体上经历了节能环保、生态绿化和舒适健康三个发展阶段，人类住区环境与城市化发展基本上包含了下列评估因素：①有效地使用能源和资源；②提供优良空气质量、照明、声学和美学特性的室内环境；③最大限度地减少建筑废料和家庭废料；④最佳地利用现有的市政基础设施；⑤尽可能采用有益于环境的材料；⑥适应生活方式和需要的变化；⑦经济上可以承受。可以概括为：能源效益、资源效率、环境责任、可承受性和居住人的健康等方面。

我国的绿色建筑研究和实践刚刚起步，围绕能源资源利用以及环境卫生、居住安全、舒适实用、经济美观等规范标准已经形成系统。但与国际相比，终因我国的人多地少的因素与特征，仍然有较多的不同点，在量化指标方面存在一定差距。国际化的趋势要求我们的研究手段和各项指标体系与国际水平趋同一致，把我国的绿色建筑的发展与国际水准联动起来，带动我国的建筑业高标准运行，并真正推动循环经济发展和拉动我国社会生活水准的提升。

为此本研究主要内容安排：

（1）着重以与美国绿色建筑评估标准为范本，开展比较研究，分析总结现行有关各项标准建立的研究基础条件和指标量化的差距；

（2）找出适合国际化目标要求和我国能具体实施的量化指标体系；

（3）实现绿色建筑国际标准本土化工作；

（4）开展绿色建筑技术的实践、普及与人才教育培训工作。

1.3.2 课题研究目的

2006年项目筹备立项之初，中国绿色建筑标准的制定和推广在我国尚属起步阶段，指导行业技术进步的绿色评估指标体系尚在探索研究阶段。中国房地产研究会人居委一直在全国致力于人居环境金牌住区的示范项目，并力争拓宽到新区开发和规模住区的人居环境规划建设工作。力争把绿色建筑的理念和人居环境建设联系在一起，实施可持续发展的理念。具体理想目标是：

（1）强调生态城市、绿色城市、低碳节能高效紧凑城市；主张有充分的阳光、绿色、空气和水的健康安全城市；能有效避免噪声、大气和水质污染。

（2）以中心城市为核心、以快速交通和城市网络群为构架形态，有依附于主体城市发展自立经济，倡导街坊式的住区布局，适应新城发展必需的应对能力。

（3）倡导将公益设施与环境绿化同步配套到位；并注重对历史文脉及传统文化的弘扬，在有限的土地资源中，创造出更适宜人们居住的生活空间。

（4）追求产品品质和可再生循环利用；用科技手段，解决开发、经营、策划中遇到的各种技术问题。

（5）通过市场化模式，推动住区建设精明建设进程，探索新的城市地产模式、新的城市运营模式。

本项目通过对美国绿色建筑协会制定的 LEED-NC、LEED-ND 与中国现行的绿色建筑标准规范等比较研究，查找差距，研究适合我国的绿色建筑量化指标体系，参照国际惯例和中国国情，制定出反映中国居住文化的住区绿色建筑评估标准并加以试用。

主要比较依据包括了美国绿色建筑基本原则五方面内容：①场地效能；②水环境保护；③资源能源利用；④社区的紧凑完整与亲和；⑤室内环境质量。

1.3.3 课题研究成果

根据课题立项要求，本课题研究成果划分为四个部分。

1）研究成果之一：综合研究报告

对课题的立项背景、立项过程、研究目标、研究手段和解决途径、成果创新和成果应用意义、研究人员组织等方面进行分解和总结。

报告认为：绿色建筑评估是通过预测建筑的环境表现来进行评估的，其目的是鼓励和推动绿色建筑在市场范围内的实践。由于人们对建筑与环境的认识和研究尚有许多不足，绿色建筑评估受到当前市场和许多知识和技术上的制约。目前世界上大多数评估法中都存在很大比例的主观性条款，评估的准确性常常受到质疑。绿色建筑评估法的推广在许多地区亦成为难题。保持高度的透明性和可靠性，同时亦需维持合理的费用。可操作性对于其发展是很关键的因素，另外政府部门的提倡和有力措施也是相当重要的一环。

2）研究成果之二：中美绿色建筑标准分项比较表

本项比较表研究从针对中国本土化要求和现状国情出发，通过与美国绿色建筑协会提供的 LEED-NC 与 LEED-ND 标准的比较研究，探索美国 LEED 标准的原则方法及其国际化特色；平衡中美标准的结合点，特别是研究适合中国大规模住区评价的基础条件和量值的适宜性。

对于国内的比较研究对象选择涉及面较广，除了国家行业级标准以外尚有众多的省、市地方级的标准。为了简化分析的难度，我们只圈定在国家级的和代表性的省市标准，因此比较表只列举下列主要文件作为分析比较的对象：

美国 LEED-NC、LEED-ND 绿色建筑评估标准；

中国《建设部绿色建筑评价标准》；

中国《深圳市绿色建筑评价标准（征求意见稿）》；

中国《福建省环保住宅工程认定技术条件（试行）》；

中国环保部《环境标志产品技术要求生态住宅（住区）》。

比较表分别以章节内容为单元，一项一项地进行排列比较，列出分析结果和专家分析意见。通过列表可清晰地看到各种标准的异同、概念做法和市场运作。

3）研究成果之三：中美绿色建筑比较研究报告

中美绿色建筑比较研究报告作为课题理论研究成果，通过比较研究全面解析了国际国内绿色建筑，绿色建筑的标准之间的共性，和地区差异引起的标准差异，并提出相应的专家建议。本项目将通过对中美两国绿色建筑的评估标准体系，主要针对 LEED 体系，进行比较研究工作。通过对比研究，吸收和消化 LEED-NC 和 LEED-ND 的框架结构和原则精神，并结合中国的应有实际加以本土化，希望能够更有利于 LEED 的原则方法尽快得到体现并收益，使我国人居环境与新城镇建设有相应技术指标和合理可行的评估方法，最大可能推动我国人居环境建设的技术进步。

4）研究成果之四：可持续发展绿色人居住区建设导则

作为该课题的主要成果《可持续发展绿色人居住区建设导则》，成果编制是在国家绿色建筑评价标准的基础上，开展以升级为目标的编制工作，全面要求《建设导则》符合国家绿色建筑发展的定义、概念和评价法律法规，符合相关国家生态环保标准要求前提下，全面系统地提出了针对城镇居住区领域建设的绿色评估指标体系，力争对我国城镇化建设和房地产开发起到引导性标准的指导作用。《建设导则》参照和借鉴美国绿色建筑标准 LEED 的精明原则和条文描述，结合国内已有相关绿色建筑标准研究成果，特别是人居委近年编制针对住区人居环境建设的评估指标体系，使成果拥有多方面的优势。

《建设导则》划分：①可持续建设场地；②城市区域价值；③住区交通效能；④人文和谐住区；⑤节能减排效用；⑥健康舒适环境；⑦全寿命住区保证七大章节部分。导则从城市角度的规划、生态、区域文化、交通，到住区本身的街区规划、建筑节能技术应用、住区景观规划，以及居住舒适度提高、建筑全寿命保证等方面，制定了较为全面的指导方针，力求实现经济效益、社会效益和环境效益的统一。

1.3.4 课题创新点

我国的绿色建筑研究和实践刚刚起步，但是围绕能源资源利用以及环境卫生、居住安全、舒适实用、经济美观等规范标准已经形成系统。与国际相比，终因我国的人多地少的因素与特征，仍然有相当的不同点，在量化指标方面存在一定差距。国际化的趋势要求我们的研究手段和各项指标体系与国际水平趋同一致，把我国的绿色建筑的发展与国际水准联动起来，带动我国的建筑业高标准运行，并真正推动循环经济发展和拉动我国社会生活水准的提升。

1）研究成果既融合了本土化的特色又保证了绿色建筑国际水准

研究成果四《建设导则》借鉴了美国 LEED-NC（新建建筑）和 LEED-ND（住区）的主要内容，结合中国房地产规模化住区开发的本土特色因素整编完成。《建设导则》尊重美国绿色建筑的核心内容和指标体系，在不降低水准和绿色基本原则的条件下，制定中国的评估指标体系以更切合中国房地产开发的应用实际。

《建设导则》条文中特别融入了人居委《规模住区人居环境评估指标体系》中的条文，融合了中国城市化实践和房地产开发的中国模式，本《建设导则》采用场地整合、街区设置、交通效能、人文社区、资源能源、舒适环境、全寿命建筑七个章节，突出了中国房地产开发特征，融会组合表达更高层次的适合中国市场的绿色建筑住区理念，更加体现了房地产开发的需要，同时又不失有中国本土化特质并切合保证了国际化绿色建筑水准。

2）研究成果突出并显示了住区建设精明增长的原则

研究成果四《建设导则》遵照精明增长的基本原则，要求在 LEED 评估体系的原则框架下，评估并表彰以节能减排、环境保护和舒适生活为宗旨的住区开发建设活动。《建设导则》着重学习 LEED-ND 将建筑融入社区、社会与周围的关系的原则精神。为延续 LEED-ND 有关绿色住区的开放性原则指导作用，本《建设导则》有意将编制内容扩充到中国住区定义的居住区的范围中，当然也就对城镇化中的小城镇和经济开发区适用。

真正意义的 LEED-ND 绿色住区标准尚未进入实质性推广应用阶段，绿色住区设计理念和绿色消费观念有待进一步引导。人居委在推进中国人居环境和新城镇发展过程中，需制定针对住区的绿色指标体系并将其完善和提高，本着健全可持续发展绿色人居住区评估指标体系，使我国人居环境与新城镇建设有相应绿色住区技术指标和合理可行的评估方法，最大可能地推动我国人居环境建设的技术进步。

3）研究成果突破传统研究编制禁锢并实现了国际方式的对接

成果之三《比较研究》是在不断总结人居环境城市住区建设的经验，通过中外国际绿色建筑经验积累，并重点分析比较美国 LEED 的成功经验而完成的。其中本项目主体研究成果《可持续发展绿色人居住区建设导则》奠定了符合中国本土化的国际水准要素，使中国行业类标准编制突破了禁锢并实现了与国际的接轨。

本《比较研究》是应用国际化日益浓烈的 LEED 作为蓝本，确立了必要项、得分项目、条文目的、实施规定等栏目，十分清晰地表达了条文的定性和定量的要求。

本土化的原则把编制《建设导则》中国标准作为最主要研究成果，后来最终确定名称：《可持续发展绿色人居住区建设导则》，简称《建设导则》。并确定把《建设导则》作为人居委《规模住区人居环境评估指标体系》的绿色建筑的升级版，推进绿色建筑在人居委金牌住区试点和人居住区建设共建协议项目中发展，并计划把它逐步推广到城镇居住区等级的范围中，实现绿色建筑技术规划，在中国城镇人居环境示范建设中发挥"解渴"的作用。

4）研究成果采取实用型标准直接与开发应用对接的路线

研究成果《建设导则》是可直接应用到房地产开发实践的指导性文件，主要特点以定量和定性两方面条文和评估计分表格方式表述，七大住区绿色要素划分为三级评估指标表达。分别根据绿色建筑住区建设原则要求和可持续发展目标权重，分别给出权重后量值指标。总分为 500 共划分三个等级：金牌 A1，460 分；金牌 A2，420 分；金牌 A3，380 分。

本项目采用专家和会员互动的方式，运用人居委与房地产项目广泛联系，研究与开发实践相结合的研究途径，用理论加市场，共同探索适合我国规模住区特征和城市化进程的绿色建筑评估指标体系和评价方法。

自项目开始就定位于全力为开发商的住区开发服务目标。全力寻找绿色示范试点的合作实践。一方面我们同绿色地产开发建设企业谋求建立共建关系，协助开发企业建立绿色住区的技术途径，帮助它们从品质方面出发应对市场的激烈变化，使房地产公司获得最大的收益；另一方面通过开发试点实践，总结并检验绿色建筑和绿色住区建设过程中目标、内容和开发经验，从定性和定量两个方面界定。《比较研究》着重研究了 LEED 用分值表达的计量的方法，实现简易性和可行性，从而形成本课题研究主要研究成果。

《建设导则》是人居委在全国范围内推行《中国人居环境与新城镇推进工程》的扩展，是总结人居环境金牌住区建设试点项目实践的重要经验成果，是人居委推行的为项目拓展和升级做出的努力。

1.3.5　课题推广价值及发展建议

1）政策法规方面

我国为发展绿色建筑而制定和准备了不少相关法律法规，但其不足也日益凸现，特别是围绕普及而制定的绿色建筑评估、规划、设计、施工方面的规范规定，和正在有效执行的常规标准规范严重冲突，干扰了现行的秩序。这是制约我国绿色建筑发展的不利因素。因此加快建立先导型、引领性的绿色建筑政策体系和推广机制是迫切的任务。本《研究成果》将促进绿色建筑发展成为稍高一层次的标准，促进行业绿色建筑技术和理念健康稳定地发展。

为此建议如下：

（1）建立绿色建筑引领性标准

LEED 是引领性标准，它针对的是愿意领先于市场，相对较早的采用绿色建筑技术应用的项目群体。LEED 对于提高当地市场的声誉，以及取得更高的物业价值非常有帮助，同时 LEED 也提供了一个机制来鼓励使用创新绿色建筑技术。《研究成果》提倡在先进的技术引入市场的同时，带动行业在绿色建筑之路上不断的前行。而基准性标准，仅仅停留在底线水准的要求是和国际公认的绿色建筑概念有一定的差距的。因此，建立国内绿色建筑引领性标准是国际化发展必然的结果。

（2）因地制宜符合我国国情

绿色建筑相关政策的制定要符合我国国情，不能一味盲目模仿国外发达国家成熟经验政策。例如在可以预见的未来，中国城市居民大部分仍要居住在集合式公寓住宅楼内，而不会像欧美发达国家的城市居民那样，大部分住在独立式或连排式的小住宅内，在绿色住宅设计时，两者显然不同。另外，我国开发模式是常见的模式特征，很少以单栋作为开发单元。如上所述，《研究成果》明确指出制定的相关政策标准需要针对具体特点采用合宜的路线。

（3）地方政策标准框架统一适宜

构建绿色建筑政策标准时也必须考虑地区体系的统一和可比性。在中国范围内根据气象、地质、文化等全国划分为若干类地区，开发的绿色建筑政策标准应能适用于不同地区的建筑，可针对变化的评估环境进行适当调整，以便对位于不同地区的建筑能用同一套评估体系进行比较。

《研究成果》考虑地方经济、社会文化的发展程度，考虑社会接纳能力，在不同的基础上去影响着绿色建筑发展。国家在制定宏观政策标准时，应该有一个中心的思想和标准，即在不降低绿色建筑三要素及五个方面的原则背景下，让地方根据本身引导条件，因地制宜编制适宜的地方绿色标准。

（4）强制性政策与激励性政策并举

强制性政策是通过各种制定法律法规和行业标准与强制执行条文来达到目标政策。绿色建筑的实施存在着开发和用户的投入产出不一致的问题，实施者通常看不到好处，社会目标利益也就往往落空。激励性政策一般分为：财政补贴政策、税收政策和精神奖励三类。补贴政策施行对绿色建筑产品的生产者进行补贴，合适的补贴调动了生产者的积极性。《研究成果》比较分析由政府主导制定强制性政策机制与规则，将为激励政策的实施奠定良好基础。激励性政策将会为开发商、消费者的能动性带来实际激发作用和成效。

（5）制度保证推行绿色技术

绿色建筑节能工作只停留在政策层面，很多制度层面没有建立和落实到基层，绿色建筑工作很难从基础真正开展。建议推行"绿色部品"标识制度，建立优秀绿色节能技术，产品材料的配套标准将技术审查行政许可落到实处。

《研究成果》指出随着经济建设的进一步发展，节能技术的不断完善，许多旧标准已不适合当今绿色建筑的发展需要,建议强制性条文适应年限一般不宜太长,尽量缩小定期完善和修改的周期。

（6）全过程开展

建立全寿命过程目标观点,包括在立项、设计、施工、使用、拆除等环节在内的全程实施绿色建筑原则。防止只管眼前不顾长远的短期行为,只有全寿命原则才能保证绿色建筑的目标实现。这一最普遍的原理在我国变得有点陌生。

《研究成果》指明需要改变我国传统建筑管理模式中以项目建设为导向,建设目标和运营目标相脱节的做法。《研究成果》之二的《建设导则》用一个章节标明了实行全项目全过程管理和建设模式的条文,提醒在项目建成很长时间内需要实施严格的评价审核,从而确保达到设计时的各项要求。

（7）全行业领域监管

建立资源整合协同的技术策略,防止片面分割绿色技术作用,错误地累加绿色技术和建筑部品而误导绿色成果目标。《研究成果》比较分析认为全程绿色监控和监测机制是保证绿色行为过程中实际效果的好办法。建议绿色建筑首先在国家机关建筑中实施,并扩充到全国重点城市和住区开发建设中。要研究制定建筑运营中用能标准、能耗限额和超限额加价、节能服务等制度标准,替代当前 50%～65% 的含混的节能目标。

2）评估体系方面

我国绿色建筑的起步较晚,因此相应的评估系统开发也较晚。《研究成果》建议特别注意气候、地域、环境、资源、人文、技术、法规标准以及发展现状等的不同。国外体系的评估指标常常不适于中国绿色建筑的本土化发展需求。因此中国的绿色建筑评估体系应在充分调研、科学立项的基础上切实根据实践中的市场发展需求,建立本土化兼具国际化的评估指标体系标准,这将是绿色建筑在中国发展的一大重点。

（1）完善评估体系

在研究 LEED 的发展史中,不难发现 LEED 也经历了从简单到复杂,从一个标准分支到多个标准的发展过程。《研究成果》建议我国绿色建筑评估体系也应在标准分类中不断细化增加到技术措施、技术手册和技术检测等方面,同时在内容上逐步增加人文、社会发展的条文；借鉴 LEED 中的普遍关注点,比如公共空间里吸烟设置的考虑、社区和谐、公众参与性的内容。编制方法还可以借鉴图书书架的构架原理,将标准分类分级放置,达到标准组合提高灵活性以适应不同类别建筑绿色建筑的评估能力。

（2）提高标准量化程度

我国绿色建筑评估体系起步晚,基础数据还不够完善,评估指标量化程度还远不如美国 LEED,加之我国规范标准的编制自新中国成立后都以前苏联的规范为范本,用词以"宜""应该""必须"等词来规定规范,对执行、检测和验收含糊不清,模棱两可。其可量化、可检查程度和美国分属两种不同的体例。《研究成果》结论指出改革我国编制标准的体例为可量化、可执行、可检查、可持续市场化，是改变我国传统评估体系量化程度弱势的根本。

（3）行业标准统一协调

各类绿色建筑设计、施工、材料、部品使用标准之间应相互协调统一，保证准确施工，提高标准可操作性。本《研究成果》指出绿色建筑评估应在国家政策标准的基础上推行，高于行业标准，引导行业技术进步，而不应该和现行规范标准混行，模糊现行标准的执行力。分清绿色建筑评估和技术规范是保证质量和品质的两个层面，是选择性的而非强制性的。

1.4 课题研究路线

1.4.1 项目研究方法

课题研究本着来源于实践，通过对比提升指标，并指导实践的科学研究方法。自2007年申请到该课题，历时3年的研究，深入中国房地产研究会人居委金牌试点的各项工程中，获得了项目的一手资料和数据，通过与人居环境网联合问卷调查，获得了群众数据。将数据分析和总结，提炼出七条广泛适用于中国绿色住区建设的可持续发展绿色人居住区建设导则的评估指标体系纲要。

该评估体系纲要形成后，再次和美国绿色建筑协会的LEED-NC体系相比较，做了大量的基础分析、资料整理和技术比较的工作，通过多方面人士和开发企业意见分析，会同专家意见点评的方式做出对比，于2009年有比较地制定出了一套整体建设技术导则草案。使这套体系的理论在执行方面更加成熟和完善。

科学实践活动、网络资源利用、高等院校的专业学科结合、专家意见评审等手段为该体系理论形成和编制模式奠定了基础，主要方法归纳如下：

（1）本项目采用以人居委专家成员及外围科研设计机构成员作为支撑，搭建研究框架。在最后阶段运用北京工业大学建筑与城市规划学院（简称北工大）的师资力量，特别是依靠北工大的研究生的心血付出才得以顺利进行。人居委专家顾问做分项咨询并补充修改完成。专家成员以专业分组，结合美国LEED标准本土化工作，在统一项目框架的安排下编制完成《可持续发展绿色人居住区建设导则》。

（2）本项目接受美国绿色建筑协会指导，多年在美国LEED主创专家Washen Robert的协助下确定的工作方针和研究路线引领下，确定以LEED-NC、LEED-ND为蓝本开展分析比较工作，以本土化为原则编制行业适用的引导型标准类的建设导则，直接服务于开发企业和指导推动绿色建筑住区建设工作。在编制过程中还得到了来自丹麦的绿色经济学者艾峡奇博士和德国弗朗霍夫物理研究所的绿色节能专家米特乐的帮助和指导，使得编制组获得大量的知识和资料。

（3）本项目通过人居委2003年建立《中国人居环境与新城镇发展推进工程》中的有关中国人居环境项目管理规定，扩展试点深化评估内容，提升人居环境金牌试点项目质量向深层次的方向发展。本项目源自实践，用于实践，依靠公众的力量产生生命力，是人居委开展研究课题的特色。

1.4.2 项目技术路线

本项目研究采用专家和会员互动的方式，运用人居委与房地产项目广泛联系，研究与开发实践相结合的研究方法，用理论加市场，共同探索适合我国规模住区特征和城市化进程的绿色建筑评估指标体系和评价方法。通过比较研究美国LEED标准与我国规范标准体系，探索适合中国特点的LEED教育、培训及认证机制。

人居委专家组由人居环境学科所涉及的城市与区域规划、建筑学、住宅与房地产、社会学、经济学等各个专业领域的专家组成，这些成员以专业分组，结合美国LEED标准本土化，编制可持续发展绿色人居住区建设导则评估指标体系。专家完成的评估体系草案将利用中国人居环境网公示讨论，充分吸收广大会员与群众的优秀意见进行修改论证。

总结吸收规模住区人居环境金牌建设试点项目的优秀经验，进行技术审查、技术援助、技术总结工作，广泛吸收、及时修正本项目建设导则评估体系。通过新城镇发展工程中的中国人居示范项目，扩展试点评估涵盖2~3个新发展绿色住区试验项目。

1.4.3 项目研究组织

研究成果之一：课题研究综合报告
分项课题负责人：开 彦　王涌彬
　　参加人员：张元端　王宝刚　万育玲

研究成果之二：中美绿色建筑评估标准比较分析
分项课题负责人：开 彦　王涌彬　万育玲　杨 红
　　参加人员：靳瑞东　朱彩清　陈大鹏　朱艳婷　谷晓娟

研究成果之三：中美绿色建筑标准分项比较表
分项课题负责人：张 建　秦 铮　马 杰
　　参加人员：开 彦　靳瑞东　万育玲　韩 娜　陈大鹏　汪晓东
　　　　　　　曹浩伟　刘 琛　刘 嘉　朴佳子

研究成果之四：可持续发展绿色住区建设导则
分项课题负责人：开 彦　王涌彬　万育玲
　　参加人员：张元端　赵冠谦　王宝刚　靳瑞东　秦　铮　韩秀琦　陶　滔
　　　　　　　赵文凯　刘东卫　周静敏　梁　才　朱彩清
　　　　　　　Robert Watson(美)　Shakil Alyas(丹麦)　吕海川　丛　军
　　　　　　　樊　航　左春姬　屈瑞芳　朱宏森

1.5　小结

　　总体上我国绿色建筑尚属起步阶段，本土化的单项关键技术储备和集成技术体系的建筑一体化研究应用均需进一步深化，国内外绿色建筑领域的合作交流还未全面展开。真正意义的绿色建筑尚未进入实质性推广应用阶段，绿色建筑设计理念和绿色消费观念有待进一步引导。

　　发展绿色建筑正当时。面对机遇和挑战，当务之急是要加大政策、标准、技术、资金的全面投入，还要在文化理念上下大工夫。在学习、借鉴国外成功做法基础上，结合国情加强宣传，让社会各界对推行绿色建筑必要性和紧迫性有充分认识；结合各地地域特征和经济现状，通过技术创新和系统集成，制定颁布绿色建筑标准和评估规范，研究开发与推广绿色新技术、新材料和成熟适宜的绿色建筑技术体系；搭建国内外绿色建筑合作交流平台，最终通过研究、设计单位与政府、工业界密切合作，推动绿色建筑成为我国未来建筑主流，实现建筑业可持续发展。

　　本项目将通过中美绿色建筑标准体系的比较，呈清绿色建筑的概念及内涵，并通过本土化工作使我国绿色建筑发展直接向国际水准看齐。本项目的研究成果将使绿色建筑在我国的应用具有广阔发展前景。显示了以住房和城乡建设部和科技部为主体推动我国绿色建筑整体的新发展。

　　通过《中美绿色建筑评估标准比较研究》这一课题，展开的可持续发展绿色人居住区建设的研究工作，中国房地产研究会人居环境委员会已形成了国内完整的、集人居环境领域内的主要评估指标为一体的一套绿色建筑评估导则。从城市开发角度、住区规划、居住舒适度以及节能减排、环境保护等方面全方位多角度地确定人居环境的具体执行指标。起源于实践并回归指导开发实践的研究过程，是一个理论体系螺旋式上升形成的过程，具有极高的指导价值和实践操作价值。

　　本研究课题作为住房和城乡建设部科技发展司立项的课题研究成果，由中国房地产研究会人居环境委员会组织完成，主要作为新城镇建设发展过程中，规模住区的绿色人居建设和可持续规划建设中需要遵守和执行的标准，同时为住区运营阶段提供绿色建筑必要的指导性指标。

该研究课题适用于住区开发项目绿色生态规划、住区节能低碳建设、住区舒适度建设和宜居人居环境建设；适用住区竣工验收阶段以及住区运营管理期的指标定性定量的评估。

该研究课题，可供人居环境领域、绿色建设领域、设计规划部门研究参考以及大专院校的教学参考，同时还可以应用于绿色建筑普及教育宣传工作中。

第二部分
中美绿色建筑评估标准比较分析

2.1　绿色建筑的定义与发展概况
2.2　国内外绿色建筑评估体系
2.3　中美绿色建筑评估体系比较
2.4　中美绿色建筑评估体系运营比较
2.5　发展中国绿色建筑评价体系之建议
2.6　小结

绿色建筑是当今世界建筑可持续发展的重要共识和方向，也是当今可持续发展战略在建筑领域的具体表现。而绿色建筑的评估对推动绿色建筑设计、建造和运行管理起着举足轻重的作用。在绿色建筑评估体系发展的 20 年中，英、美、日等多个国家相继建立了基于各国国情及绿色建筑理念的绿色建筑评估体系。因为建立时间先后和社会背景的差异，使各国的体系各具特色和优势，其中，美国绿色建筑评估体系（LEED）被认为是世界最具有影响力的评估体系之一。本课题旨在通过对中国现有绿色建筑评估标准与美国 LEED 这一具有代表性评估标准，展开较为系统和深入的比较研究，在充分考虑我国实际情况的基础上，扬二者之长，避二者之短，构建起一个适合我国国情，并具有较强可行性、具备国际相应要素的绿色建筑标准体系，最终推动我国以人居环境建设为目标的绿色建筑健康快速发展，并实现社会经济的可持续发展。

2.1 绿色建筑的定义与发展概况

2.1.1 绿色建筑的定义

1）国外具代表性的定义

国际上都认同绿色建筑三个基本主题：减少对地球资源与环境的负荷和影响，创造健康和舒适的生活环境，与周围自然环境相融合。

目前国际上比较认可的绿色建筑定义是：绿色建筑是指为人类提供一个健康、舒适的活动空间，同时最高效率地利用资源，最低限度地影响环境的建筑物及建筑物群体。

由于地域、观念和技术等方面的差异，目前国内外还未对绿色建筑的准确定义达成一致。美国国家环境保护局（U.S. Environmental Protection Agency）[1]给出的绿色建筑的定义，在国际上有较高的认可度：在整个建筑物的生命周期（建筑施工和使用过程）中，从选址、设计、建造、运行、维修和翻新等方面都要最大限度地节约资源和对环境负责。Green building (also known as green construction or sustainable building) is the practice of creating structures and using processes that are environmentally responsible and resource-efficient throughout a building's life-cycle: from siting to design, construction, operation, maintenance, renovation, and deconstruction. This practice expands and complements the classical building design concerns of economy, utility, durability, and comfort.——from the U.S. Environmental Protection Agency. [2]

图2-1 美国国家环境保护局

---

[1] 美国白宫和国会于1970年7月共同成立了环保局，以响应公众日益增强的需求：有更清洁的水、空气和土地。环保局被委任修复被污染破坏的自然环境，建立相应的环保规则。
[2] U.S. Environmental Protection Agency. (October 28, 2009). Green Building Basic Information. Retrieved Decemeber 10, 2009, from http://www.epa.gov/greenbuilding/pubs/about.htm

2）国内有代表性的定义

我国绿色建筑官方定义出现较晚，中华人民共和国住房和城乡建设部（原建设部）在2006年6月1日颁发的《绿色建筑评价标准》，对绿色建筑作出了如下定义：在建筑的全寿命周期内，最大限度地节约资源（节能、节地、节水、节材）、保护环境和减少污染，为人们提供健康、适用和高效的使用空间，与自然和谐共生的建筑。从概念上来讲，绿色建筑主要包含了三点：一是节能，这个节能是广义上的，包含了上面所提到的"四节"，主要是强调减少各种资源的浪费；二是保护环境，强调的是减少环境污染，减少二氧化碳排放；三是满足人们使用上的要求，为人们提供"健康"、"适用"和"高效"的使用空间。但在概念上与国外的定义相比还有差距，在节约概念上含糊不清，缺乏有关最大限度地利用资源，以及能效最大化的相关内容。

2.1.2 绿色建筑的发展趋势

1）国外绿色建筑研究趋向成熟

第二次世界大战之后，随着欧、美、日经济的飞速发展，同时受20世纪70年代的石油危机的影响，促使各国意识到自然能源消耗最多的建筑也应是可持续的，建筑能耗问题开始备受关注，节能要求极大地促进了建筑节能理念的产生和发展。几十年来，绿色建筑从理念到实践在发达国家已逐步趋向成熟。

1969年，美籍意大利建筑师保罗·索勒里首次提出"生态建筑"理念。1972年联合国人类环境会议通过了《斯德哥尔摩宣言》，提出了人与人工环境、自然环境保持协调的原则。80年代，节能建筑体系逐渐完善，建筑室内外环境问题凸显，以健康为中心的建筑环境研究成为发达国家建筑研究的新热点。1992年巴西召开的首脑会议形成了《21世纪议程》等全球性行动纲领，并在会中提出了"绿色建筑"的概念，绿色建筑由此成为一个兼顾关注环境与舒适健康的研究体系，并且得到越来越多的国家实践推广，成为当今世界建筑发展的重要方向。

20世纪60～70年代起，国外兴起了原生态建筑或称生土建筑（例如窑洞）、生物建筑、自维持住宅（零能耗项目）、新陈代谢建筑（日本案例）等，这些都是建筑师在对现代建筑的目标及原则深刻反思后的探索。绿色建筑从绿色技术到单体的绿色建筑物以至绿色建筑体系逐渐发展起来，研究涉及范围从建筑本体因素扩展到了社会文化环境效应等更深层次的因素。

2）绿色建筑评估标准发展意义

为了使绿色建筑的概念具有切实的可操作性，西方发达国家相继建立了适应各个国家的绿色建筑评价体系与评估系统，主旨在于通过具体评估体系，客观定量地确定绿色建筑中节能率、节水率，减少温室气体排放材料的使用，制定明确的生态

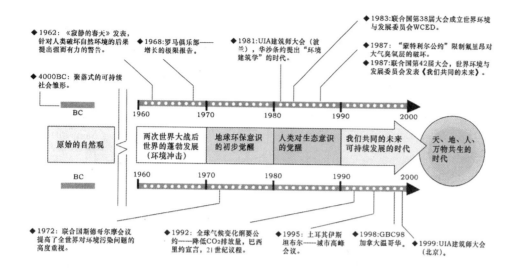

图2-2 国际绿色建筑发展趋势[1]

环境性功能以及建筑经济性能等指标，以指导建筑设计，为决策者和规划者提供参考标准和依据。

由于构成绿色建筑评估因素涉及面广，不同评价因素在不同地域的评价重要程度（权重值）也有较大的差别；相同因素在不同的地域资源、人文要求下差别很大；不同建筑的"绿色"做法也可能千差万别。因此，因地制宜地制定绿色建筑评估标准，对完善绿色建筑的概念、内容和做法至关重要，同时可用同一把标尺衡量绿色建筑的程度。统一的绿色建筑衡量标准和评价方法始终成为世界各国研究和追逐的目标。各国的评估标准因人文、资源和经济发展的原因各有侧重，以至于在绿色建筑总的原则一致的基础上，前提不变的条件下，各有千秋，体现了各国的特色，值得我们去研究学习。

3）中国绿色建筑起步与发展现状

（1）建筑节能目标制定

中国一直注重国家的建设和人民物质文化生活水平的提高，建筑作为关乎国家建设和人民生活水平提高的重要环节，国家一直给予极高的重视，对绿色建筑的研究和探索也在不断地进行着。

在国际绿色可持续发展的过程中，中国一直扮演着重要的角色，从20世纪90年代开始，我国相继签订了《联合国气候变化框架公约》（UNFCCCO）、《联合国生物多样化公约》（UNCBD）以及《东京议定书》等环境公约，这些公约的制定都为绿色建筑的研究和推广提供了指导性方针和策略，绿色建筑也为公约的具体实施提供相应的技术支持和指导。与此同时，我国90年代还制定了《中国21世纪议程》和可持续发展战略，成为最早承诺把节能减排作为应对气候变化措施的国家之一。

20世纪80年代中国已开始将节能减排作为重要的工作内容，90年代我国将建筑节能作为重要工作内容，编制《建筑节能"九五"计划和2010规划》，从1996

---

[1] 摘自：《未来百年的台湾永续建筑发展趋势》，建筑师(台湾，江哲铭)，2001/8：98-105。

年开始确立了中国建筑节能三步走的计划目标，力争 2000 年达到在 1981 年建筑能耗的基础上节能 50% 的目标；2005 年达到节能 65%。为此提出节能设计标准（采暖居住部分）和《夏热冬冷地区节能标准》；各地相继制定了包括地方的建筑节能专项规章和相关政策规定；初步形成了相应的建筑节能设计标准体系，建立了建筑节能的技术支撑体系。目前北京、天津和上海三个城市实施了 65% 这一节能规定。但是，因为中国城市化速度快、欠账多、技术底子薄、政策发展不平衡，节能的成效并不令人满意，实现中国建筑节能的目标尚有一段艰苦的历程要走。

（2）绿色建筑研究起步

中国绿色建筑战略的推进是在国家战略发展的背景下逐步进行的。2001 年中国第一个关于绿色建筑的科研课题完成，该课题最先提出了绿色建筑的内容和技术要点，随后业界开始对"绿色建筑"进行更深入的研究，陆续从研究的角度编制了中国绿色生态小区建设要点，研制了绿色奥运建筑评估软件等，绿色建筑研究得到了进一步的提升。2003 年中共十六届三中全会全面提出"以人为本，树立全面协调可持续发展观，促进经济社会全面发展"的科学发展观战略。随后的五中全会深化了"建设资源节约型、环境友好型社会"的目标和建设生态文明的新要求。为绿色建筑发展提供了成长的动力和社会基础。

2004 年召开了第一届中国《国际智能和绿色建筑技术研讨会》，会议规模宏大，影响深远，表达了中国政府对开展绿色建筑的决心和行动能力。到 2010 年共召开了六次会议，达到了扩大影响、教育群众、交流绿色技术的作用。会议对绿色建筑的定义做出了明确的规定，使全国绿色建筑走上了规范的发展道路。同年 9 月住房和城乡建设部推出"全国绿色建筑创新奖"，这标志着我国绿色建筑进入了实际运营阶段。

2006 年开始住房和城乡建设部陆续颁布了《绿色建筑评价标准》、《绿色建筑评价技术细则（试行）》、《绿色建筑规划设计技术细则补充说明》和《绿色建筑评价标识管理办法（试行）》等，对绿色建筑推行和管理做了有效的准备。基于绿色建筑理论的研究成果，北京、上海、广州、深圳、杭州等经济发达地区结合自身特点，积极开展了绿色建筑技术体系的集成研究与应用实践；一些绿色建筑（小区）标志认定工作陆续在申报和受理中；一些示范建筑、节能示范小区、生态城项目在各地陆续建立，尽管为数不多，但是已初步形成我国绿色建筑发展的态势，预示着房地产业建筑业的未来发展走势和发展前景。

（3）地方绿色建筑探索

在地方上绿色建筑主要在经济发达地区先行出现，大多为政府示范项目，设计上参考发达国家和地区的项目设计，并且逐步向民用项目普及。与此同时地方建筑还在其他方面进行了有益的绿色可持续探索：

一是挖掘传统建筑绿色设计的精华，如对窑洞建筑的利用和改造等，对南方传统建筑被动制冷方法的技术革新等；

二是利用地方材料，此类做法一般和挖掘传统建筑精华同时进行，在减少对场地环境不良影响的同时，还延续了地方传统的建筑文化；

三是对传统旧建筑的改造和再利用，例如上海苏州河畔旧仓库改建等，虽然此类项目真正实施的数目极为有限，但毕竟是个好的开始。

4）中国绿色建筑发展

（1）绿色建筑发展制约因素

中国绿色建筑的发展目前仍然存在许多制约因素。主要是：

①缺乏对绿色建筑的准确认识，往往把绿色建筑技术看成割离的技术，缺乏整体整合和注重过程行为落实等更深层次的意识。在行业中尚未形成制度，成为自觉行动；难以保证绿色建筑在建设过程中各个环节的正确实施，绿色建筑的影响力未能发挥出来。

②缺乏强有力的激励政策和法律法规。首先部门规章和奖励政策力度不够，导致开发企业对绿色建筑投入和产出经济效益主体分离，不能调动开发企业兴建绿色节能建筑的积极性，出现了绿色建筑"叫好不叫座"的局面。其次绿色建筑主管各部门尚未能协同工作，尚未提出影响国家经济社会长远发展的有效的公共政策。

③缺乏有效的推广交流平台。绿色建筑在世界各国已经受到不同程度的关注，有的已经取得经济发展、环境改善和能耗持续下降的突出成就。但在国内缺乏多层面的国际合作交流平台和组织机构，对国际的成功经验、技术、信息和政策，不能进行及时、系统、广泛的交流，缺乏组织相应的国内国际方面的学术研讨和培训。

④缺乏广泛的社会普及宣传。对绿色建筑的社会效益及经济效益无明确的案例分析，带给群众和开发商的实际利益无明显量化体现，无法发挥市场的推广作用。

中国的绿色建筑开始于城镇化高速发展的起步阶段，及时普及推广绿色建筑，无疑对我国财富积累，经济社会健康发展有着深远的意义。因此必须加强政府导向和管理，及时提出切实可行的推广绿色建筑工作目标、工作思路和措施，加大力度推广绿色建筑工作。

（2）推广绿色建筑工作方针

推广绿色建筑的工作思路是：

全方位推进，绿色建筑涉及社会经济各个方面，必须动员各行各业投入，而且主要依靠全社会通过行为意识来得到贯彻，这就要建立相当的行为准则和行政政策，变成全国全民的大事来抓，方能及早实现绿色建筑的理想。

全过程展开，要建立全寿命过程的目标观点，包括在立项、设计、施工、使用、拆除等环节在内的全程实施绿色建筑原则。防止只管眼前不顾长远的短期行为，只有全寿命原则才能保证绿色建筑的目标实现。

全领域监管，要建立资源全面整合协同的技术策略，防止片面分割绿色技术作用，错误地累加绿色技术和建筑部品而误导绿色成果目标。要建立全程绿色监控和监测机制，保证绿色行为过程中实际效果。

2.2 国内外绿色建筑评估体系

2.2.1 国外部分国家及地区绿色建筑评估发展概况

绿色建筑评估的要素很多，同一要素在不同的地域差别很大，不同绿色建筑技术产生的效果也可能有很大区别。因此，各国在研究和推行绿色建筑之初，首先就要着手建立适合本国国情的绿色建筑衡量标准和评价方法，以指导绿色建筑的设计、建造和运行管理。目前各国大多都有其自身的绿色建筑评估体系。下面是部分具有国际影响的评估标系：

① 英国绿色建筑评估体系—BREEAM（Building Research Establishment Environmental Assessment Method）

② 欧盟绿色建筑环境评估法 CEPHEUS & LEnSE

③ 美国绿色建筑评估体系—LEED (The Leadership in Energy and Environmental Design)

④ 日本建筑物综合环境性能评价体系—CASBEE（the Comprehensive Assessment System for Building Environmental Efficiency）

⑤ 澳大利亚绿色建筑评估体系—NABERS（National Australian Building Environmental Rating System）& Green Star

⑥ 德国绿色建筑体系发展—DGNB

⑦ 荷兰绿色建筑评估体系—GreenCalc

1）英国BREEAM体系

"建筑研究所环境评估法"（BREEAM）最初是由英国"建筑研究所"在1990年制定的。这是一种设置建筑环境基准的评估方法，它的目标是减少建筑物对环境的影响，体系涵盖了包括从建筑主体能源到场地生态价值的范围。BREEAM体系是世界上第一个绿色建筑评估体系，其他国家均受其影响制定了各自的绿色建筑评估体系。1998年的BREEAM体系98版本较之以前有了很大的发展，它包括从建筑设计开始阶段的选址、设计、施工、使用直至生命终结拆除的所有阶段的环境性能。它已发展为涵盖4大方面环境问题，包括九项指标和"核心"、"设计和实施"及"管理和运作"三个部分庞大体系。该体系包括一系列的评估系统，涉及各种类型的建筑物：办公楼、住宅、工业建筑和购物中心及超市。

该体系有以下几个目的：

提供降低建筑物对全球和本地环境影响的指导，同时创造舒适和健康的室内环境。

使致力于环境问题的房屋开发商通过此项评估体系，获得分值认证和得到相应的证书。

2）欧盟CEPHEUS环境评估法

欧盟在 BREEAM 的试行基础上，结合欧洲的发展很快制定了欧盟 CEPHEUS 绿色建筑评估标准，在内容上更加侧重于环境的保护和能源效能最大化和可再生能源的利用环节。

本体系由欧联盟房屋研究机构设置，适用于规模城镇和地产的发展，以及重建项目中。着重于区域发展，房屋和结构的可持续性。评估项目因素包括：土地应用、城市结构和设计、公共交通、步行街、能源和再生能源；自然生态资源保持、场址开发和设计；社区建设、商业和就业。

3）日本CASBEE体系

CASBEE 全称为建筑物综合环境性能评价体系，是"日本国土交通省"支持下，由企业、政府、学术界联合组成的"日本可持续建筑协会"合作研究的成果。其发展非常迅速。它针对不同建筑类型，建筑生命周期不同阶段而开发的评价工具，已构成一个较为完整的体系，并处于不断扩充生长之中。其研究目的是对以建筑设计为代表的建筑活动、资产评估等各项事务进行整合，以寻求与国际接轨的可持续建筑评价方法和评价标准，另外它的创新之处在于提出了建筑环境效率的新概念。日本人所设计的评估体系与美国 LEED 简洁风格不同，庞大而详尽，正反映出两个民族的一贯的风格。值得一提的是，目前 CASBEE 推广情况不错。

4）澳大利亚NABERS体系

1999 年，ABGRS(Australina Building Greenhouse Rating System) 评估体系由澳大利亚新南威尔士州的 Sustainable Energy Development Authority(SEDA) 发布，它是澳大利亚国内第一个较全面的绿色建筑评估体系，主要针对建筑能耗及温室气体排放做评估，它通过对参评建筑打星值而评定其对环境影响的等级。随后提升为澳大利亚国家建筑环境评估体系 NABERS（National Australian Building Environmental Rating System），其长远目标是减少建筑运营对自然环境的负面影响，鼓励建筑环境性能的提高。NABERS2003 版本将原版本评价指标由原来的 8 个调整为 14 个，分别是能源及温室气体、制冷导致的温室效应、交通、水资源的使用、雨水排放、污水排放、雨水污染、自然景观多样性、有害物质、制冷引起的臭氧层破坏、垃圾排放量、掩埋处理、室内空气质量、使用者满意度。

5）德国DGNB体系

德国 DGNB 是德国可持续建筑委员会与德国政府共同开发编制的，代表世界最高水平的第二代绿色建筑评估认证体系。DGNB 包含绿色生态、建筑经济、建筑功能与社会文化等各方面因素，覆盖整个建筑业产业链。整个体系有严格全面的评价方法和庞大数据库及计算机软件的支持。DGNB 不仅是绿色建筑标准，而且将绿色建筑评价内容扩充范围，涵盖了生态、经济、社会三大方面因素，是世界上最先进的第二代可持续建筑评估认证体系。DGNB 覆盖了建筑行业的整个产业链，并致力于为建筑行业的未来发展指明方向。体系中可持续建筑相关领域评估标准共有六个领域，分别为：生态质量、经济因素、社会与功能要求、技术质量、过程质量以及基地质量，共 60 余条标准。其 2008 年版仅对办公建筑和政府建筑进行认证，2009 年版根据用户及专业人员的反馈进行了开发。

6）荷兰 GreenCalc 体系

荷兰 GreenCalc 是由荷兰可持续发展基金会（AUREAC）协同另外四家荷兰公司一起在荷兰住房空间发展与环境部的支持下开发的绿色建筑评价标准软件。它可以用于分析单体建筑，也可以用在整个小区的分析。它通过全生命周期分析手段，以环境费用的方式来定量地给出绿色建筑的发展目标。1996 年开始在本国内建设可持续与低能耗建筑示范工程，到 1999 年已完成 47 个项目，从能耗、水、材料、室内环境和周边环境方面完整地展示荷兰可持续概念、绿色节能技术的全过程。

2.2.2 美国绿色建筑评估体系

1）美国绿色建筑的发展

美国绿色建筑的发展分为三个阶段：第一阶段是启动阶段，以美国绿色建筑委员会的成立为标志。除了能耗，建筑材料的安全性、室内空气质量甚至建筑用地选址等问题广泛引起社会关注。

第二阶段是发展阶段，以《2005 能源政策法案》的颁布为起点。该法案是美国现阶段最为重要的能源政策之一，体现了国家的能源发展战略。这一法案对于建筑能源节约给予了前所未有的关注，对绿色建筑发展起到了关键性的促进作用。

第三阶段是扩展阶段，以 2009 年初美国总统奥巴马签署的经济刺激法案为标志。这一法案中有超过 250 亿美元资金将用于建筑的"绿化"，发展绿色建筑正成为美国能源改革和经济复苏的重要组成部分。

2）美国地方绿色建筑制度形成

在 1969 年，绿色建筑的萌芽阶段，美国联邦政府在《全国环境政策法》中要求各级政府在建筑施工和管理措施方面需要采取关于"环境友好"（environmental friendly）或是"绿色开发"（green development）的相关措施，而在 80 年代初期，建筑行业开始向建筑节能转型。到 90 年代，地方政府将执行绿色建筑标准作为强制性的规定。其进一步的行业评估体系则由专业的民间组织机构例如美国绿色建筑协会（USGBC）加以深入完善和推广，其推广过程充分体现了市场先行的理念。

2007 年 10 月，洛杉矶好莱坞卫星城出台了美国第一个强制性的绿色建筑法令，设定了改建和新建建筑的绿色建筑标准，规定了新建筑，改造建筑均应达到的节能标准。在华盛顿地区，已获得批准的绿色建筑法案要求任何新建筑或是翻修建筑，超过2万平方英尺的，都要符合政府的绿色建筑节能标准。目前美国已经有十个城市采用了基于LEED要求的法规，还有几十个城市已设定了自己的绿色标准。5个州有绿色建筑法，20个市政府设定了关于强制开发商建造更多节能和环保项目的法令实例，另外17个城市通过有关于绿色建筑的决议案，有14个市通过相关的行政命令。

3）LEED标准体系建立

LEED (The Leadership in Energy and Environmental Design) 是由美国绿色建筑协会组织其成员，专家学者和社会相关人士共同制定的一套绿色建筑评估体系。1993年美国绿色建筑协会USGBC成立之后不久，其各个成员就意识到对于可持续发展建筑这个行业，首要问题就是要有一个可以定义并量度"绿色建筑"各种指标的体系，USGBC开始研究当时的各种绿色建筑量度和分级体系，专业委员会首先审阅了当时两个来自于英国的绿色建筑分级体系BREEAM和BEPAC，审阅的最终结果是决定创造一个独立的美国绿色建筑分级体系。1994年秋，研究委员会起草了一个绿色建筑分级评估体系并递交协会审核，这就是名为"能源与环境设计领袖"（LEED）的绿色建筑分级评估体系。经过进一步的深化之后，在1998年8月份的USGBC会员峰会上，LEED1.0版本的实验性计划正式推出了，截止到2010年LEED系统共形成了9大体系（详见4））LEED标准体系简介。

4）LEED标准体系简介

截至2010年LEED认证体系根据建筑物的性质、使用功能，共分为以下9类：
① LEED for New Construction ——"新建和大修项目"分册；
② LEED for Existing Buidlings ——"既有建筑"分册；
③ LEED for Commercial Interiors ——"商业建筑室内"分册；
④ LEED for Core & Shell ——"建筑主体与外壳"分册；
⑤ LEED for school ——"学校"分册；
⑥ LEED for Home ——"住宅"分册（试行）；
⑦ LEED for Neighborhood Development ——"社区规划"分册（试行）；
⑧ LEED for retail ——"商店"分册（试行）；
⑨ LEED for healthcare ——"疗养院"分册（草稿）。

所有LEED的评估产品的评估点都分为三种类型：①必要项（Prerequisite）②可选项（Credits）③创新项（Innovation Credits）。这些评估点都是通过四个方面来阐述其要求：评估点的目的（Intent）、评估要求（Requirement）、建议采用的技术措施（Technologies Strategies）以及所需提交的文档证明的要求（Documentation requirements）。这种结构使得每个LEED评分点都易于理解和实施。

项目在申请评估的过程中，首先必须满足所有必要项（Prerequisite）的要求，项目最终评分结果则按照可选项（Credits）和创新项（Innovation Credits）的具体得分情况来确定。LEED 2009 对所有评价系统推出了统一的认证等标准以提供一致性，按照打分情况分为以下四个级别：项目以获得 40 分为认证资格，银级为 50 分，黄金级为 60 分，铂金级 80 分，加上地域性和创新积分，项目最高可获得积分达 110 分。根据评估的分数，来决定不同的认证级别，该结果也恰当地反映出建筑物性能表现的级别。整个 LEED 评估体系的设计力求覆盖范围广，同时简单易行。

以 LEED NC 2009 为例，其指标分布概述如表 2-1：

LEED NC 2009 表2-1

	项目、指标	得分
	可持续场址	26 分
必要项	建设活动的污染防治	必须
项目 1	场址选择	1
项目 2	开发密度和社区关联性	5
项目 3	褐地再开发	1
项目 4.1	替代交通—接入公共交通	6
项目 4.2	替代交通—自行车存放和更衣间	1
项目 4.3	替代交通—低排放和节油机动车	3
项目 4.4	替代交通—停车容量	2
项目 5.1	场地开发—保护或恢复栖息地	1
项目 5.2	场地开发—最大化空地	1
项目 6.1	雨洪设计—流量控制	1
项目 6.2	雨洪设计—水质控制	1
项目 7.1	热岛效应—非屋面部分	1
项目 7.2	热岛效应—屋面部分	1
项目 8	减少光污染	1
	节水	10 分
必要项	减少用水	必须
项目 1	节水景观绿化	2-4
项目 2	创新废水技术	2
项目 3	减少用水	2-4
	能源与大气	35 分
必要项 1	建筑能源系统基本运行调试	必须
必要项 2	最低能效	必须
必要项 3	基本制冷剂管理	必须
项目 1	建筑能效优化	1-19
项目 2	现场可再生能源	1-7
项目 3	增强运行调试	2
项目 4	增强制冷剂管理	2
项目 5	计量与验证	3

续表

项目、指标		得分
项目 6	绿色电力	2
材料与资源		14 分
必要项	再生材存贮与收集	必须
项目 1.1	建筑再利用—保留原有墙体、楼板、屋面	1-3
项目 1.2	建筑再利用—保留原有非结构性内装组件	1
项目 2	施工废弃物管理	1-2
项目 3	材料再利用	1-2
项目 4	再生材含量	1-2
项目 5	地方性材料	1-2
项目 6	快速再生材	1
项目 7	认证木材	1
室内环境质量		15 分
必要项 1	最低室内空气质量	必须
必要项 2	环境吸烟控制 (ETS)	必须
项目 1	室外新风监控	1
项目 2	增加通风	1
项目 3.1	工程室内空气质量管理措施—施工中	1
项目 3.2	工程室内空气质量管理措施—入驻前	1
项目 4.1	低排放材料—胶和密封材	1
项目 4.2	低排放材料—油漆与涂料	1
项目 4.3	低排放材料—地板材料	1
项目 4.4	低排放材料—复合木材及秸材制品	1
项目 5	室内化学品和污染源控制	1
项目 6.1	系统可控性—照明	1
项目 6.2	系统可控性—热舒适度	1
项目 7.1	热舒适度—设计	1
项目 7.2	热舒适度—验证	1
项目 8.1	采光和视野—采光	1
项目 8.2	采光和视野—视野	1
设计中创新		6 分
项目 1	设计中创新	1-5
项目 2	LEED 认可专家	1
地方优先		4 分
项目	地方优先项目	1-4

LEED 2009 新建建筑和重大改建工程
100 分基础分，另加 6 分创新奖励分，再加 4 分地方优先奖励分，共计 110 分可能得分。
认证级 40-49 分
银级 50-59 分
金级 60-79 分
白金级 80 分和以上

5）LEED标准体系的影响

美国绿色建筑协会 USGBC 的成立被认为是美国绿色建筑整体发展的开始，而绿色建筑的兴起被认为是美国最为成功的环境运动，LEED 评估标准已经成为全美公认的高品质绿色建筑设计、建造和运营的标准。并且通过开放性、可施行等基于公众意见的流程来实现体系的不断完善。

LEED 标准在国际上具有极大的借鉴作用，成为各国建立各自绿色建筑及可持续性评估标准的范本。加拿大政府正在讨论将 LEED 作为政府建筑的法定标准；澳大利亚、中国、日本、西班牙、法国、印度及中国香港特别行政区等国家及地区都对 LEED 进行了深入的研究，并结合用在本国或本地区绿色建筑的相关标准中。世界各地新增的注册申请建筑每年都在以 20% 建设速度增长。凡通过 LEED 评估为绿色建筑的工程都可获得由美国绿色建筑协会颁发的绿色建筑标识。

6）LEED与美国绿色建筑协会

美国绿色建筑协会（U.S Green Building Council）是随着国际环保浪潮而产生的。总部设在美国首都华盛顿，是一个非政府、非盈利组织。其宗旨是整合建筑业各机构，推动绿色建筑和建筑的可持续发展，引导绿色建筑的市场机制，推广并教育建筑业主、建筑师、建造师的绿色实践。

美国绿色建筑协会成立后的一项重要工作就是建立并推行了《绿色建筑评估体系》（Leadership in Energy & Environmental Design Building Rating System），简称 LEED，其注册标识如左图。

图2-3 美国《绿色建筑评估体系》注册标识

LEED 自建立以来，根据建筑的发展和绿色概念的更新、国际上环保和人文运动的发展，经历了多次的修订和补充，从 1.0 版发展到 2.2 版，2008 年正式推出 2.2 版。从最初的只针对公共建筑，发展到可用于既有建筑的绿色改造标准 LEED-EB、商业建筑绿色装修标准 LEED-CI，目前已开发专用于住宅建筑的 LEED-RB 已经进入成熟阶段、完全适合用于居住区建设的 LEED-ND 也进入了试行的阶段。

LEED 是自愿采用的评估体系标准，主要目的是规范一个完整、准确的绿色建筑概念，防止建筑的滥绿色化，推动建筑的绿色集成技术发展，为建造绿色建筑提供一套可实施的技术路线。LEED 是定性和定量结合的性能类标准（Performance Standard），主要强调建筑在整体、综合性能方面达到建筑的绿色化要求，很少设置硬性指标，各指标间可通过相关调整形成相互补充，以方便使用者根据本地区的技术经济条件建造绿色建筑。由于各地方的自然条件不同，环境保护和生活要求不尽一致，以定性要求为主可充分发挥地方的资源和特色，强调采用当地的技术手段，达到统一的绿色建筑水准。

LEED 体系是一个较为庞大而系统分明的评估体系，其过程透明，技术含量高，为了方便使用者深入了解该体系，编制有详细的技术导则和手册，详细阐明了绿色建筑各相关技术内容和实施措施及路线，并给予了案例指导。

2.2.3 中国绿色建筑评估发展状况

中国绿色建筑战略的推进是在国家可持续建设战略发展的背景下逐步进行的。目前中国绿色建筑标准体系由国家标准、行业协会标准和地方标准三个层次构成。国家级标准对全国的建设都具有约束力，影响面广，但受到地区发展不平衡、区域差异明显等因素的制约，标准的编制特征倾向于一种原则性的要求；行业协会标准虽然没有政府推动的力度，但更为灵活，可以提出相对高起点的要求，同时与企业、市场的联系也更为广泛，有利于发挥其在实际操作方面的影响力；地方标准是贯彻国家标准的重要一环，将国家标准的原则性要求变为可操作的、具有地方针对性、建筑类型针对性的细则，从而有利于发挥国家标准的作用，但是由于地域的差别地方标准编制水平参差不齐。

1）绿色建筑国家标准的形成

1986年住房和城乡建设部颁布了《民用建筑节能设计标准（采暖居住建筑部分）JGJ26-86》，是我国最早针对建筑节能策略问题提出的国家标准，目标是在1980/1981年当地通用设计的基础上节能30%。《民用建筑节能设计标准》是我国第一部建筑节能设计标准，它的颁布，开启了我国建筑节能新阶段。以它为基础，建筑节能的设计、节能技术纷纷发展起来，制定了包括国家和地方的建筑节能专项规章和相关政策规章，并初步形成了相关的技术体系。

1995年12月中国建筑科学研究院对《民用建筑节能设计标准JGJ26-86》进行修订并于次年执行，修订后的《民用建筑节能设计标准JGJ26-95》将第二阶段建筑节能指标提高到50%。同年，住房和城乡建设部发布《建筑节能"九五"计划和2010年规划》，提出在全国30个城市实现将建筑节能指标提高到65%的第三阶段目标。1996年9月住房和城乡建设部发布的《建筑节能技术政策》和《市政公用事业节能技术政策》。2008年8月《民用建筑能效测评标识管理暂行办法》、《民用建筑节能条例》的施行，以及《民用建筑节能条例》的颁布，标志着我国民用建筑节能标准体系已基本形成，基本实现对民用建筑领域的全面覆盖。

我国立项研究绿色建筑自2001年开始，相应课题《绿色生态住宅小区建设要点与技术导则》成果得以验收。2005年住房和城乡建设部科研《绿色建筑技术导则》形成初步成果；2006年6月住房和城乡建设部颁布了《绿色建筑评价标准》，并于2007年6月颁布了《绿色建筑评价技术细则补充说明（试行）》；2007年8月，住房和城乡建设部出台了《绿色建筑评价标识管理办法》，至此初步形成我国绿色建筑评价体系。

基于绿色建筑理论的研究成果应用推广的需要，北京、上海、广州、深圳、杭州等经济发达地区结合自身特点，开展了绿色建筑关键技术体系的集成研究与应用实践，编制了各地地方标准。一批绿色建筑项目进入了绿色建筑标识申报活动。一批围绕绿色建筑理论和绿色建筑技术的研发和应用的专业委员会地方分会相继成立，绿色节能示范小区、低碳减排小区试点在各地雨后春笋建立，成为我国绿色建筑技术普及展示、示范教育的范例，带动了全国绿色建筑的普及工作。

2）行业协会推进绿色建筑标准发展

在中国市场尚不成熟，行业协会影响力较弱，大部分行业协会规范缺乏大范围的影响力的情况下依旧产生了不少成果，例如2001年，全国工商联住宅产业商会联合清华大学、住房和城乡建设部科技发展促进中心等单位，参考世界各国关于生态住宅技术研究和评价方法，提出了生态住宅的完整框架，发布了《中国生态住宅技术评估手册》，并在之后几年内进行了完善。[1]

2002年10月，国家科学技术部立项的《绿色奥运建筑评估体系》[2]课题，为了实现把北京2008年奥运会办成"绿色奥运"，汇集了清华大学、中国建筑科学研究院、北京市建筑设计研究院、中国建筑材料科学研究院、北京市环境保护科学研究院、北京工业大学、全国工商联住宅产业商会、北京市可持续发展科技促进中心、北京市城建技术开发中心等多家科研机构与行业协会组成的课题组，历时一年多，完成并公布了详细的、长达45万字的《绿色奥运建筑评估体系》。这是国内第一个有关绿色建筑的评价、论证体系。这个系统的设定主要参考了日本CASBEE体系（建筑物综合环境性能评价体系）为今后绿色建筑提供了一个坚实的基础。但在内容和评估方法上还存在操作上繁琐、不易掌握等问题，还需要进一步完善。

2003年中国房地产研究会人居环境委员会推出《中国人居环境及新城镇发展推进工程》；2004年发表《技术文件汇编》，在多年的实践中不断地总结完善，2006年人居委在住房城乡建设部立项，重点研究编制完成《规模住区人居环境评估标准》。根据研究成果形成生态、配套、科技、亲情、环境、人文以及服务七大特色目标。

"中国人居环境住区建设七大特色目标"的编制原则和内容具有绿色建筑的理念，是学习研究美国绿色建筑评估应用于我国实践的尝试。成为试点住区建设项目"好读、好记、好理解"的简明的规范性条文，受到开发商的称赞。2009年7月，《中国人居环境金牌住区评估标准及案例应用》一书正式出版，书中汇集了不同地区、不同经济条件、不同气候条件下90多个人居环境金牌住区案例及人居委在住区层面的研究成果，为住区开发、建设、管理、建材、科研教学等各部门提供有益的指导。

可见，行会在参与国际和地方规范标准执行应用中将起到重要作用，并会成为推广绿色建筑的主力军。但是，与国际相比中国的行业协会被赋予的职责和功能偏弱，对行业发展的影响力有限，尚不能起到分担政府职能的作用。期望着未来的体制上的改革能尽可能地扭转现状，使行业社团的作用得到充分的发挥。

3）地方标准编制积极活跃

我国幅员辽阔，地理特征多变，气候分区复杂，使得国家规范不可能深入到每

---

[1] http://www.cq.xinhuanet.com/jyfw/2004-07/23/content_2549715.htm
[2] http://www.envir.gov.cn/info/2003/12/125348.htm

一个细节。而每个地区的经济发展程度不同，也导致了即便在相同的气候环境下，两地的绿色建筑标准也会有明显的不同。因此我国的地方标准众多，部分地区的节能要求甚至远大于国家标准，在国家标准之上执行更高的 65% 节能标准。

2006 年 8 月 15 日，北京市建委发布《北京市"十一五"时期建筑节能发展规划》（下称《规划》），明确要求新建居住建筑全面执行建筑节能 65% 标准。成为第一个要求 65% 节能标准的城市。上海和深圳也分别在国家《绿色建筑评价标准》的基础上颁布了《上海绿色建筑评价标识实施细则（试行）》《上海真如城市副中心绿色建设导则》《深圳市绿色建筑评价标准（征求意见）》等，其他各地针对绿色建筑推广也陆续出台了符合当地特征的绿色建筑评价标准，例如《福建：环保住宅工程》《台湾绿色建筑九条指标体系》等。

2.2.4 《绿色建筑评价标准》运营架构

1）分项评价体系框架

《绿色建筑评价标准》是中国最有影响力的国家级评价体系，由住房和城乡建设部发布。自 2005 年起住房和城乡建设部陆续发布了《绿色建筑技术导则》《绿色建筑评价标准》《绿色建筑评价技术细则（试行）》《绿色建筑评价标识管理办法》，形成了一套较为完整的，依据我国实际建设情况制定的，多目标、多层次的绿色建筑规范性综合评价标准。标准用于评价住宅建筑和公共建筑两大类，涉及住宅、办公、商场、宾馆等建筑。要求绿色建筑因地制宜，统筹考虑并正确处理建筑全寿命周期内，节能、节地、节水、节材、保护环境和居住功能的要求。

《绿色建筑评价标准》采用分项评价体系框架。定性条款的评价为通过或不通过；对有多项要求的条款，要求各项均能满足要求时方能获得通过。定量条款要求由具有资质的第三方机构认定专家打分确认得分值。

目前绿色建筑评价标识的评定工作是由政府组织开展，社会自愿参与的自上而下行为。2008 年 4 月为了进一步加强和规范绿色建筑评价工作，引导绿色建筑健康发展，住房和城乡建设部科技发展促进中心与绿色建筑专委会共同组织成立了绿色建筑评价标识管理办公室（"绿标办"），发布了三星标识管理办法，认证划分为三个等级，由评审专家确定项目分属绿色标识的等级。"绿标办"成员单位有中国建筑科学研究院、上海建筑科学研究院、深圳建筑科学研究院、清华大学、同济大学等多家科研及学术机构。"绿标办"主要负责绿色建筑评价标识的管理工作，受理三星级绿色建筑评价标识，指导一、二星级绿色建筑评价标识活动。中国绿色建筑评价分为规划设计阶段和竣工投入使用两个阶段分别进行。

2）《绿色建筑评价标准》特色与问题

《绿色建筑评价标准》是衡量我国绿色建筑的标尺，该体系有以下特点：

（1）绿色建筑评价标识的评定工作在我国是由政府组织开展，社会自愿参与的行为。

（2）我国的绿色建筑评价标识体系属于分项评价体系框架。

（3）是根据我国实际建设情况制定一部多目标、多层次的绿色建筑综合评价标准。

但在操作层面上，如何将《绿色建筑评价标准》所确定的基本原则和绿色建筑现实推动相结合的方式仍然在摸索中，实施细则仍是当前绿色建筑制度体系建设中的薄弱环节。具体体现在：

（1）"评价标准"是以国家现行规范、标准制定的，它着重评价建筑"绿色"性能和质量，不涵盖建筑物全寿命在内的所有的性能；

（2）在"评价标准"的指标体系中有一些指标的用词意义模糊和原则难以判定；

（3）"评价标准"回避权重体系，采用了措施得分法；

（4）"评价标准"中的许多指标项应归属于定性指标，现用评分机制只需要定性判别是否采用了这一措施，而未能评价这一措施实行的好坏程度；

（5）"评价标准"中，有些控制项指标数量过多而一般项和优选项数量不足，引导力不显著；

（6）"评价标准"中的指标体系过于简单，在指标的细分项目中无法明确划分相互间的关系，细分项目指标的重要性也无法体现出来。

由于中国的绿色建筑推广是政府提倡的上运下行的运行机制，缺乏从基层发展的动力，整体发展尚处在概念满天飞、炒作超过实干、浮于表象的行为方式，在一定程度上阻碍了绿色建筑的纵深发展。

2.3 中美绿色建筑评估体系比较

美国 LEED 标准是目前在绿色建筑评估体系中应用最为广泛的一套体系，由于其制定时间早（1994年形成初稿），体系成熟，并根据市场和时代发展逐年升级，市场认可程度大。中国《绿色建筑评价标准》于2006年正式颁布，在编制过程中结合本国情况，并参考了 LEED 标准，最终形成了中国的标准。由于编制时间不同，国情不同，美国 LEED 评估体系和中国的《绿色建筑评价标准》相比较，首先在其组织机构、运作方式上存在着不同；其次在标准的条款制定上也有不同；同时评估体系的分支和权重以及认证申报方式均有较大的差异。通过分析两者之间的差异有助于了解国际和国内绿色建筑评估体系的发展状况，从而提出更为合理的提升和改进意见。

2.3.1 管理机构比较

1) 管理机构设置

中美绿色建筑评估体系的首要不同是主管机构的不同，美国 LEED 评估体系由美国绿色建筑委员会（USGBC）主管，而中国则由住房和城乡建设部主管，下设具体执行单位。两个部门的机构简介如下：

（1）美国绿色建筑委员会（USGBC）简介

美国绿色建筑委员会（United States Green Building Council，简称USGBC）是美国重要的建筑业领导联盟，USGBC 大力改变了各种传统的建筑设计、施工和保养方法，致力于促进环境友好的、安全的、健康的，而且同时也能赢利的居住和工作场所的建设。是全美国唯一一个在环保建筑方面代表整个建筑行业的全国性机构。其组织机构如图 2-4 所示。

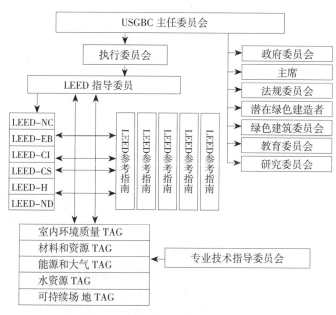

图2-4　美国绿色建筑委员会管理机构图

USGBC 属于会员的运作模式，其所提出的各项计划，都是基于以各个专业委员会的计划制定。USGBC 的核心是 LEED 指导委员会（LEED Steering Committee）。在 LEED 指导委员会下面，是各个 LEED 横向市场产品（LEED-NC 等）的专员委员会，为了确保有关评估要求在不同 LEED 产品中的一致性和连贯性，LEED 指导委员会之下还成立了一个专业技术咨询委员会（Technical Scientific Advisory Committee）。各个委员会的会员们（来自于不同类型公司的企业代表）共同制定各种有关的策略。

USGBC 的成员来自于美国建筑业的著名机构，包括国家和地方的建筑设计公司、产品制造商，如 Johnson Controls 等；环境团体，如自然资源保护委员会等；建筑行业组织，如施工规范研究院、美国建筑师协会；建筑开发商，如 Turner 建筑公司、Bovis 集团地产；零售商和建筑物持有者，如 Gap 和 Starbucks；金融业领袖，如 Fireman 基金保险公司、美洲商业银行以及众多联邦政府、州政府和地方政府机构，其会员数量在近几年呈不断增长的趋势。

USGBC 的会员制度，为执行委员会的各项重要计划和活动提供了一个平台，各种政策和策略的制定、修订以及各项工作计划的安排，都是基于来自整个建筑行业中不同类型企业会员们的需要而定。

USGBC 每年举办绿色建筑年会进行年度回顾，解决会员们提出的各种问题，协调整个美国建筑行业在绿色建筑发展中的各种矛盾，鼓励并推动行业中不同的企业跨越彼此的差异和不同的利益诉求，从而达到共同发展，最终使得整个行业都获益，并逐步推进整个行业的变革。会议每年还吸引了世界各国绿色协会和热衷绿色事业发展的人士参与，已形成每年一度的绿色建筑国际化大会。

USGBC 的这种机制使得美国绿色建筑委员会的各种意见得到了整个美国社会的认可，并具有相当的影响力。

（2）中国绿色建筑管理机构简介

①住房和城乡建设部科技发展促进中心（简称科技促进中心）成立于 1994 年 7 月，是经中央机构编制委员会和住房和城乡建设部批准成立的住房和城乡建设部直属科研事业单位。主要职责是：接受住房和城乡建设部委托承担建筑节能相关政策、法规研究制定、技术研究开发以及建筑节能示范工程管理和技术推广工作，开展建筑节能国际合作与交流。其下属绿色建筑与节能专委会和绿色建筑评价标识管理办公室，负责具体的建筑评定和标识发布。其组织机构如图 2-5 所示。

科技促进中心的核心业务是建筑节能、绿色建筑、科技成果推广及国际合作。随着绿色建筑标识工作的展开，2008 年 4 月设置了绿色建筑评价标识管理办公室（简称"绿建办"）。成员单位包括中国建筑科学研究院、上海建筑科学研究院、深圳建筑科学研究院、清华大学、同济大学等。目前参与到认证工作的也仅限于部分编制《绿色建筑评价标准》的十几家科研机构和高校等。

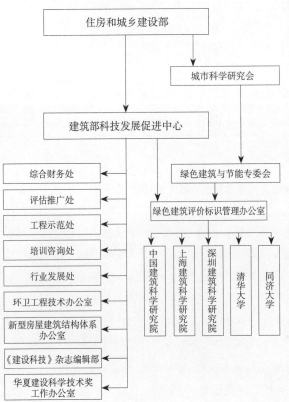

图2-5 中国绿色建筑管理机构组织机构[1]

---

[1] 图片摘自：http://www.chinagb.net/cstc

②绿色建筑与节能委员会（简称绿建委）

中国城市科学研究会下属绿色建筑与节能专业委员会（China Green Building Council，简称：绿建委 CGBC）是研究适合我国国情的绿色建筑与建筑节能的理论与技术集成系统、协助政府推动我国绿色建筑发展的学术团体。2006 年成立并着手研究编制《绿色建筑评价标准》和增补《绿色建筑评价技术细则》等文件。通过几年的运营，在绿建委内形成以绿色建筑规划和设计、绿色施工、绿色技术、人文绿色、绿色房地产、绿色智能等专业委员会，分别由各地相关科研设计、大专院校执掌并开展活动；由地方政府组织的绿色建筑与节能委员会也在相继建立之中。

绿建委主要任务是：编制及解释相关标准释义；组织国内外绿色学术交流活动；参与绿色标识认证管理工作；开设绿色建筑设计课程培养绿色建筑人才；组建绿色建筑研究机构和能源服务公司。

2）管理机构综合比较

两者的管理机构有着根本上的区别，这也是由社会环境所决定的。美国社会力量较强，LEED 为协会发起，自下而上地推进。而我国政府力量较强，社团组织相对较弱，因此为政府主导，自上而下地贯彻。

中美绿色评估标准 编制机构综合比较表　　　　表2-2

比较项目	美国 LEED	中国《绿色建筑评价标准》
组织成员比较		
主管机构	民间组织： 美国绿色建筑协会（USGBC）管理，专业技术咨询委员会（Technical Scientific Advisory Committee）负责具体技术内容的解释	官方机构： 由住房和城乡建设部科技发展促进中心管理，由中国建筑科学研究院负责具体技术内容的解释
核心职位任命方式	部分选举，部分任命，人员为各企业优秀代表，采用公司制管理	主要是行政任命的方式，人员为各级行政技术人员，采用行政管理制度
认证工作	绿色建筑认证协会（GBCI）负责标识发放	绿色建筑评价标识管理办公室负责标识发放
成立时间	GBCI 在 2007 年年底脱离 USGBC 独立活动	绿色建筑评价标识管理办公成立于 2008 年 4 月
解释权	专业技术咨询委员会	住房和城乡建设部绿色建筑标准编制小组
官方网站	www.usgbc.org 围绕着 LEED 认证展开的，清晰明确	属于住房和城乡建设部网站的一部分，网站内容庞杂，信息繁多，信息传达不突出
人员组成	成员来自于社会各个方面，以会员形式组成，主要有政府部门、建筑师协会、建筑设计公司、建筑工程公司、大学、建筑研究机构和建筑材料、设备制造商、工程和承包商	成员为具有专业知识的国家公务人员，科研人员和外聘相关专业的专家，成员单位有中国建筑科学研究院、上海建筑科学研究院、深圳建筑科学研究院、清华大学、同济大学
运作方式	会员制	非会员制
文件编制比较		
评价体系编制驱动	市场经济导向	政府政策导向
标准基准	引领性标准 绿色建筑中的先行者，引领绿色建筑发展潮流	基准性标准 国家推广绿色建筑的基准，绿色建筑普遍应该满足的标准

续表

比较项目	美国 LEED	中国《绿色建筑评价标准》
申报制度	文件审批制度	鉴定会制度
编制成员	不只是单纯的研究机构专家,更多来自直接参与实践的基层工程师、建筑师、结构师,还包括了市场运营、开发商、环境工程等多方面的人士,组成更为多样	主要的编制团队是各个科研机构、设计院、高校等,承包公司只有一家,没有地产开发商,编委人员的组成上主要是以研究工程结构技术上节能的结构师和研究节能材料、优化节能设计为主的能源专家,而建筑师和环境工程师相对较少
鼓励政策	美国各州政府根据建筑物的大小以及达到绿色建筑标准的等级给予所得税优惠,用于补偿早期较高的成本,从而提高绿色建筑的市场吸引力。美国联邦政府对满足国际节能规范(IECC)标准建筑有明文鼓励措施(详见第4章)	在绿标办工作范畴内,目前尚无针对获得绿色建筑评价标识的项目的资金补贴、税率优惠等配套经济激励政策措施。住房和城乡建设部"双百"示范项目有立项补贴,在地方有鼓励政策。其他方面国家法规有相关的奖励措施,但无定量(详见第4章)
运营分析	市场认同度高(提高房屋认证后市场价值)政府强制压力(政府建筑必须符合绿色标准)	市场认同度低,政府鼓励政策不足,政策不平衡,高房价挫伤了开发绿色建筑的积极性
特点简析	LEED等级系统是一个被开放的,基于公众舆论的LEED委员会所开发。协会的会员都由所代表建筑业的实习小组与专家组成。美国绿色建筑协会最重要的是包括一个平衡和透明的委员会结构,保证一贯科学性、严谨的技术情况通报小组,储备金管理系统,新的成员选票评估系统等	《绿色建筑评价标准》由住房和城乡建设部负责管理,建研院负责具体技术条文的解释。相关专业的人员总结近年来我国绿色建筑方面的实践经验和研究成果以及政府"四节一环保"政策,借鉴国际先进经验编制了这部标准。在编制过程中,广泛地征求有关方面的意见,进行专题论证,对具体内容进行了反复讨论、协调和修改

3)管理机构差异分析

绿色建筑评估的组织机构是对绿色建筑评估的直接保障。由于中美两国国情不同、编制组织过程也不尽相同,造成了规范内容和组织结构的不同,体现在两种评价标准的主管机构在各个方面存在有很大区别,同时这也影响了评价体系后期运作的效果。

美国USGBC和中国住房和城乡建设部在管理幅度的确定、层次的划分、机构的设置、管理权限和责任的分配方式和认定、管理职能的划分和各层次、单位之间的联系沟通方式等问题上都存在着显著的差异。而绿色建筑评估机构的组织结构是否合理,是绿色建筑能否得到有效评估的直接保障,因此分析两者的差异,有助于我们进一步了解两者的共性,并发现中国绿色建筑评估体系的现有缺陷,从而更好地学习与改进,扬长避短。

相同点有:

①两者都是制定绿色建筑政策和策略的核心——中国绿色建筑与节能委员会和美国绿色建筑委员会董事会(USGBC Board of Directors)。

②两者都有单独认证执行组织——美国绿色标识认证委员会GBCI在2007年底脱离USGBC进行独立运作;中国主要是由绿色建筑评价标识管理办公室(绿标办)负责绿色建筑评价标识的管理工作。

③两个机构都是组织来自社会不同领域的人员参与编制和认证活动。

不同点有:

①社会参与机制不同:USGBC采用会员制,可以迅速聚拢一批在建筑业及其相关行业有影响力的企业,通过他们来发展新的会员,是自下而上地推行绿色建筑理念和绿色技术,发布标准和技术手册,使LEED标准的影响力由基层机构逐步扩大。而我国则将推广任务交给各级政府自上而下的推行,动员各地开发企业自愿申报标识认证,因目前存在着社会目标和实施主体利益不对称,激励政策不到位的问题,大多企业持观望的态度,推广前景尚不明朗。

②人员任命方式不同:USGBC委员会的人员主要是通过部分选举和部分任命的方式产生,他们来自于企业的代表,专员委员会的主席也都是选举产生的,更加接近和熟悉市场,容易通过现实的项目做出范例,从而影响行业的跟进。而我国在人员任命上主要是行政任命的方式,人员主要为技术官员,自上而下的发布强制性制度政策,向下发布申报信息,是政府主导的政策制度。因经济激励政策不到位,成本投入不能消化的情况下,申报得不到有效地响应;开发项目大多仍然停留在用绿色建筑的概念包装销售的市场策划之中。

③技术辅助体系不同:USGBC已形成了多个专业技术咨询委员会,主要是各个不同的团体和各个领域的专家,用于协助编写各得分点的释疑和LEED体系的技术改进,并对使用者进行解释;而我国则由标准主编单位在内的少数科研院校担当技术解释,在人员组成上相对单一,不利于帮助客户解决认证中的技术问题。

④标准编制人员组成不同:绿色建筑产业是一个由众多相关产业组成和部门参与的社会工程,其发展往往需要面对复杂的产业系统问题。除技术层面之外,还包括广泛的社会、经济发展问题,目前绿色建筑推广所面临的许多技术、社会、经济问题,已经超越了绿色技术本身的范畴,因此要提高绿色建筑机制的现实可操作性,就必须有更多专业群体的参与。

住房和城乡建设部组织编制《绿色建筑评价标准》,参加编制工作的是中国建筑科学研究院、上海市建筑科学研究院、中国城市规划设计研究院、清华大学等,其主要的编制团队是各个科研机构、设计院、高校等,其中承包公司只有一家,而地产开发商则没有参与。编委人员的组成主要是以从事工程节能技术的结构师和以研究节能材料、优化节能设计为主的能源专家,而建筑师和环境工程师相对较少,如图2-6所示。

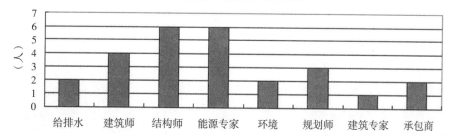

图2-6 中国《绿色建筑评价标准》编委组成[1]

---

[1] 图片摘自:《中美绿色建筑评价标准认证体系比较研究》P40,俞伟伟

美国绿色建筑协会USGBC在开发LEED标准时的编委人员包括建筑设计公司、产品制造商、环境团体、金融业者，以及众多地方政府机构，它不仅有来自直接参与实践的基层工程师、建筑师，还包括了市场运营、开发商、环境工程等多方面的人士，组成更为多样，而不只是单纯的研究机构专家，如图2-7所示。

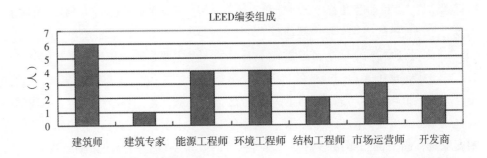

图2-7 LEED编委组成[1]

造成这一差异的原因是多方面的，也由于我国特殊的文化传统和国情背景，使得政府主导在推广绿色建筑过程中占了重要位置；同样由于我国的系统整合效益较差，建筑学方面的知识结构并不全面，在面对绿色建筑实践时，无法提出整合性方案，导致许多绿色建筑在发展的初期无法跟上时代变革；而且整个社会、市场不成熟；另外我国社团组织的地位和作用有限，也都直接导致了编制机制上的欠缺。

2.3.2 评估体系比较

1）评估体系划分比较

美国LEED体系提出于上世纪九十年代末，至今已有十二年的发展过程，在十几年的发展过程中，其体系不断完善，内容也更加翔实。中国的绿色建筑评价标准建立时间短，内容方面还需进一步完善和丰富。

（1）评估体系颁布年限比较

美国LEED的制定和发布年限早于中国7年，最早的版本LEED-NC1.0于1998年颁布，主要是面向商业和办公建筑。在随后的7年发展过程中，NC版本不断升级，标准已经相对成熟精细。中国于2005年颁布了《绿色建筑技术导则》，并在随后的一年中不断地完善和细化，制定出《绿色建筑评价标准》和《绿色建筑评价技术细则（试行）》。两者具体颁布年限详细介绍详见下表2-3。

（2）评估体系分类不同

自2005年以后，USGBC针对LEED开发出了九类评估体系（具体如下）对不同的建筑物进行认证，可以使不同的专员委员会能同时对不同的产品提供技术支持。具体标准颁布年限见图2-8。

---

[1] 图片摘自：《中美绿色建筑评价标准认证体系比较研究》P40,俞伟伟

中美绿色建筑评估体系颁布年限详细比较表　　　　表2-3

中国绿色建筑评估体系	美国LEED评估体系主要版本		
版本和颁布年限	LEED版本	颁布年限	评估范围
20世纪末，中国致力于节能建筑建设及既有建筑节能改造；出版了多部技术节能规范，为绿色建筑的发展建立了坚实的基础	LEED for New Construction 1.0（LEED-NC1.0）1.0版新建项目评估体系	1998.8	适用于办公、商业零售及服务、旅馆业、研究机构、居住建筑（四层以上）
	LEED for New Construction 2.0（LEED-NC2.0）2.0版新建项目评估体系	2000.3	新建商业和重大改造建筑
	LEED for New Construction 2.1（LEED-NC2.1）2.1版新建项目评估体系	2002.11	新建商业和重大改造建筑
	LEED for Core & Shell（LEED-CS）建筑结构与外壳	2003	建筑结构与外壳
	LEED for New Construction 2.2（LEED-NC2.2）2.2版新建项目评估体系	2005.11	新建商业和重大改造建筑
2005年住房和城乡建设部颁布了《绿色建筑技术导则》	LEED for Existing Buildings（LEED-EB）既有建筑评估体系	2005	已建建筑的运营
	LEED for Commercial Interiors（LEED-CI）商业建筑室内评估体系	2005	商业建筑室内部分
2006年住房和城乡建设部颁布了《绿色建筑评价标准》和次年发表《绿色建筑评价技术细则（试行）》	LEED for Home LEED-H 住宅建筑评估体系（试行）	2005.8	绿色生态住宅
	LEED for Neighborhood Development LEED-ND 社区规划评估体系（试行）	2009（试行）	可持续性社区开发
2007住房和城乡建设部颁布了《绿色建筑评价标识管理办法》	LEED for school 学校评估体系	2007.4	学校
	LEED for retail 商店评估体系	（试行）	零售业建筑
	LEED for healthcare 疗养院评估体系	（草稿）	疗养院

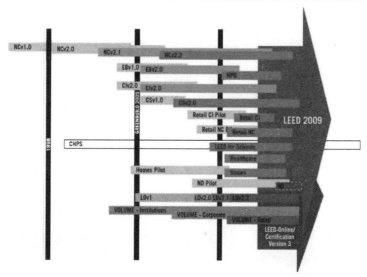

图2-8　美国LEED发展历程图[1]

[1] 图片摘自LEED V3简介

图2-9 美国LEED评估体系主要版本

目前 LEED 将申请项目分类主要进行以下认证：

① LEED-NC 标准为新建建筑 LEED 标准，针对新设计和建设的建筑物，目前在 NC 基础上正在制定针对学校、疗养院和零售业建筑的 LEED 认证标准。

② LEED-EB 标准为既有建筑 LEED 标准（针对运营和维护）。USGBC 鼓励通过 LEED-NC 认证的建筑同时参与 LEED-EB 认证，以保障建筑的可持续运行。

③ LEED-CI 标准为商用建筑内部 LEED 标准，针对的是建筑业主或租赁方。

④ LEED-CS 标准为商用建筑整体 LEED 标准，针对的是建筑开发商设计和建设出售出租的建筑物。它是对 LEED-CI 的补充，为一些建筑物的基本元素建立标准，例如建筑结构与建筑物的档次。

⑤ LEED for school 学校认证。

⑥ LEED for Neighborhood Development 社区认证。

⑦ LEED for retail 零售商店认证。

中国的《绿色建筑评价标准》针对的是投入使用一年以上的住宅建筑和公共建筑，类似于 LEED-NC 早期版本。

图2-10 LEED的完整生命周期评价[1]

（3）版本更新力度比较

LEED 从 1998 年至今，已发展为多个版本，并不断适应建筑领域的技术更新。仅 LEED-NC 一项在七年的发展过程中就先后改进了 4 次，第一版 NC1.0 于 1995 年提出，1998 年颁布，2000 年 3 月发布了 2.0 版，2002 年 11 月发布 2.1 版，现行版于 2009 年 3 月修正。

---

[1] 图片摘自 LEED V3 简介

中国绿色建筑评价体系颁布时间较晚，在 2005～2006 年第一套完整的体系成型，随后制定了相应的标识评价体系。目前还未对 2005～2006 版的导则、细则和标准进行修编。

（4）针对地方的地方版本

LEED 有大量地方版本，例如西雅图、波特兰、加利福尼亚。这些地方版本密切地结合 LEED 中的多种类别，这种"协调"过程包括修订类似积分的各种制度，引证同样的标准和使用相同的语言。使不同地区的绿色建筑具有了可以量化的比较手段，这一变化使得 LEED 更容易在不同地区使用。

中国各地的地方绿色建筑评估标准则很少基于国家的《绿色建筑评价标准》进行地方化的设置，各个地区的绿色建筑各具特色，缺乏统一基准的可比性。

总体相比，美国 LEED 执行时间早，发展程度高，社会基础雄厚，所以体系较为完善。同时 LEED 从设立之时起也经历了颁布从低到高、产品从单一到多元的过程，项目定位更准确，适用范围也更广。

中国《绿色建筑评价标准》受到各种因素的约束，目前针对建筑物类别的评估体系分类较少，在今后的发展中尚需要时间逐步完善。

2）评估体系指标体系设置比较

表 2-4，表 2-5 具体表述了中国绿色建筑评价标准和美国 LEED-NC 标准的评估指标体系大纲框架。中国的《绿色建筑评价标准》在制定过程中参照了国外优秀的评估体系，尤其是 LEED-NC 评估体系，因此中国评估体系中的基本原则大致与 LEED 体系相同。

中国《绿色建筑评价标准》指标体系框架　　　　　表2-4

中国绿色建筑评价标准	商业建筑 指标体系（共43项）						优选项数（共21项）
	节地与室外环境（共8项）	节能与能源利用（共10项）	节水与水资源利用（共6项）	节材与材料资源利用（共5项）	室内环境质量（共7项）	全生命周期综合性能（共7项）	
	住宅建筑 指标体系（共40项）						优选项数（共6项）
	节地与室外环境（共9项）	节能与能源利用（共5项）	节水与水资源利用（共7项）	节材与材料资源利用（共6项）	室内环境质量（共5项）	运营管理（共8项）	

美国LEED NC/ND 指标体系框架　　　　　表2-5

美国LEED标准	LEED-NC 新建建筑与重大改造工程 指标体系 2002～2003					
	可持续场址(SS)15项	节水(WE)4项	能源与大气(EA)9项	材料和资源(MR)9项	室内环境质量(IEQ)17项	设计创新(ID)地方优先(RP)3项
	LEED-ND 住区开发评估体系 2005初稿～2009意见稿 指标体系					
	节约土地9项	环境保持16项	紧凑完善和谐社区25项		资源节约17项	认定专业人士的参与创新项目2项
	合理场地选择14项	住区规划设计18项	绿色基础建设和建筑21项		创新和设计过程2项	地方优先1项

其相同点如下：

（1）都有四大基本原则：可持续发展原则，科学性原则，开放性原则，协调性原则。

（2）内容分类基本相同：中美评估标准都把评价的指标体系分为6类指标体系。中美前5个指标体系基本是类同的，即：①场址选择；②水资源利用；③资源利用效率及大气环境保护；④材料及资源的有效利用；⑤室内环境质量。而最后一项指标体系美国LEED设置为"设计流程创新"，在中国的评价体系为"施工及运营管理"。

其不同点如下：

比较两种评价标准的项目设置，中国、美国绿色建筑评价标准既体现出了两国的共性，也体现出各自的特色和不同，这些不同点反映了当前中国绿色建筑发展水平和现状：

（1）规范指导范围不同

美国LEED体系定性为引导性规范，对社会风尚、城市生活、经济发展均有涉足。而我国绿色建筑评价标准属于基础性示范性规范，对于项目条文设置局限于当前实施的标准规范，且以"四节一环保"的原则作导向。双方在内容条文的表达深度和原则化，可执行、可检查等方面明显有所不同。

（2）评价体系针对的评审项目不同

美国绿色建筑评估体系LEED-NC2009版（新建建筑与重大改造建筑绿色建筑评估体系），它针对商业建筑、机构建筑、高层居住建筑，在这一体系中并没有直接按建筑的类型来分类评定。LEED-NC经过7年的推行，体系逐步开始细分，在2005年将住宅部分剥离出来，单独为LEED-H住宅评估体系，并于2008年开始制定出LEED-ND住区评估体系（试行）。

中国《绿色建筑评价标准》直接划分"住宅建筑"和"公共建筑"两种不同建筑大类进行评价，并且兼顾部分社区评定。中国的绿色建筑评价标准这种直接按建筑类型来分类的概括性的设置，主要目的是为了照顾现在国内的绿色建筑从业者的细分程度不高，方便其综合掌控；也体现出中国房地产业全面发展绿色精品的趋势尚不具备。

（3）第六大项内容不同

中国《绿色建筑评价标准》第六大项是"施工和运营管理"，相比较美国LEED-NC(2.2版)第六项为：设计过程和创新项，施工和运营管理的内容分散在各个项目中。中国在项目中更倾向于第三方检测，而美国LEED则倾向于开发商或房主自查。

（4）对于创新和人才培养的重视程度不同

LEED-NC（2.2版）的第六大项是设计过程和创新，包括符合LEED要求的创新分和拥有经过LEED-NC2.2认证的专业人员分，其评定结合项目特征，根据地域不同开展，这体现出美国LEED-NC2.2注重创新和注重培养专业人才。中国《绿色建筑评价标准》现行标准中没有相应的设计创新项目，也没有相应的专业认证人员项目。随着社会的发展，中国的《绿色建筑评价标准》也将会进行细化和完善，并逐步整合地方规范，形成一套适应中国国情的评价体系。

综上所述，中国的绿色评价标准尚属起步阶段，政府希望能从行业普及发展的角度快速推进，但由于中国经济发展水平、资源、人口等方面与国外有很大区别，健全完善《绿色建筑评价标准》及相应认证体系还需要时间，目前国家有关部门还在考虑修改和完善中国的《绿色建筑评价标准》。随着社会的进步和经济发展，我国的绿色建筑标准的编制和条文评价的表述也将会具体细化和完善，并逐步推向地方，提升地方规范标准的编制水平，逐步形成一套适应我国国情的基础型绿色建筑标准评价体系。

3）指标体系具体内容及体例比较

（1）子项条文控制程度不同

中国《绿色建筑评价标准》对各指标体系按评定要求分成控制项、一般项与优选项。控制项是建筑进行绿色评定必须要达到的项目，也是日常执行的强制性条文，具有强制性。中国《绿色建筑评价标准》中控制项数量比 LEED-NC2.2 的控制项数量要多，评定要求也更加严格。这显示出目前中国绿色建筑仍然需要抓紧基础工作的建设，需要通过大量控制项来进行基础性约束，即为评而制定。

（2）条文的表述形式不同

中国《绿色建筑评价标准》每项指标体系中的条文表述内容采用原则性的描述方式，如："应"、"达到"、"符合"等词语，条文只做原则上的要求。具体要求是在 2010 年出版的《绿色建筑评价技术指南》对《绿色建筑评价标准》进行深入的剖析和解读，每款条文均通过"评价要点"、"实施途径"、"关注点"和"建议提交材料"等部分详细阐述。其目的是用来指导"绿色建筑评价标识"的认证工作。

美国 LEED 评估体系中指标体系的每一个条文都依据"目的"、"规定"、"提交文件"、"技术与措施"四个方面来描述，通过从立项的目的、做法、文件和技术措施把要执行的内容描述得很清楚，容易使执行人理解和行动，绿色建筑标准直接用于指导工程设计阶段，即为做而设定，做到后可以参加认证；而且美国 LEED 尚有技术手册和范例引领，（包括"参考标准概述"、"要点"、"设计方法"、"策略和平衡"、"计算"、"资源"和"案例学习"等方面，）便于使用人采取相应的措施，指导绿色设计，成本运算和施工。

（3）从条文内容来比较

可以发现中美评估标准每个单项有许多不同点，即数据不同，自然环境不同，量化指标不同，关注点不同。这些不同点决定着两种规范的适用范围，也标志着其所在社会的发展程度，具体分析如下：

① 数据不同

数据不同又可分为单位制不同和发展程度不同。在美国通用英制单位，而在中国则使用公制单位，有些条目对两者换算后结果接近，并不属于发展的原因。

LEED 针对美国社会设计，其发展程度更高，因此有一些设计指标比中国现行标准要高，所以数据不同，这在循环材含量，工业废地（褐地）开发等条目的使用上体现得尤其明显。以循环材含量为例，为的是增加建筑制品中循环材含量，减低对原始材料的采伐和加工。LEED 规定只有满足循环材含量在价值上至少占工程材料总价值的 20% 才能得到满分两分，10% 的情况下只能得到一分。而住房和城乡建设部《绿色建筑评价标准》则规定可再循环材料（按价值计）占所用总建筑材料的 10% 即可通过。

与 LEED 相比，在 LEED 总共 57 个条目中，共有 16 个条目涉及这一点。（详见第三部分比较表）

② 量化指标不同

量化指标是规范成熟程度的重要体现，国内规范在量化指标上与 LEED 有较为明显的差异。量化指标也间接影响着操作的简易程度，量化越详细，实际操作越简单。例如美国 LEED 有关热岛效应条目中，对硬质铺装地面、停车空间、屋面等空间有详细的反射率要求，并且用太阳反射系数(SRI)进行量化定性。而中国的规范中只规定了平均热岛强度不高于 1.5℃，没有提任何具体做法，在量化指标上有明显的差距。与美国 LEED 相比，在 LEED 总共 57 个条目中，有 15 个条目量化指标明显比国内详细。

③ 自然环境不同

中国和美国的自然环境差异很大，如果按人均来算差异则更大，针对这些差异，中国在制定绿色建筑的相关标准时，对某些条款进行了详细规定。这在节水、节地以及自行车使用上体现得尤其明显。以自行车使用例，美国 LEED 在代替交通项目中规定居住建筑要为至少 15% 的建筑用户提供自行车停放设施。而中国规范则要求住区配套自行车停车场（库），停车位不小于 30%，而中国的社会环境更适应使用非机动车进行交通也在此体现。

与 LEED 相比，在 LEED 总共 57 个条目中，中国有 8 个条目的要求明显比 LEED 详细。（详见本书第三部分比较表）

④ 关注点不同

有一些项目在国内规范中完全没有涉及，而 LEED 则做了详细的界定，像吸烟室、代替交通等，这可能是社会文化经济综合程度差异造成的。以代替交通为例，为了减少因机动车使用造成的污染和土地开发影响，LEED 对于低排放、节油汽车提供优惠，并创建对市场有意义的激励方式。为停车费打折应至少为 20%，并且低排放、节约汽车的停车位数量不少于总停车位数量的 5%。而在国内规范则没有涉及任何相关内容。

与 LEED 相比，在 LEED 总共 57 个条目中，有 33 个条目或多或少与国内的规范关注点不同。（详见本书第三部分比较表）

⑤ 操作难易程度不同

条款要求的越详细，其实际操作越简便。相比之下在 LEED 的 57 个条目中有 30 个左右比国内规范要详细。另外引用项的多少也从另外一个方面影响着操作的简易程度。LEED 中共有二十条目涉及引用规范，而《绿色建筑评价标准》中仅 4.4.1 室内装饰装修材料一项就有 11 项规范引用。涉及引用其他规范或文本的项目达 47

项，共引用了 30 个文本，远超过 LEED，这也间接地造成了执行《绿色建筑评价标准》的过程中需要翻阅的相关标准多达 30 本，使用不便。

总体而言，LEED 的条目设置比《绿色建筑评价标准》要简洁，相关内容紧凑，引用项较少，使用难度大大降低，非建筑从业者也可以轻易使用。《绿色建筑评价标准》则需要建筑从业者进行相关学习后方可使用。

2.3.3 评价体系权重比较

目前世界上的绿色评估体系常用的评估方法有：专家委员法、图叠法、分类列表法等。这些方法各有利弊。但分类列表法操作方法最简单，使用最方便，因此也成为各国评价体系最常用的评估方法。

分类列表法是将不同环境评价因素及由于建筑活动可能引发的环境影响因素详细列表说明的一种评估方式。可以应用在具有潜在影响 (potential impact) 的层面，并可同时考虑定性或定量的分析。这种方法根据运用与表达方式的不同，可细分为很多种。中国《绿色建筑评价标准》和美国 LEED 都属于这种方法。

1）中国评价体系评分方式简介

中国《绿色建筑评价标准》对各子项都是以 1 分（是或否）的标准进行评分，对各评价子项按其实施的难易，分别归为控制项、一般项与优选项之中，其中控制项中的子项是评定绿色建筑的基础，必须全部达到。评价一个建筑是否为绿色建筑要求：该建筑应全部满足标准中有关住宅建筑或公共建筑中控制项的要求，在满足控制项要求后，再按满足一般项数和优选项数的程度将绿色建筑划分为三个等级。

虽然为体现六类指标之间的相对重要性，规定总分 = ∑ 指标得分 × 相应指标的权重 + 优选项得分 × 0.20，但由于其特殊的星级评价标准——分项项数评定而非总分评定，使得这项权重规定无认证作用。

《绿色建筑评价技术细则》设权重表[1]　　表2-6

指标名称 \ 建筑分类	住宅权重	公建权重
节地与室外环境	0.15	0.10
节能与能源利用	0.25	0.25
节水与水资源利用	0.15	0.15
节材与材料资源利用	0.15	0.15
室内环境质量	0.20	0.20
运营管理	0.10	0.15

---

[1] 表格摘自《绿色建筑评价技术细则》

《绿色建筑评价标准》评分表格[1]　　　　　　　　表2-7

等级	划分绿色建筑等级的项数要求（住宅建筑/公共建筑）						
	节地与室外环境（共9/8项）	节能与能源利用（共5/10项）	节水与水资源利用（共7/6项）	节材与材料资源利用（共6/5项）	室内环境质量（共5/7项）	运营管理（共8/7项）	优选项数（共9/14项）
★	4/3	2/5	3/2	3/2	2/2	5/3	—
★★	6/5	3/6	4/3	4/3	3/4	6/4	2/6
★★★	7/7	4/8	6/4	5/4	4/6	7/6	4/13

因此综合来看，中国《绿色建筑评价标准》使用的是分类列表法中的简易列表法，也称为措施得分法：将环境因子与项目活动分别列表，并以符号表示可能受影响的部分，对于影响程度的大小，不做文字解释。

2）美国LEED体系评分方式简介

美国LEED体系采用了分类列表法评价基准比较的方法，即参评建筑按"分值一览表"提供的标准格式架构进行评估，将各分类得分项得分数简单累积便获得总得分，此种评分方式简化了操作过程。LEED各子项按其重要性给予了不同的分值，全部评价活动必须在满足必要项条件的基础上进行，为了得到认证，可以对"得分项"进行选择，分值的多少直接影响项目的总分。达到认证的项目有一个基本得分要求，根据总得分的高低依次分为：白金级认证，金级认证、银级认证和达标认证。

LEED-NC 2009所有评价系统推出了统一的认证等级门槛，以提供一致性。合格者被定位为4个评估等级。项目获得40分为认证资格中及格等级的最低档次；银级认证至少需要50分；金级为60分；最高级别的铂金级为80分。另加上评估项目地域性的创新积分，有机会获得110分最高积分。

图2-11　LEED评分表格[2]

---

[1] 表格摘自《绿色建筑评价标准》
[2] 资料来源：http://www.usgbc.org

从评分方法来看，美国 LEED 属于分类列表法中的权重尺度列表法，也称线性权重法：对于可能受影响的环境因素，列出相对重要性与影响程度的大小，从最小的 1 分到最大的单项 19 分（LEED-NC2.2）不等。分类列表的优点在于较能系统化地包罗相关层面与因素，利于做综合分析和评估。其缺点为各评估因子间相互作用的现象不易表达，容易出现部分项目不合格，但整体项目依然高分通过，根据已完成的 LEED 项目来看，大多数项目在环境与能源项得分较低，但依靠其他项目将分值来平衡，依然达到金级甚至铂金级评价，使得评分整体有效性降低。

3）LEED体系与中国评价体系评分方式比较

由于社会发展程度不同，体系成熟度等原因，中国评价体系与 LEED 在细节方面差异很大。但大体上可以分为以下几种不同。

（1）评分体系具体得分方式不同

从评分体系来看，中美两者都属于分类列表法，但 LEED 采用权重评分体系，给予大部分条款相同的 1 点权重，对于小部分条款大幅增加权重，例如能源与大气中的项目"优化系统能效性能"，其权重评分为 19。中国《绿色建筑评价标准》回避权重体系，采用了措施得分法，各指标项目没有权重系数的对比，也就是所有项目全部相同权重，这种构成方式虽然简单，但削弱了关键指标项目的重要性，对于一些重要或重点项目的关注度下降，不利于指导建筑设计过程应注意的问题。同样基于绿色建筑评价标准产生的各类地方标准也有相同的问题。而地理环境等因素也造成了两种体系对不同项目的关注程度不同。

（2）每项关注度不同

从图 2-12 可以看出 LEED 对于五大关注项的关注程度并不同，国内的评价体系关注点相对平均。像节水项，美国 LEED-NC2.2 的权重只有 9%，可见美国并不缺水，而在能源与大气上的权重则高达 32%。而中国《绿色建筑评价标准》每一大项的平均权重都在 15% 上下。深圳评价细则是少数基于《绿色建筑评价标准》设计的评价

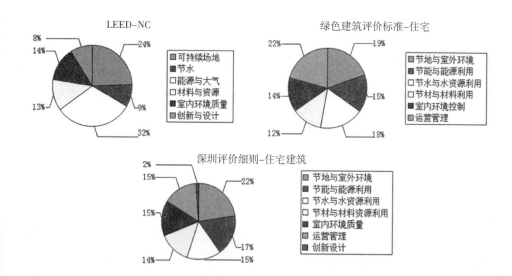

图2-12 LEED与国内评估权重值分析图

体系，虽然加入了创新设计，但权重比率极低。

（3）权重变化显示出关注度不同

随着时间的推移，LEED权重分布也在发生变化（图2-13、表2-8）。与LEED-NC 2.1相比，在LEED-NC 2.2中总分值由69分上升到了111分，从图表中可以看出可持续场地、节水、能源与大气的权重均大幅提升，这也正是LEED 2009强调的关键问题，最优先考虑的是为减少温室气体，通过系统化地重新分配各种LEED积分的点数使能源、交通和水成为最重要的部分。而室内环境的关注度则在下降。而中国《绿色建筑评价标准》产生年限较短，目前权重还未进行调整。

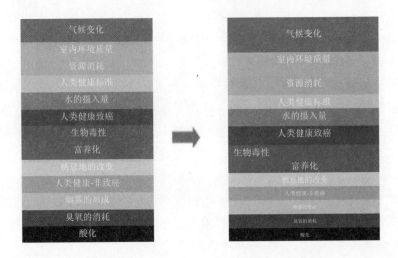

图2-13 LEED-NC 2.1/2.2权重值变化图示[1]

LEED-NC 2.1/2.2权重变化表　　　　表2-8

	LEED-NC 2.1分值	权重	LEED-NC 2.2分值	权重
可持续场地	14	20.29%	27	24.32%
节水	5	7.25%	10	9.01%
能源与大气	17	24.64%	35	31.53%
材料与资源	13	18.84%	14	12.61%
室内环境质量	15	21.74%	15	13.51%
创新与设计	5	7.25%	10	9.01%
总计	69	100.00%	111	100.00%

2.3.4 中美绿色建筑评估体系认证体系比较

（1）美国LEED申报流程简介

LEED体系拥有一套先进的运作体系，包括培训、专业人员认可、提供资源支持和进行建筑性能的第三方认证等多方面的内容。面对如此庞大的体系，其完善快捷的认证项目和在线注册系统是LEED标准能够成为世界上影响最大的绿色建筑评估

---

[1] 图片摘自LEED V3简介

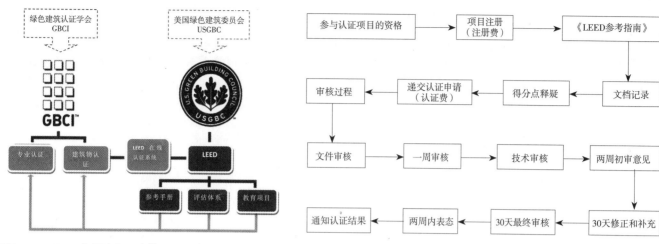

图2-14　LEED申报流程示意[1]　　　　　图2-15　LEED3.0认证的实施程序[2]

标准的必要条件。在2009年LEED V3体系推出时，更新了项目认证的在线工具(LEED Online)，完成了对用于管理该项目的登记和认证过程全部的电子化在线工具的改进工作。

LEEDV3认证的实施程序过程共分为六步，如下所示：

①注册。申请LEED认证，项目团队必须填写项目登记表并在GBCI网站上进行注册，然后缴纳注册费，从而获得相关软件工具、勘误表以及其他关键信息。项目注册之后被列入LEED-Online的数据库。

②准备申请文件。申请认证的项目必须完全满足LEED评分标准中规定的前提条件和最低得分。在准备申请文件过程中，根据每个评价指标的要求，项目团队必须收集有关信息并进行计算，分别按照各个指标的要求准备有关资料。

③提交申请文件。在GBCI的认证系统所确定的截止日期之前，项目团队应将完整的申请文件上传，并交纳相应的认证费用，然后启动审查程序。

④审核申请文件。根据不同的认证体系和审核路径，申请文件的审核过程也不相同。一般包括文件审查和技术审查。GBCI在收到申请书的一个星期之内会完成对申请书的文件审查，主要是根据检查表中的要求，审查文件是否合格并且完整，如果提交的文件不充分，那么项目组会被告知欠缺哪些资料。文件审查合格后，便可以开始技术审查。

⑤审查技术文件。GBCI在文件审查通过后的两个星期之内，会向项目团队出具一份LEED初审文件。项目团队有30天的时间对申请书进行修正和补充，并再度提交给GBCI。GBCI在30天内对修正过的申请书进行最终评审，然后向LEED指导委员会建议一个最终分数。指导委员会将在两个星期之内对这个最终得分做出表态(接受或拒绝)，并通知项目团队认证结果。

⑥颁证。在接到LEED认证通知后一定时间内，项目团队可以对认证结果有所回应，如无异议，认证过程结束。该项目被列为LEED认证的绿色建筑，USGBC会

---

[1] 图片来源：摘自LEED V3简介
[2] 摘自：《中美绿色建筑评价标准认证体系比较研究》P40,俞伟伟

向项目组颁发证书和 LEED 金属牌匾。

（2）中国评价标识申报流程简介

中国的绿色建筑标识申报体系依然沿用常规申报的程序，根据《绿色建筑评价标识管理办法》规定，中国绿色建筑评价标识认证程序分为七步，如图 2-16 所示：

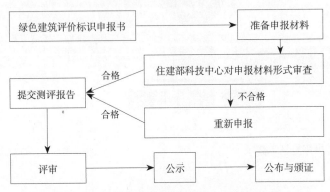

图2-16　绿色建筑评价标识项目认证流程[1]

① 申报单位可从住房和城乡建设部网站（www.mohurd.gov.cn）或住房和城乡建设部科技中心网站 www.stdpc.gov.cn 下载"绿色建筑评价标识申报书"，按要求准备申报材料，并按照程序进行申报。

② "申报材料"包括申报项目的申报书、自评报告和证明材料。按要求准备证明材料，之后将申报材料寄至"绿标办"。申报材料提交后，允许在形式审查、专业评价和专家评审阶段各有一次补充材料的机会，但补充材料不得改变原有设计方案、图纸等。

③ 住房和城乡建设部科技中心受理评价标识申请后，负责对申报材料进行形式审查。

④ 通过形式审查的项目，其申报单位需委托相关测评机构进行测评，并向住房和城乡建设部科技中心提交测评报告，等待通过"专业评价"和"专家评审"。

⑤ 没有通过形式审查的项目，住房和城乡建设部科技中心应对其提出形式审查意见，申报单位可根据审查意见修改申报材料后，重新组织申报。

⑥ 通过"专业评价"和"专家评审"后还需对项目落实情况进行现场核实。如专家对于现场情况无疑问，则给出专家评审结论；如有疑问，专家对需要进一步核实的项目提出现场检测要求，由申报单位委托具有资质的第三方检测机构对相应项目进行现场检测并提供现场检测报告等补充材料，由专家对补充材料进行重审后给出专家评审结论。

⑦ 通过专家评审的项目将在住房和城乡建设部网站（网址：www.mohurd.gov.cn）、住房和城乡建设部科技发展促进中心网站（www.cstcmoc.org.cn）和绿色建筑评价标识网站上进行公示，公示期 30 天。

（3）申报认证比较

申报认证是绿色建筑评价体系的重要组成部分，也是最能够体现成熟程度的部

---

[1] 摘自：《中美绿色建筑评价标准认证体系比较研究》P36, 俞伟伟

分，同时也能够影响到体系的推广效果，一个完善的申报认证体系可以让绿色建筑评价体系的推广事半功倍。申报的方式、审核时间的长短、辅助资料的齐全程度等都决定着认证体系的完善程度。

① 申报过程的网络化程度，及认证时间的长短不同

中美绿色项目认证申请从申报到最后完成都需要一个复杂的过程，认证时间长短也不同。而随着标准的普及，认证项目数量就越多，认证时间也将增加，纸面的认证时间将变得十分漫长，认证组织将无法满足客户的需要，而进行网络化认证将会有效地提升认证效率。目前，美国 LEED 项目主要进行在线项目注册，资料的提交全部在网上进行，实现认证过程的无纸化，方便快捷。

随着 LEED 的普及，USGBC 面对越来越多的认证项目，越来越多的客户反映申请认证十分缓慢，因而在 2005 年 11 月对 LEED 认证流程进行改进，推出 LEED On line 在线项目管理平台。并在 2009 年，针对该系统的前身速度缓慢，多缺陷和频繁的系统崩溃等问题，开发了新的应用程序，整合进 LEED-V3 体系。通过这个平台，项目团队可以提交所有图纸、文件的电子档案，而不再需要邮寄纸质打印的材料，从而真正实现了认证过程的无纸化，极大地增加了认证效率。在 LEED On line 这个平台上，项目团队的成员还可以提出疑问，并看到实时更新的最新项目 LEED 认证得分情况，跟踪项目进度，检查未完成资料提交的得分点，联系 USGBC 的客户服务人员，以及与 LEED 审核团队的成员进行在线沟通等。

根据 USGBC 在 2000 年到 2005 年的近 400 个通过 LEED 认证的项目分析，从项目注册到完成 LEED 认证的平均认证时间需 3 年以上。而使用在线认证后，其认证进程大大缩短。LEED 自 2008 年起每年都会有八千到一万个项目进行申请，但由于全部网络化管理，其在美国本土的申报时间一般不会大于六个月。

中国《绿色建筑评价标识》主要使用纸本申报的手段，目前在绿标推行阶段，申请绿标的项目尚不是很多，所以申报时间较短，一般为三到四个月左右可以得到认证。项目申请者需要到绿标网下载《绿色建筑评价标识申报书》，并按要求准备申报材料（纸质），按照程序进行申报，申请书和相关证明材料需打印装订成册，并提供电子文档。中国绿标纸面申请与美国最新版的 LEEDV3 的在线申报相比，流程操作时间长，而且不易于修改，同样不易于申报者与评审人员联系，很难对设计进行改进。

但相对于中国目前的认证项目数量而言，网络平台的建设可能是得不偿失的，因为它不仅需要资金和技术，而且还需要制度和管理，但网络平台建设必定是一个发展趋势。目前绿标的申请流程所花费的时间尚不是很多，一般三到四个月左右，但绿色建筑这几年在中国越来越得到民众的支持，随着 2008 年度第一批"绿色建筑设计评价标识"项目名单的公布，相信未来中国绿色建筑认证项目将如同 LEED 认证那样成指数级增长，届时通过纸质打印并进行邮寄认证材料，将严重降低认证的效率，在线认证则势在必行。

② 申报过程的辅助资料的不同

LEED 标准能够成在美国本土及世界广泛推广应用，除了标准的不断更新完善外，

离不开其背后的一整套完善的申报服务支持体系，像《LEED 参考指南》、《LEED 应用指南》、LEED2.1 版信函模板、在线得分点释疑系统和 LEED 认证评估团队等。

USGBC 为不同的评估体系都编写了各自最新的参考指南，如《LEED-NC2.2 版本参考指南》、《LEED-EB2.0 版本参考指南》、《LEED-CS2.0 版本参考指南》和《LEED-CI2.0 版本参考指南》等。这些手册为 LEED 项目的可持续发展设计提供了丰富的参考资源，同时也是 LEED 项目认证的评判依据，以及 LEED 专家认证考试的教材。参考指南列出了各个得分点的详细信息以及引用的各项设计和施工标准，以帮助项目团队理解满足这些规范和标准所能够为项目实施带来的好处。

同时 USGBC 建立了一个标准的网络项目问题咨询流程，专为各个已经注册登记的 LEED 项目服务，称为"得分点释疑"（Credit Interpretation Request，简称 CIR）。这个流程的目的是为了确保对于同一种类型疑问的解答在不同的项目应用中都保持一致，不会因为项目不同而有所偏颇，同时也是为了方便不同的项目之间共享信息，减少了不必要的重复劳动。

如果说各个 LEED 评估标准是简单地列出了评估的目的、要求和可能的技术和对策，与中国《绿色建筑评价标准》相似，主要是指导性文件，那么参考指南就是一个实施细则，类似《绿色建筑评价技术细则》。但两者在详略程度上有很大差别，参考指南不仅列出了得分点的详细信息，而且还考虑到设计的整合、施工的标准、所引用的规范、经济因素、计算方法和公式以及满足得分点所能带来的好处等。而《绿色建筑评价技术细则》则相对简略很多，仅是《绿色建筑评价标准》的拓展版本。

中国为了能更好实施绿色建筑认证工作，住房和城乡建设部科技发展促进中心于 2010 年推出了《绿色建筑评价技术指南》，针对《绿色建筑评价标准》进行深入的剖析和解读，每款条文均通过"评价要点"、"实施途径"、"关注点"和"建议提交材料"等部分进行详细阐述，同时结合"评价案例"以加深理解。其中"评价要点"旨在向评价人员阐述评价方法；"实施途径"旨在向建设单位、房地产开发商和设计人员提供能够达到要求的方法和措施；"关注点"着重指出申报单位准备申报材料时应关注的事宜，以及评审专家在评标过程中主要关注的内容；"建议提交材料"则为方便申报单位准备完整详实的申报材料。该技术指南将申报工作解释的更清楚更容易操作，同时还作为中国绿色建筑推广的培训教材来提高全民的环保意识和对绿色建筑的认知。

中国绿色建筑评估认证在网络建设方面进程较慢，目前网站主要提供申请书下载和相关评估标准文件的下载，客户能得到的资源有限，同时对于认证工作中存在问题的解答渠道有限，可能导致以后越来越多的开发商在进行认证过程中，遇到的大量问题将无法及时解决，可能需要聘请熟悉绿色建筑认证的专家进行全程指导，但这只是一时之计，不是长久的解决方法，而且对同一问题进行重复劳动，不利于绿色建筑认证的发展。因此开发网络咨询，加强网络互动系统建设工作，不仅可以提高申报认证效率，减少重复劳动，同时也为提高全民的环保意识和对绿色建筑的认知提供条件。

③申报标识及认证级别比较

美国绿色建筑评价只有一种标识认证。评定对象是：满足标准的建筑设计规范的商业楼宇和四层或以上的住宅楼，申报的项目根据其项目图纸和技术文件，项目在竣工前就已经得到了认证。

中国绿色建筑评价分两个标识："绿色建筑设计评价标识"和"绿色建筑评价标识"。他们对应着不同的评定对象和认证阶段，中国对申请"绿色建筑设计评价标识"的住宅建筑和公共建筑的要求是：完成施工图设计并通过施工图审查，符合国家基本建设程序和管理规定，以及相关的技术标准规范。对申请"绿色建筑评价标识"的住宅建筑和公共建筑的要求是：通过工程质量验收并投入使用一年以上，符合国家相关政策，未发生重大质量安全事故，无拖欠工资和工程款。[1]

美国LEED认证分为四档：及格、银级、金级、铂金级。

中国绿标评定分为三级：三星、两星、一星。其中三星的等级最高。

2.3.5 小结

中美绿色建筑评价体系在申请方式以及认证方式方面多有不同，这与绿色建筑评价体系发展成熟程度有很大关系，相对来说美国LEED体系经过近十二年的发展，中国《绿色建筑评价标识》项目认证流程依然处在比较初级的纸质阶段，同时辅助资料也远不如LEED详细。中美绿色建筑评价体系的最终认证成果与等级等也有所不同，这些则由两国不同的国情所决定。在美国建筑施工质量较好，因此只需要一种设计阶段的评价标识，而在中国建筑的施工质量不稳定，因此需要这两种验收标识。美国LEED分为四档，也与美国建筑节能基础较高，经济基础较好有关，可以为设计者们提供更高层次的要求，而中国绿标则以普及推广基础性要求为主。中美绿色建筑评估体系申报系统综合比较见表2-9。

中美绿色建筑评估体系申报系统综合比较表　　　表2-9

标识类别	LEED	绿色建筑设计评价标识	绿色建筑评价标识
资格认证	满足标准的建筑设计规范的商业楼宇和四层或以上的住宅楼。（三层或三层以上的酒店和住宅楼可参考LEED-NC APPLICATION GUIDE FOR LODGING）	住宅建筑和公共建筑，应当完成施工图设计并通过施工图审查，符合国家基本建设程序和管理规定，以及相关的技术标准规范	住宅建筑和公共建筑，应当通过工程质量验收并投入使用一年以上，符合国家相关政策，未发生重大质量安全事故，无拖欠工资和工程款
对应建设阶段	从规划到项目交付使用跟踪咨询并采集实施样本（请专家提议）	完成施工图设计并通过施工图审查	通过工程质量验收并投入使用一年以上
注册（申请）	通过USGBC网站进行注册，成为会员（由GBCI指定申报专业团队协助）	由业主单位、房地产开发单位提出，鼓励设计单位、施工单位和物业管理单位等相关单位共同参与申请（绿色建筑设计评价标识可进行网上申请）	

---

[1] 引自绿标网：http://stc.chinagb.net/show.aspx?id=93

续表

标识类别	LEED	绿色建筑设计评价标识	绿色建筑评价标识
支持	1 标准： 《LEED2.2版新建项目评估体系》 《LEED 2.0版新建项目评估体系》《LEED 2.1版新建项目评估体系》《LEED-CS建筑结构与外壳》 《LEED 2.2版新建项目评估体系》《LEED既有建筑评估体系》 《LEED-CI商业建筑室内评估体系》 《LEED-H住宅建筑评估体系（试行）》 《LEED-ND社区规划评估体系（试行）》 《LEED for school学校评估体系》 《LEED for retail商店评估体系》 《LEED for healthcare疗养院评估体系》 2 购买相应的leed参考指南得分点释疑(CIR) 《LEED应用指南》	1 标准： 《绿色建筑评价标准》(GB/T50378-2006) 《绿色建筑评价技术细则》(建科[2007]205号) 《绿色建筑评价技术细则补充说明(规划设计部分)》(建科[2008]113号) 《绿色建筑评价技术细则补充说明(运行使用部分)》(建科函[2009]235号) 2 购买《绿色建筑评价技术指南》2010年	
递交	1 文档记录（leed2.1版本信函模版）贯穿设计施工阶段 2 Leed on line在线项目管理平台	申请单位应当提供真实、完整的申报材料，填写评价标识申报表，提供工程立项批件、申报单位的资质证书，工程用材料、产品、设备的合格证书、检测报告等材料，以及必须的规划、设计、施工、验收和运营管理资料	
审查	初步LEED审核报告，30天时间对USGBC的疑问提供进一步补充文件和内容更正，最终审核报告	1 审核设计文件、审批文件、检测报告 2 从开始组织评价到评价结束约需2~3个月时间（评审约1个月，公示1个月，如有异议，处理异议约1个月）	审核设计文件、审批文件、施工过程控制文件、检测报告、运行记录、现场核查

2.4 中美绿色建筑评估体系运营比较

2.4.1 中美绿色建筑运营方式比较

1）认证项目数量比较

（1）美国LEED认证体系数量

LEED认证体系在全球30多个国家中获得了接近三万个项目申请，其中大约有24500个是美国本土项目（截止到2010年7月），事实上LEED依然是一个适应于美国本土的评价准则。中国共有389个项目申请LEED认证，大陆有335个项目。目前最后一个申请LEED认证的中国大陆地区项目是2010年6月8号在天津的于家堡CBD项目（03-25 Project）。表2-10是LEED申报项目数量。[1]

（2）中国绿色建筑绿标认证数量

中国绿色建筑绿标认证发起时间晚，认证数量很少，从2008年申请至2010年共有22个项目申请成功。其中公建项目15个，住区7个。其中，上海市建筑科学研究院绿色建筑工程研究中心办公楼在2008年和2009年两次申请成功。中国绿标申报项目数量详见表2-11，表2-12。

---

[1] 资料来源：http://www.usgbc.org

美国LEED绿色建筑国内认证项目数量 表2-10

中国申报数量	389个	国际申报总数量截止（2010年5月）27581个	
中国认证数量	67个	国际认证总数量截止（2010年7月）6030个	
项目类型		项目类型	
外商机构	61个	学校，医院项目	208个 2009年10月
本土机构	6个	商业项目	2772个 2010年5月
		家庭项目	3050个 2009年10月

中国绿色建筑国内认证项目数量 表2-11

国内项目类型	个数
公建项目	15
住区项目	7

历年中国绿标成功申请一览表[1] 表2-12

公共建筑		
项目名称	申请单位	星级
都江堰市李冰中学	成都市兴蓉投资有限公司	★
中国银行总行大厦	中国银行总务部	★
苏州工业园区青少年活动中心	苏州工业园区商业旅游发展有限公司	★
山东交通学院图书馆	山东交通学院	★★
奉贤绿地翡翠国际广场3号楼	上海绿地汇置业有限公司	★★
绿地汇创国际广场准甲办公楼	上海绿地杨浦置业有限公司	★★
上海市建筑科学研究院绿色建筑工程研究中心办公楼	上海市建筑科学研究院有限公司	★★★
莘庄综合楼	上海市建筑科学研究院有限公司	★★★
苏州物流中心综合保税大厦	苏州物流中心有限公司	★★★
杭州市科技馆	杭州市科学技术协会	★★★
城市动力联盟（6号商铺办公楼）	佛山市智联投资有限公司	★★★
南市发电厂主厂房和烟囱改建工程（未来探索馆）	上海世博土地控股有限公司	★★★
上海世博演艺中心	上海世博演艺中心有限公司	★★★
华侨城体育中心扩建工程	深圳华侨城房地产有限公司	★★★
中国2010年上海世博会世博中心	上海世博（集团）有限公司	★★★
住宅建筑		
项目名称	申请单位	星级
无锡万达广场C、D区住宅	无锡万达商业广场投资有限公司	★
绿地逸湾苑（1～8号）	上海三友置业有限公司	★
金都·汉宫	武汉市浙金都房地产开发有限公司	★
金都·城市芯宇（1号~6号）	杭州启德置业有限公司	★
大屯路224号住宅及商业项目（1号）	金融街控股股份有限公司	★★
深圳万科城四期	深圳市万科房地产有限公司	★★★
新疆缔森君悦海棠绿筑小区	新疆缔森地产开发有限公司	★★★

[1] 摘自中国绿标网

2）标识认证收费比较

收费合理性和公开性是影响认证数量的一个重要指标，同时也标志着一个组织的运作管理体系的成熟程度，对于体系推广更是起着至关重要的作用。

美国绿色建筑协会 LEED 认证收费标准：LEED 认证分注册费用和认证费用两种，注册费用是会员 900 美元，非会员 1200 美元；认证费用则根据是否会员、不同认证阶段（设计和施工）、不同认证类型、不同建筑面积等条件在费用上差别很大，从最低 2000 美元，到最高的 27500 美元不等。见表 2-13 至表 2-17

USGBC 作为一个非盈利性的组织，其本土认证费用并不是很高（相对于美国经济发展程度来说），这也是 USGBC 一直所倡导的要建立一个高效、低成本认证体系的宗旨。认证费用的公布，一方面有利于保证 USGBC 的正常运行，另一方面有利于企业了解自己所要认证的项目在认证上所要花费的成本，决策是否进行绿色建筑认证作为一种参考。

LEED-NC、LEED-CI、LEED-S认证费用表 (1美元=6.7883人民币元)　　　表2-13

建筑面积 认证类型	50000 平方英尺以下 （4645 平方米以下）	50000-500000 平方英尺 （4645~46452 平方米）	500000 平方英尺以上 （46452 平方米以上）
设计评审			
会员	$2000（≈¥13600）	$0.04/平方英尺（≈¥2.92/m²）	$20000（≈¥136000）
非会员	$2250（≈¥15300）	$0.045/平方英尺（≈¥3.28/m²）	$22500（≈¥153000）
进度加快费用	$5000（≈¥34000）不论多少面积		
施工评审			
会员	$500（≈¥3400）	$0.01/平方英尺（≈¥0.73m²）	$5000（≈¥34000）
非会员	$750（≈¥5100）	$0.015/平方英尺（≈¥1.09m²）	$7500（≈¥51000）
进度加快费用	$5000（≈¥34000）不论多少面积		
设计和施工综合评审			
会员	$2250（≈¥15300）	$0.045/平方英尺（≈¥3.28m²）	$22500（≈¥153000）
非会员	$2750（≈¥18700）	$0.055/平方英尺（≈¥4.01m²）	$27500（≈¥187000）
进度加快费用	$10000（≈¥68000）不论多少面积		
CIR 得分点释疑系统	$220（≈¥1500）每个问题		

LEED-CS认证费用表 (1美元=6.7883人民币元)　　　表2-14

LEED-CS 在评审费用上与 LEED-NC 相同，但多一个事前授权费，CIR 得分点释疑系统也不同	
会员	$3250（≈¥22100）
非会员	$4250（≈¥28900）
进度加快费用	$10000（≈¥68000）不论多少面积
CIR 得分点释疑系统	$200（≈¥1350）每个问题

LEED-EB认证费用表 (1美元=6.7883人民币元) 表2-15

建筑面积 认证类型	50000 平方英尺以下 （4645 平方米以下）	50000-500000 平方英尺 （4645~46452 平方米）	500000 平方英尺以上 （46452 平方米以上）
首次认证评审			
会员	$1500（≈￥10200）	$0.03/平方英尺（≈￥2.19m²）	$15000（≈￥102000）
非会员	$2000（≈￥13600）	$0.04/平方英尺（≈￥2.92/m²）	$20000（≈￥136000）
进度加快费用		$10000（≈￥68000）不论多少面积	
非会员	$1000（≈￥6800）	$0.02/平方英尺（≈￥1.46m²）	$10000（≈￥68000）
进度加快费用		$10000（≈￥68000）不论多少面积	
CIR 得分点释疑系统		$200（≈￥1350）每个问题	

LEED-ND认证费用表 (1美元=6.7883人民币元) 表2-16

LEED-ND 项目申请审查费	
SLL[1]首次申请	$2250（≈￥15300）封顶费用
加速 SLL 首次申请	$5000（≈￥34000）
起始阶段审查费	
项目小于 320 英亩	小于等于 20 英亩时 $18000（≈￥122000） ／ 大于 20 英亩后每增加 1 英亩增加 $350（≈￥2380）
项目超过 320 英亩	$123000（≈￥845000）封顶费用
进度加快费用	$25000（≈￥170000）
后续阶段审查费	
项目小于 320 英亩	小于等于 20 英亩时 $10000（≈￥68000） ／ 大于 20 英亩后每增加 1 英亩增加 $350（≈￥2380）
项目超过 320 英亩	$115000（≈￥830000）封顶费用
进度加快费用	$15000（≈￥170000）
额外费用	
CIR 得分点释疑系统	$220（≈￥1500）每个问题
上诉复查	$500（≈￥3400）每一分
再次上诉复查	$1000（≈￥6800）每一分

中美认证收费标准比较表 表2-17

费用类别	LEED	绿色建筑评价标识认证
注册费	会员 900 美元（≈￥6100），非会员 1200 美元（≈￥8160）	￥1000
认证费（评价费）	根据项目面积、类型、会员非会员条件，费用从最低 2000.00 美元（≈￥13600），到最高的 27500.0 美元（≈￥187000）不等	先提交预付费，在公示结束后"绿标办"根据实际产生的费用多退少补
咨询费用	递交 CIR（得分点释疑系统），每个问题 220（或 200）美元（≈￥1500（或￥1350））	没有相关的咨询机制收费标准
专家培训费	每次申报费用 50 美金（≈￥340）	没有相关的培训收费标准

---

[1] SLL(Smart Location & Linkage)：精明选址与关联

在申报期间，对疑难问题可以请专家咨询，向 CIR（得分点释疑系统）提交所有疑难问题，专家对疑难问题进行解答，每个问题 220（或 200）美元。但对于外国申请者来说其费用极其高昂，不但有汇率损失，而且通常情况下需要认证咨询公司，这种咨询费用也很昂贵。

中国绿色建筑评价标识认证收费标准：中国在绿色建筑评价标识认证费用包括注册费和评价费，其中"注册费"1000 元（人民币壹仟元整），用于申报信息管理及申报材料形式审查；"评价费"用于专业评价和专家评审过程中实际产生的专家费、劳务费、会务费、材料费等，在专业评价前申报单位先提交预付费，在公示结束后绿标办根据实际产生的费用多退少补。在实际申报绿色建筑评价标识认证过程中，费用需要通过对绿建办的咨询方可得知，目前还没有公开发布具体费用标准。

2.4.2　中美绿色政策激励比较

1）西方国家的激励政策

从国际上看，鼓励节能建筑的激励政策实施效果显著，同时显示仅依靠市场机制运作是远远不够的。西方发达国家从 1973 年能源危机开始重视建筑节能，经过 30 多年的努力，西方国家新建建筑单位面积能耗已经减少到原来的 1/3 ~ 1/5，其中激励政策的作用功不可没。在西方发达国家，建筑节能体系完善，政府都相应出台各种经济激励政策。例如欧盟提出了包括开征能源税、税收减免、补贴和建立投资银行贷款等规范性的财税政策。尽管各国制定财税激励政策的出发点不同，激励程度也不同，但都为推进节能建筑的发展起到了积极的有效的作用。[1]

2）美国的激励政策

美国绿色建筑的推广是通过完善政策平衡和经济激励相结合的手段，全力推动绿色建筑的发展，政府在鼓励绿色建筑发展的过程中，通过经济手段吸引市场对绿色建筑的选择，这些方式包括：提供直接的资金或实物激励；给予绿色建筑的所有者以税收优惠、补贴等来引导和激励开发绿色建筑；发展创建绿色建筑市场（比如碳交易）。直接的激励和补贴政策对于推动绿色建筑发展是快速、直接的，对于绿色建筑和相关的节能环保技术长远发展是更有利的。美国政府主要激励政策举例：

（1）税收减免

美国有多种与绿色建筑发展相关的税收激励政策。在《2005 能源政策法案》中既包括了减免课税也包括课税扣除的规定。其中课税减免的规定是：商业建筑的所有者如果采取某些措施使得能源节约达到 ASHREA90.1 标准的 50% 可获得 1.8 美元/平方英尺的课税减免。同时，该法案还有多项课税扣除的规定：对于商业建筑，如果使用太阳能或燃料电池设备可享有 30% 的税收扣除；对于新建住宅，如果所消耗的能源低于标准建筑的 50% 都有资格享受课税扣除；对于住户来说，选择节能设备

---

[1] 引用自张扬访谈录，国家发展改革委能源研究所

可获＄500～＄2000的课税扣除。但是课税扣除政策有效的时间是2006～2007年，这一规定被认为不够合理，因为两年的激励还不足以对节能建筑产品和设施的市场产生很大的影响。

美国地方州政府在绿色建筑层面上支持各个州有所不同。例如：美国的纽约州、俄勒冈州等已经出台了关于绿色建筑的优惠税收措施，对于达到或超过美国LEED标准的绿色建筑的所有者或承租者，根据建筑物的大小以及达到绿色建筑标准的等级给予所得税优惠，用于补偿早期较高的成本，从而提高绿色建筑的市场吸引力。在2000年，纽约州立法通过了绿色建筑税收优惠政策，该州是美国首个运用税收优惠来推动修建绿色建筑的州，采用了该州自己开发的绿色建筑评估体系，州政府每年提供固定的财政预算支持。纽约州推行的税收优惠政策包括绿色基础建筑（Green Base Building）；绿色租住空间（Green Tenant Space）；绿色整体建筑（Green Whole Building）三项，对于建筑节能达到要求的建筑，按面积给予税收补偿。

美国州政府和地方政府分别建立对开发商和消费者的激励政策来引导他们对绿色建筑进行选择。对消费者的激励政策实际上提高了绿色建筑在市场上的竞争力，也可看做是对开发商的间接激励。这种间接激励的方式，还包括为那些符合绿色建筑标准的商品房提供低于市场的融资利率、税收激励；为在绿色节能方向改进的建筑（包括新的建筑）实行物业税减免。

与州政府和联邦政府的政策相比，地方政府所颁布的政策更加具有针对性，对于绿色建筑发展相关的各个参与方都有相应的政策，这样的设计对我国的政策制定有更多的启发。

（2）专项资金

美国能源部不仅资助LEED绿色建筑评估标准的建立，同时美国能源部能源效率与可更新能源办公室（EERE）为推动可更新能源和能效技术的使用提供多种激励方式，这些政策不是专门为绿色建筑发展而制定，却对绿色建筑的发展至关重要。比如为可更新能源和新技术的发展和示范项目的建立提供资金支持。这种专项资金不仅提供给开发商、消费者、技术开发人员，也提供给州和地方政府。

（3）美国政策效果

美国的政策扶持不仅对项目本身给予直接可见的经济补偿，同时还对推行标准的行业协会给予启动资金扶持。在经济上税收方面的补偿额，减免额度明确，而不仅限于政策上的条款制定。美国政策扶持目标清晰，为达到绿色节能的目的，对获得行业协会认证的绿色建筑都有补贴，并且有强制性立法。这样政府虽然没有直接推广LEED，但在政策法规，税收制度的支持下，在未来五年大约有50%的建筑为绿色节能建筑，其中的绝大多数会选择美国最大的绿色评价体系LEED标准。LEED认证能够帮助业主和承包商共同实现增值。越来越多的业主希望达到绿色建筑的标准，从而享受国家法律规定的税收抵免、增收额外租金等优惠。即使驻国外机构获得LEED认证的项目也会有本国政策补助。也正是如此，在中国本土的LEED申请中的大部分为外资企业或项目。中国项目只有北京奥运村，泰格公寓等少数项目。

3）中国的绿色激励政策

中国的绿色鼓励政策可以分为：政策鼓励、专项基金、技术创新奖奖励三个层面。

（1）政策鼓励

在中央政府层面，通过减税来鼓励绿色建筑的发展。在《中华人民共和国企业所得税法》[1]中对企业从事符合条件的环境保护、节能节水项目的绿色节能建筑进行减税批示。可以减征、少征企业所得税。并对不符合规范者进行处罚，例如《新型墙体材料专项基金征收和使用管理办法》[2]中规定凡是不符合规范要求的建筑，要缴纳新型墙体材料专项基金等。同时住房和城乡建设部会同财政部出台了以鼓励建立大型公共建筑和政府办公建筑节能体系的资金管理办法，办法里明确了鼓励高耗能政府办公建筑和大型公共建筑进行节能改造的国家贴息政策。

（2）专项基金

财政部设立了可再生能源专项资金，专项资金里有一部分是鼓励可再生能源在建筑中规模化的应用，财政部与住房和城乡建设部颁布了《可再生能源在建筑中应用的指导意见》《可再生能源在建筑中规模化应用的实施方案》以及《可再生能源在建筑中规模化应用的资金管理办法》。专项资金的具体使用方式分无偿资助方式和贷款贴息两种。其中，无偿资助方式主要用于盈利性弱、公益性强的可再生能源项目。国家可再生能源发展专项资金是由国务院财政部门依法设立并用于支持可再生能源开发利用的资金，并通过了中央财政的预算安排。

（3）技术创新奖奖励

住房和城乡建设部设立了全国绿色建筑创新奖。绿色建筑奖创新奖分为工程类项目奖和技术与产品类项目奖。工程类项目奖包括绿色建筑创新综合奖项目、智能建筑创新专项奖项目和节能建筑创新专项奖项目；技术与产品类项目奖是指应用于绿色建筑工程中具有重大创新、效果突出的新技术、新产品、新工艺。目前，已经成功评审并发布了两届绿色建筑创新奖。住房和城乡建设部向获得绿色建筑奖的项目及相应的组织和人员颁发证书和证牌。有关部门、地区和获奖单位应根据本部门、本地区和本单位的实际情况，对获奖单位和有关人员给予奖励。并且被住房和城乡建设部评为"双百"建筑的绿色建筑都将有所鼓励，具体奖励金额则根据各地发展条件自行决定。

（4）中国政策效果

中国政府的绿色节能建筑的政策目前仅限于政策扶持，处于政策普及推广阶段，综合性的强制性的减免额度不明确；其中甚至还有处罚性条款，这也与中国绿色建筑正处在普及阶段，民众的绿色意识不强有关。目前在国家方面设有单项的政策减免和基金征收制度，而地方上的鼓励政策则根据各地发展条件自行决定，并没有起到明显效果，执行力度差，政策力度还需要进一步加强。

中国政府正在加快研究确定发展绿色建筑的战略目标、发展规划、技术经济政策；研究国家推进实施的鼓励和扶持政策；研究利用市场机制和国家特殊的财政鼓励政

[1]《中华人民共和国企业所得税法》第八十八条 第三章 税收优惠 规定
企业从事前款规定的符合条件的环境保护、节能节水项目的所得，自项目取得第一笔生产经营收入所属纳税年度起，第一年至第三年免征企业所得税，第四年至第六年减半征收企业所得税。

[2]《新型墙体材料专项基金征收和使用管理办法》第二章 第五条 规定
凡新建、扩建、改建建筑工程未使用新型墙体材料的建设单位，应按照本办法规定缴纳新型墙体材料专项基金。

中美政策鼓励机制比较表　　　　　　　　　　表2-18

国家	类型		政策
美国	美国联邦政府	2000.3 LEED 2.0版本发布	美国能源部建筑科技办公室向USGCB提供了启动资金
		国际节能规范（IECC）标准基础上节能30%~50%以上的新建建筑	每套可以分别减免税1000美元和2000美元
	美国地方政府（纽约）纽约政府要求建筑面积大于7500平方英尺的新建筑要达到LEED标准	1 绿色基础建筑	1 最高按每平方英尺7.5美元的标准减税
		2 绿色租住空间	2 最高按每平方英尺3.75美元的标准减税
		3 绿色整体建筑	3 基础建筑和租住空间分别按每平方英尺10.5美元和5.25美元的标准减税。如果绿色整体建筑位于经济开发区，则按允许成本的8%（1.6%×5年）的标准减税
中国	政策鼓励	《中华人民共和国企业所得税法》2008.1.1	企业从事前款规定的符合条件的环境保护、节能节水项目的所得，自项目取得第一笔生产经营收入所属纳税年度起，第一年至第三年免征企业所得税，第四年至第六年减半征收企业所得税
		《新型墙体材料专项基金征收和使用管理办法》2002.1.1	凡新建、扩建、改建建筑工程未使用新型墙体材料的建设单位，应按照本办法规定缴纳新型墙体材料专项基金
	基金鼓励	《可再生能源在建筑中应用的指导意见》《可再生能源在建筑中规模化应用的实施方案》《可再生能源在建筑中规模化应用的资金管理办法》	除标准制订方面的费用等需由国家全额资助外，项目承担单位或者个人须提供与无偿资助资金等额以上的自有配套资金。对于获得无偿资助的单位和个人，办法规定，资金的支配只能在指定范围内支出，如人工费、设备费、能源材料费、租赁费、鉴定验收费等，并且还有相应的开支标准
	创新奖鼓励	在建筑部被评为"双百"建筑的绿色建筑	奖励金额则根据各地发展条件自行决定
		全国绿色建筑创新奖	住房和城乡建设部向获得绿色建筑奖的项目及相应的组织和人员颁发证书和证牌。有关部门、地区和获奖单位应根据本部门、本地区和本单位的实际情况，对获奖单位和有关人员给予奖励

策相结合的推广政策；综合运用财政、税收、投资、信贷、价格、收费、土地等经济手段，逐步构建推进绿色建筑的产业结构。相信在不久的将来，中国将有一个完善的绿色建筑鼓励机制。

2.4.3　绿色建筑与社会发展比较

由于中美社会发展程度不同，市场环境不同、经济运行成本存在差别，民众对绿色建筑的认可程度相差较大，从而导致了中美两国在绿色建筑发展层次上的存在相当差异。而一个标准的制定，最终目标是要和本国的经济发展的目标一致，因此仔细分析中美两国的社会环境，市场发展环境等，对今后我国绿色评价标准的执行与改进有着重要的意义。

1）市场环境不同

美国是一个发达国家，房屋价格稳定，市场供需关系合理，其建筑行业的基础扎实，推广绿色建筑是一个高标准层面的推广，具有强大的群众基础。中国是发展中国家，新中国成立60多年来，建筑行业大量的工作是城市基础建设和大力改善人民群众的住房条件上。扩大住房面积仍然是社会和政府的主导方向，尽管我国每年以20亿平方米的建房速度增长，目前市场上商品房屋仍然供不应求。尤其随着城市化进程的加速，激增的城市人口对房屋的需求量在不断增大，房价飙升使开发商不需要做成高水准的绿色建筑，开发企业只需要达到国家的基本建设要求，开发的商品房一样能以不菲的价格卖出，因此高额的房价市场严重挫伤了绿色建筑在中国的发展。

2）经济运行成本不同

美国LEED标准的项目经济运行成本相对较低，回报率高；LEED标准能用数据来证实它在美国达到的节能指数，以及相应的成本降低和收入提高。例如：据2007年美国的统计数据[1]，但凡通过LEED认证的项目，建筑价值提升7.5%，降低营运成本8%~9%，租金提高3%，入住率提高3.5%，投资回报提高6.6%。因此开发商绿色意识强，从商业角度出发愿意投资开发绿色建筑，很多房产开发商都把"向LEED金奖标准努力"作为市场推广的口号；消费者对这种健康环保、高舒适度的建筑非常认可、需求强烈，绿色建筑购买出租率高，形成市场供需两旺的局面。

中国处于建设高速发展时期，目前缺乏基础数据，这就使得标准的制定并不是完全符合我国国情，无法与经济成本运行挂钩，造成标准使用困难，经济回报率低，间接导致经济运行成本上升，因而市场需求不强烈，推广进程缓慢。但绿色建筑是必然趋势，必将对社会、经济、环境发展产生重大的影响。相信经过一段时间的努力、发展改良、积极持续推进绿色的理念和路线，不断地更新提升中国绿色建筑评价体系，中国的绿色建筑标准体系将日趋完善，成为行业发展的引领型的主导工具，真正地对人类生存环境的改善做出贡献，为中国经济健康运行、社会发展做出成绩。

3）发展趋势展望比较

在欧美国家绿色节能已经宣扬了50余年，高消费和高享受的生活导致两次石油危机，使得绿色节能理念逐步深入人心。LEED就是在这种条件下产生的，但即便如此，LEED在刚刚发布的1998年的两年内连一例申请也没有，直到2000年6月1日才有了第一个项目申请——Old National Bank。2000年一年也仅仅8例。但之后的几年申请数量则成指数级增长，在2009年上升到顶点，达到10708例，LEED的年申请量变化如图2-17所示。

中国自2006年制定标准，申请项目在逐步提升。仅08年和09年的申报通过项目均达到10例。因此认真研究借鉴美国的经验，客观地对待两国的差距；全方位

---

[1] 数据来源：牛思远，2009

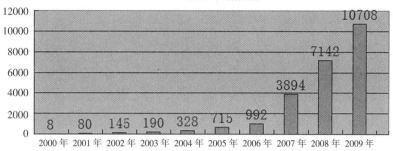

图2-17 2000~2009年LEED认证项目申请数量

地着眼未来，就一定能避免困境，少走弯路，当前绿色建筑行动在我国有陷入表象，不易深入的情况下，把握政策制定的底线，稳定调动各方面的积极性，逐步深入打开局面；努力加强群众的普及知识，相信在不久将来完善绿色建筑体系的基础上，我国的绿标也将会大力普及提升。

2.4.4　中美绿色建筑评估体系培训体系比较

人员培训机制是一个绿色建筑发展壮大的必要条件，也是对市场推广，商业运营有着很强的促进作用。LEED有完善的人才培养机制和认证人员的资质考试制度。这也是LEED在短时间内有可能迅速发展的主要原因之一。

1）LEED认证工程师（LEED AP）培训

拥有美国绿色建筑委员会（USGBC）官方LEED证书的人员被称为LEED AP，即LEED Professional Accreditation。拥有该资格的个人能够顺利地管理整个LEED认证项目的实施。LEED AP证书能够证明个人已经透彻地了解绿色建筑的实践和原则，以及LEED评分系统（分LEED-NC、LEED-CI、LEED-EB等技术体系）。

LEED AP认证专家：LEED AP认证计划于2001年发起。2009年新修改的LEED V3修改了专业人士认证（AP）课程，采用三层认证的体系。等级1为LEED绿色准会员(Associate)，针对想要对绿色建筑表现出的承诺，但不直接参与绿色建筑项目的人。相当于非技术专业人士。等级2相当于目前专业人士认证，但包括专业分轨制对应于各种LEED绿色评级系统。等级3为LEED的特别会员(Fellow)，即指定具专业知识水平的"精英"。

LEED AP培训机构：LEED AP培训组织机构为ERB，指的是Education Reviewing Bodies，其实就是制定CMP计划规则的组织和机构。GBCI通常将类似的审查工作的服务外包，包括对LEED认证项目的审核，对LEED AP资质的审核，都是外包给由GBCI认可的一些专业公司再负责。学习过程可以自行学习，最终积攒学分后参加考试即可。从2008年开始，LEED AP项目的管理移交到绿色建筑认证研究院（Green Building Certification Institute）。在美国绿色建筑委员会的支持下成立的绿色建筑认证研究院,具体负责LEED AP相关考试项目的开发及管理。2009年LEED AP开始分级考试。

认证专家LEED AP作用:LEED AP最显著的作用是可以为项目在LEED评审中加分,拥有获得LEED AP证书的个人可以为项目总评增加一分。同时随着房地产领域(发展商和设计院)企业可持续发展理念的加强,拥有获得LEED AP证书的员工在项目竞争和企业发展都具备强烈的优势,越来越多的业主在招标时,明确要求项目团队中有LEED AP资格的工程师(类似于建筑师,规划师资格认证)。迄今为止,全世界范围内已经有120000名拥有LEED AP资格的建筑师和工程师,中国获得LEED AP证书的建筑师或工程师有500名。在美国建筑企业里有更多的拥有LEED AP资格的人才,会让项目有着更多的优势,其主持的项目被认为是具有国际视野、环保领先,节能典范等。

LEED评级人员考试变化过程表　　　　　表2-19

时间	名称	考试内容
2001~2009	LEED AP	以选择题为主,分为单选题和多选题,考试时长为2小时,100题,一共200分,170分为及格线分数
2009~今	LEED AP+: 建造和设计(LEED AP BD+C) 室内装修(LEED AP ID+C) 建筑运营维护(LEED AP O&M) 社区规划(LEED AP+ND)等	新版考试需要通过初级考试(GA)和专业级考试(AP)两项全通过后才能得到LEED AP认证工程师的称号。 新的LEED AP分级计划不仅对LEED AP分级,而且需要每两年申报一次,(CMP)每次申报费用50美金,同时须在两年内积累一定的CE学时

2)中国绿标评估专家培训

中国目前根据绿标的推广需求,主要进行的是一二星绿标的评审专家的培训。住房和城乡建设部科技发展促进中心于2010年颁布了《关于开展一二星级绿色建筑评价标识培训考核工作的通知》,住房和城乡建设部科技发展促进中心绿色建筑评价标识管理办公室(以下简称"绿标办")受住房和城乡建设部委托,组织开展针对地方相关管理和评审人员的培训考核工作。目的是为促进绿色建筑在全国范围内快速健康发展,指导各省(自治区)、市科学、公平、规范地开展所辖地区一二星级绿色建筑评价标识工作,加强地方绿色建筑评价标识能力建设,确保标识项目质量。目前已经在全国范围内开始认证人员的培训。

培训考核对象:地方绿色建筑评价标识管理机构成员(包括地方负责一二星级绿色建筑评价标识工作的住房和城乡建设主管部门工作人员)、地方绿色建筑评价标识专家委员会成员(包括符合评审专家条件的各专业评审专家)和专业评价人员。

另外还有专家委员会的资格认定:

中国绿色建筑评价标识专家委员会由住房和城乡建设部科技发展促进中心绿色建筑评价标识管理办公室组建并管理,专家委员会委员具备资格后就可以申请加入。条件为:

① 本科以上文化程度,具有本专业高级专业技术职称;

② 长期从事本专业工作，具有丰富的理论知识和专业实践经验，在本专业领域有一定的学术影响；

③ 熟悉绿色建筑评价标识的管理规定和技术准则；

④ 具有良好的职业道德，作风正派，有较强的语言文字表达能力和工作协调能力；

⑤ 身体健康，年龄不超过六十。

满足上述条件之后，经单位或个人推荐，本人可以填写《绿色建筑评价标识专家聘用证书》，并提供相应的证明材料，报"绿标办"审核。通过审核之后，即可成为绿色建筑标识评价专家委员会成员。另外针对地方绿色建筑评价标识的管理人员、评审专家和专业评价人员，拟采用不同的培训方式，并在培训结束后对培训人员进行考核，一般采取提交总结报告或笔试的形式。

中国绿色建筑推广过程中，并没有类似 LEED AP 的专业的绿色建筑工程师的培训，不过随着我国评估体系的深入发展，最终也会出现具有绿色建筑资质专业人员队伍及相应的培训。

2.4.5　绿色标识评价商业化比较

由美国绿色建筑协会制定的美国 LEED 标准，推广前景广阔，其评价体系目前在国际上公认度很高。LEED 获得成功的原因中商业化运作功不可没，一个成功的商业运作是可以总结也可以模仿的。LEED 的商业成功原因可总结如下：

1）广度的开放性

开放性的高低，是一个标准成熟与否的标志。开放性越高代表接受社会检验的程度越高，LEED 在其开发运营中有极高开放性。LEED 评估的所有程序都可以通过互联网完成。LEED 评估项的得分点所引用的标准采用清单的形式，简单明确。后期评价过程也保证透明公开，甚至在一些项目中公开招募有资质的专家进行评估。LEED 的全部文件都要遵循并达到四个特性：即可操作、可计量（量化）、可文件化、可校合，使得每一项评定都可以追溯调查。同时还有一个低进高出、宽进严出的准则。与此同时 LEED 不断更新，发展推出新领域，也不断对原有体系进行补充和改进，这将使得 LEED 体系永远保持在社会的前沿。

中国《绿色建筑评价标准》尚无电子信息平台，采用网络下载申报表格形式，时间界限不够明确。同时尚未注重体系更新机制，开放性体现不足。

2）精确定量分析

LEED 系统结构简单，可操作性强，这是商业化的前提。LEED 评估细节同样不光停留在理论上，而是现实可行的。LEED 的评估并不简单地停留在定性阶段，对于各项指标，可进行精确定量分析和考核。这就使得该评价系统在执行过程中会有一个统一的客观尺度，也使得评价过程趋于可控化，绿色建筑的设计和建造过程更具可实践性、可依据性。这也是最重要的一点。

绿色建筑的思想，可持续发展的概念，生态建筑的提法早在 LEED 诞生之前很早就提出了。以 1962 年发表的《寂静的春天》为代表的很多书籍、论文都涉及这些。然而这些在美国只是呼声、思潮，未形成可以市场化、商业化，大规模推广的体系，因而没有得到足够的重视，对美国建筑行业影响不大。正是 LEED 的产生才改变了这一现象，LEED 第一次提供了一套比较科学的，而且是"可以操作"的绿色建筑评估体系。在 LEED NC2.2 和其参考手册中，每个评分点都有比较详细的解释，也提供了较为丰富的技术细节，相当于厚厚的一本节能建筑教学手册。

3）以市场为导向

LEED 评估最重要的是具有商业价值，同时有非常系统的收费标准、人员培训机制作为支持。用商业化的经营模式持续完善和推广 LEED 评价体系。LEED 的开发以市场为导向，不仅仅关注于建筑的绿色性能评价和环境保护，同时也关注于改变资本市场的评估方法，让开发商、业主和绿色建筑相关产业都能从中获益，让 LEED 认证的建筑得到更高的估值。如在开发商这个环节上，LEED 认证并不一定会带来房屋建造成本的增加，即使增加也会控制在一定的额度内。同时 LEED 会通过房产估值这个环节，将通过 LEED 认证的建筑的价值给予更高的价值评估，促使开发商积极地获得认证。

中国《绿色建筑评价标准》的认证方式过于简单，开发商和购房人群对于绿色认证不够了解，并且绿色认证对于房屋价格影响较小，同时国家对其引导措施不够完善，从而使开发商缺乏建设绿色建筑的兴趣。因而，应普及广大市民对绿色住区的认识，让他们了解绿色建筑对社会经济效益和居住舒适度的影响，使之主动购买绿色住区内的房屋。政府也应扶持绿色住区政策，给予绿色住区开发商以一定形式的优惠政策。目前国内的一些大品牌的开发商已经意识到绿色建筑将给自身企业带来的经济和社会效益，正积极主动的投入到绿色建筑的研究、应用和建设中。但对于不了解绿色建筑实质含义的开发商，还需加强绿色建筑的宣传和推广。

LEED 标准的成功，除了技术方面的因素，更多的还是依靠体系的维护和市场开发与运作方面的成熟经验。现在已经基本形成了一套完整市场运作模式，整个 LEED 认证过程思路清晰、逻辑清楚，而且收费也还算合理（尤其是按照美国的标准来看）。在预审期，就能给出一系列修改意见，对后面的深入设计和施工都具有很好的指导意义。正因为这些原因，投资方和设计方都会觉得 LEED 性价比不错，所以 LEED 在美国的推广情况目前看起来比较顺利。

另外，美国 LEED 的运营主要依赖民间社团组织的作用，首先发动广大基层企业的参与和居住主体的积极性，自下而上地推动政府完善机制发布相关政策，美国联邦政府及地方州政府认真组织落实，从而形成整个社会对绿色建筑的需求和发自民间内在的迫切性和主动性。而中国绿色建筑由政府发动，由少数的科研、大学编制绿色执行标准，自上而下地发动，基层企业参与感不足进而处于被动的接纳状态，因此整个行业管理和技术准备不足，短时期内尚不能适应。同时，我国的民居社团、协会、研究会的功能作用和权限十分有限，未能在调动基层的积极性和调整行业的转型方面发挥作用，也显得自上而下的运作中无能为力，发挥的作用有限。

4）LEED品牌化

LEED在做品牌化，这是评价的较高级阶段，LEED并不是一个简单的评估体系，还有非常强的组织机构，给社区团体做教育活动以及强大的培训项目。随着绿色建筑市场的持续发展，美国绿色建筑协会也在不断更新认证及其体系，以适应变化中的行业需求。

中国的绿色建筑国标发展速度过快，和很多规范、标准类似，都是在整个国家迅猛发展的大环境下，不得已而为之，没有长期的数据积累也没有本国经验。并且中国绿标评价的市场意识薄弱，中国社会组织弱小，没有形成系列效应，单靠政府的推动是存在很大问题，使得社会需求未能得到很好的拓展。

因此综合来看LEED系统结构简单，操作容易，在专业性和普及性中找到了良好的平衡点，商业运作成功。而国内的评价规范在结构和操作上较为复杂，专业性强，更适用于专业设计人员，普通人使用较为困难，同时商业运作意识较差，而国内的评价标准规范和健康运营的完善尚需走过一段艰辛的路程。

2.5　发展中国绿色建筑评价体系之建议

2.5.1　加强政府政策和基础标准的设立

由于我国是政府主导型社会，民间力量较弱，因此由政府强制力推行的基准标准就应当更加详细，更加完善来弥补民间推广机制的不足。

1）因地制宜制定符合中国国情的基础标准

改革开放的三十年，是中国经济快速发展的三十年，快速的城市化发展，带动了中国房地产业蓬勃发展。据不完全统计，中国住宅竣工面积累计近70亿平方米，而我国每年新建房屋还以20亿平方米的增长速度递增，新建房屋的99%属于高能耗建筑，建筑能耗以及大面积开发对周边生态资源和环境的破坏等问题凸显，发展绿色建筑及制定国家级导则和标准是当务之急。目前中国已经制定出基础的国家绿色建筑标准《绿色建筑技术导则》、《绿色建筑评价标准》和《绿色建筑评价技术细则》，同时相应的设计、施工方面的《绿色施工导则》、《公共建筑节能设计标准》等标准也已经出台。作为基准性标准，中国绿色建筑相关政策的制定应当更符合中国国情，也就是各地区绿色建筑标准都应该满足的基准标准。目前中国绿色建筑节能设计、绿色施工、绿色技术导则、绿色评价技术细则等各个标准的出台相对独立，建议将其归入统一的绿色建筑标准体系中，增加指导性技术手册、技术咨询和成功案例等文件，统一管理、统一升级、统一标识评估，成为中国纲领性的建筑评价标准。

2）强制性政策与激励性政策并举

完善的技术标准和行业制度还需要有相应的、切实可行的行业政策的扶持。建议加强强制性政策的制定，通过制定各种绿色法律法规和强制执行条文来达到绿色技术标准的深入执行。与此同时制定绿色建筑激励性政策：补贴政策和税收政策。对绿色建筑产品的生产者进行补贴，对采用绿色技术的开发商给予合适的经济补贴可以调动采用者或者开发商使用的积极性。并且加强处罚性条款，对不实施者予以高额处罚。建议政府在税收政策上出台可执行的定量化的税收优惠政策和强制性税收政策。国土资源部门也给予绿色建筑开发商以土地方面鼓励优惠的政策，从而推动绿色建筑行业的前进。

由政府主导制定的强制性政策机制与规则，将为绿色建筑激励政策的全面实施奠定良好基础，绿色建筑激励性政策将会为开发商、消费者带来更多的经济利益和实际好处。

总之，完善的技术标准和行业运营需要有全面配套的平衡、切实可行的行业政策。建议在我国现行自上而下的贯彻机制下采取强制和激励政策并举的路线。起步阶段强制性政策可作为主导的手段配以各种审批、审查制度使各种绿色技术和措施得以执行。在宣传上大力鼓励和表彰贯彻绿色建筑政策的企业，使其形成一种荣誉、一种责任和一种必然的企业行为。与此同时，大力组织银行、税收、保险、国土、环保等部门协同工作，制定一系列的优惠激励政策，国家拨出专项绿色节能资金对符合要求和通过评价的项目予以奖励和补贴，使绿色建筑者感到对他们的鼓励超过普通项目的收益。

3）地方标准与国家标准统一

构建地方绿色建筑标准和执行政策是绿色建筑的重要原则，构建地方绿色建筑标准政策时也必须考虑地方与国家体系的统一，使得不同地区评价出的绿色建筑有可比性。中国幅员辽阔，全国范围内的建筑划分若干类地区类型，各地区会出台各自适合的标准，应让地方根据自己的条件，因地制宜编制适应各自的标准。但各地的标准框架应与国家标准保持统一，从而从使各地区绿色建筑有统一的可比性。技术评估标准细节应该能适应不同地区的建筑，针对变化的评估环境进行调整。

国家标准是依据国家经济社会发展的总目标，综合考虑世界潮流和国际的交流合作。地方标准是因地制宜考虑地方特色，是承继国家总的原则方针，并着重于细节和执行应用，取得实效。绿色建筑应有可比性和差异性，但是，绿色建筑的概念和原则不能变，绿色建筑的执行水准不能变，从而使地区绿色建筑有统一的可比性。

技术评估标准细节应该能适应不同地区的建筑，针对变化的评估环境进行调整。

4）加强各部委标准之间的衔接性

由于绿色建筑涉及覆盖许多行业的标准规范，在标准制定过程中势必要应用其他相关行业的标准作为相应的技术支持。

例如在中国《绿色建筑评价标准》公共建筑5.5节室内环境质量这一大项中总共涉及了四大部委：分由国家质量监督检验检疫总局、住房和城乡建设部联合发布的《民用建筑室内环境污染控制规范》GB50325和《采暖通风与空调设计规范》GB50019；由住房和城乡建设部单独发布的《建筑采光设计标准》GB5003和《建筑照明设计标准》GB50034；由国家质量监督检验检疫总局单独发布的《建筑外窗空气声隔声性能分级及其检测方法》GB8485GB；由城乡建设环境保护部和国家计划委员会联合发的《民用建筑隔声设计规范》GBJ118。

因此加强各部委的合作尤为重要，相关行业标准提升，绿色建筑的标准也应进行共同提升。绿色建筑实践过程中的数据也应该及时反馈给其他行业，行业间互通有无，密切合作，共同提升。在《绿色建筑评价标准》制定过程中应用的相关行业标准，建议直接将引用条款放入标准中，方便使用者随时使用，使评审的操作执行速度加快。

5）加强政府绿色建筑基础性标准的普及推广

随着中国住房体制的改革，与之齐头并进的房地产业发展已经历时30个年头，中国建筑在建设速度和建设数量在当今世界已经无可比拟，在建筑类型多样性和花园景观新颖性方面也到了令人为之惊叹的地步。但是，在细细分享成绩的同时也不得不深深地感到我们房地产的发展是在耗费资源、浪费能源和破坏环境的基础上取得的。据2001年统计，建筑能耗量在我国能源总消费量的比例高达27.45%。建设的科学性、可持续性理念和理性的技术途径与世界相之甚远。推行绿色建筑的理念和相关技术是当务之急，我们的政府正是基于这种出发点，力推绿色建筑并制定相应的评价标准，并尽快普及到基层企业开发行为和房地产项目中。

中国绿色建筑标准及相关政策的制定主要面向蓬勃发展的中国房地产行业，过去的十余年的历程已经走过了初始累积经验的时代，绿色建筑并不是简单的技术堆砌，它是一个相关各个行业需要协同配合共同努力的结果，进而是个社会发展的系统工程。因此决定绿色建筑的整体目标是高起点、高要求和高水准的，是引导性的，所以并不是强制性的条文占主导地位而是应由引导性的条文占到绝大多数，就国际上来说这也是通行的做法。

绿色建筑的项目认证属于自愿性的，有追求的和有能力的企业自愿参与，同时应面向基层大力进行基础推广和普及，为此设置一二星级普通建筑建设标准和设计规范的基础，符合绿色建筑水准的要求，同时还要制定一个切合实际和高标准的目标体系，使实施项目具有示范性和典型性。在提高的基础上实施的绿色建筑才能真正有效地带动行业的发展。

2.5.2 发挥行业组织先锋的作用

加强非营利性组织第三种资源配置主体的作用，来弥补市场和政府在资源配置方面的不足，发挥行业组织的先锋作用，将有力地推动中国绿色建筑向高度、深度和广度发展。

1）发挥行业协会引领作用

美国绿色建筑的成功发展，不容忽视的原因是美国绿色建筑协会的行业引领作用。政府对协会的税收制度，财政支持和政策引导更使之如虎添翼发展势头强盛。美国政府和西方各国都支持非盈利行业协会的自由发展，并授予相当的权限，比如在制定、解释、执行行业标准中发挥政府不可替代的作用，真正引导行业的发展，促进行业的技术进步。美国绿色建筑协会之所以能获得政府的支持，首先在于与政府之间行动目标一致、互补性共存、利益的共赢。美国绿色建筑协会制定的绿色建筑标准目标是解决建筑能源消耗过度和对环境的破坏等问题，这和美国政府能源发展计划步调一致，相应的能源标准制定和相关的政策极具绿色建筑的引领作用，具有广泛的群众基础和强大的社会推广能力。我国也应当扶植一批相应的行业协会，委以重任和特定的命题，提高民间推广和执行的力度。

2）发挥行业协会普及推广作用

行业协会的形成是社会组织程度逐步提高、社会自律能力不断增强的客观反映，更是公民社会走向成熟的重要标志。其自发的组织形式，具有广泛的群众基础，其定义出的行业标准，来源于群众层面，更易于推广和执行。

美国绿色建筑协会广大的会员机构，强大的群众基础，有力地弥补了美国政府对绿色建筑在群众推广方面的不足。其自下而上的运营方式，具有极强的推广能力。其标准体系制定方式，是广大会员共同利益驱使，努力要达到的一个引领性的标准，其来源于群众生活同时引领群众生活进入一个更高的层次。在绿色建筑成为中国社会经济发展的重大举措之时，大力鼓励绿色建筑协会的发展、发挥行业引领的作用和动员作用具有重要的意义，将有力提升绿色建筑标准的制定和整体的推广。

3）发挥行业协会与政府协调作用

在一个完善的市场经济条件下，企业是市场经济的主体，不是政府主管部门的附属物，政府重义、企业重利，在义和利之间、在政府与市场主体之间客观存在着一个"断裂层"。这就需要在政府和企业之间寻找一个良好的沟通桥梁，建立起沟通和对话机制，传达政府意图，反映企业的呼声。在美国绿色建筑发展方面，美国绿色建筑协会的协调作用巨大，协会代表会员的利益，影响国会立法和政府政策的制定。利用其靠近政府、贴近会员的特殊地位，及时密切关注立法和政策信息，根据会员的需要，游说国会和政府，反映会员的要求，提供相关资料，使得新出台的法规、政策的制定有利于会员发展。

中国行业协会的发展正处于转型时期，目前只能采用由政府主导、行业协会配合的上下级"准合作主义"模式，坚持按部就班，逐步推进协会变革的方针。中国绿色建筑节能委员会是住房和城乡建设部主导下成立的行业协会，有靠近政府的特殊地位，因此中国绿色建筑标准制定和贯彻执行有着浓重的政府色彩。如何发挥行业协会的优势，反映会员和群众的需求和行业发展的利益，协调政府与企业群众之间的利益关系，将直接影响我国绿色建筑的健康发展。

2.5.3　完善评估标准之建议

中国由于绿色建筑的起步较晚，因此相应的绿色建筑评估系统和创建工作也进行得较晚。应特别注意：由于气候、地域、环境参数、资源状况、人文素质、技术水平、法规标准以及经济发展现状等的不同，国外绿色建筑体系的评估具体条文的出发点和处置方法不适应中国，因此在引进和学习国外绿色建筑原则和不降低水准的情况下实施"本土化"，也就是针对中国的特质和文化习俗，按中国企业和受众能接受的条文来修编表达。中国绿色建筑评估体系应建立在充分调研、科学立项、切实可行的基础之上，这将是绿色建筑评估体系未来提升编制水平的首要出发点。

1）完善评估标准体系化

从 LEED 评估体系的发展史中，不难发现 LEED 也是经历了从简单到复杂，从一个标准逐年升级到多类型标准。我国绿色建筑评估体系也应在标准分类中不断细化、专业化标准，如建立适应办公、住宅、商场、学校等建筑不同功能类型的绿色建筑评估标准。同时在内容上，借鉴 LEED 中的关注点，将绿色建筑定位在创建社区的社会发展目标，成为社区综合型建设指导标准。同时，从城市的规划、生态、区域文化、交通，到住区建设的开放街区规划、住区景观规划，以及居住建筑节能技术应用及舒适度提高，建筑全寿命保证等多方面，制定住区和新城建设等全面综合的绿色环境和社会和谐建设指导方针，力求实现经济效益、社会效益和环境效益的统一。

进一步地完善各项标准的定性和定量的指标体系，细化各个实施细则。在条目的表达上更加清晰地从目的、要求、措施和提交文件等方面表述，使评估标准更清晰、更易读懂、更可实施。

目前绿色建筑推动所面临的许多社会、经济问题，已经超越了技术的范畴，因此要提高绿色建筑机制的现实可操作性，就必须拥有更多群体的参与，形成风气和自觉行为方式。在修改完善我国绿色建筑评估体系时应该更广泛地吸收各个层面的建议，尤其是实际操作层面上的建议。提升评估体系的可操作性。同样提升系统整合效益，让建筑师们在阅读绿色建筑评估体系时，可以完善自身知识结构，并面对绿色建筑实践时，更有效地提出整合性方案，最终整体提升我国绿色建筑的建设质量。

2）建立引领性评估标准

LEED定位为行业发展引领性标准，它提倡的是自愿和领先于市场，较早地认可绿色建筑的理念并采用绿色建筑技术，使项目群体获得利益。LEED认证对项目创新和提高地产市场的声誉，取得更高的物业估值非常有帮助，LEED还提供了一个机制来帮助使用创新绿色建筑技术，将先进的技术引入市场的同时也带动了整个行业在绿色建筑之路上不断地前行。中国的《绿色建筑评价标准》定位是基准性标准和规范性标准，是以普通建筑需要达到的最低限度的标准要求为基础逐级提高。而目前我国大型城市中更多的企业具备实现更高目标的能力，同时经济条件好的地方城市越来越多，具有在基础标准上提高的能力。建立一套中国绿色建筑引领性标准应具有广泛的示范性和市场需求。而这样的引领性标准一般都由具有会员基础和社会基础的行业协会来制定，对中国的《绿色评价标准》也是有效的补充和完善。

3）标准技术文件表达清晰化

建议加强中国绿色建筑标准文件的可操作、可计量（量化）、可文件化、可校核性，强制性条文适应年限不宜太长，定期加以完善和修改。随着经济建设的进一步发展，节能技术的不断完善，许多旧标准已不适合当今绿色建筑的发展，时代的进步，标准的制定也需要及时的更新内容，应当根据推广执行过程中的问题对内部条款进行实时调整，使之更加标准化，制度化和合理化。

4）加强绿色技术应用推广

中国绿色建筑节能工作只停留在政策层面，没有落实到基层，绿色建筑技术应用很难真正开展，建议制定实施绿色技术政策和激励政策，并将技术政策以措施的方式直接应用到标准的执行中，同时推行绿色节能技术、产品、材料的应用审查工作，将技术审查行政许可落到实处。项目设计及建设中，应选择适合本地的各种技术，例如外遮阳、太阳能热技术、透水地面、雨水利用等。并结合国家政策法规，对超额完成的项目予以奖励，而没有完成的项目则加以处罚。不过在执行层面上，应当结合当地的气候、资源、经济以及社会文化特点，由地方管理部门因地制宜地制定评价标准，中央管理部门对其进行论证和评估。应充分发挥地方的积极性和主动性，少些"死规定"，避免"一刀切"。

5）开展全过程监管

建立全寿命过程目标观点，包括在立项、设计、施工、使用、拆除等环节在内的环节全程遵守绿色建筑原则。防止只管眼前不顾长远的短期行为，只有全寿命原则才能保证绿色建筑的目标实现。

推广全过程管理模式，在中国传统建筑管理模式中，开发企业的管理组织与设计往往以项目建设为导向，而不考虑建筑投入使用后的运营成本，这导致在项目决策和实施阶段不可能系统地对项目做全运营成本分析，造成建设目标和日后运营成本目标相脱节，两者发生不可避免的矛盾。因此以绿色建筑评价标准为主导，在设计中做到绿色设计；在施工中严格施工审核，实施绿色监理；在运营阶段实施绿色维护；在项目建成后的一段时间内实施严格的评价审核，从而确保达到设计时的各项标准，是保障项目从设计到建成投入使用的全寿命过程中真正做到绿色建筑的重要手段。

同时要建立资源全面整合协同的技术策略，防止片面分割绿色技术作用，错误地累加绿色技术和建筑部品而误导绿色成果目标。提倡广泛地采用计算机模拟技术，通过实景感受式模拟，不断修正各部位的技术性能参数，及时调整绿色节能设计、材料、设备及其构造做法，做到物尽其用、相配适宜，目标值坚信可靠。要建立全程绿色监控和监测机制，保证绿色行为过程中的实际效果。例如加强国家机关办公建筑和大型公共建筑建设及运行节能管理。对既有建筑，加强运行节能监管，督促示范省市完成能耗统计、能源审计、能效公示任务，及时总结经验，在全国重点城市普遍实施。研究制定用能标准、能耗限额和超限额加价、节能服务等制度。

6）提高标准量化程度

由于中国绿色建筑评估体系起步较晚，基础数据还不够完善，评估内容的量化程度和美国 LEED 比较起来还较弱，另外由于中国编制规范的标准从新中国成立以来，都以前苏联做模范，用词以"宜"、"必须"等词来规定规范，所以其量化程度和美国是不同的体系。对中国编制标准的改革是改变评估体系量化程度较弱的根本，因此提高量化水平不容忽视。

在改进中国绿色建筑评估体系设计上应当讲究系统性、完整性、科学性。其核心思想是根据使用性能最优的原则，对系统中各个项目进行设计，合并各个相似项目，方便后期不同人员使用。只有在系统设计时通盘考虑、关注细节、全面优化，以科学作为量化决策依据，并以数字为基础，实行标准化操作的管理模式才能有效提升量化水平。因此优化组织结构，确定如何建立申报、解答疑问，以及如何使部门间有效沟通、合作与整合的一整套系统，才能使中国的绿色建筑评估体系量化水平整体提高。

7）行业标准之间力求协调统一

各类绿色建筑设计标准、施工标准、材料使用标准之间应相互统一、协调，保证设计施工的准确，连续提高标准本身的可操作性。将绿色建筑评估与国家的政策法规挂钩，结合各地区特征和经济现状，建立健全绿色建筑从立项、设计、施工、使用到拆除各个环节管理机制和技术政策法规，强制性地执行现有的法规和节能标准。形成一套完善统一的实施标准，进而形成使用手册，方便人们使用。这不但能提升人们对绿色建筑的认知，也能增强行业内部的凝聚力。

2.5.4 绿色建筑普及推广

1）走政府监管行业推进的渠道

在美国凡是政府投资的工程必须符合绿色建筑的要求，并以 LEED 标准作为执行标准，政府给予导向性的示范项目的力度极高。同时 LEED 也具有较高的开放性，LEED 从执行到运作都是开放的，是以市场为导向的。与之相比，中国绿色建筑评估标准是在住房和城乡建设部组织下贯彻执行的。作为政府机构住房和城乡建设部虽然拥有绝对的权利和威信，却在绿色建筑推广和应用方面（人力、物力）显得力不从心、投入不足。一方面反映了包括开发、设计、施工、部品等企业和购买者没有表现极大的兴趣，也体现了这推广应用机制上存在不足，在政策层面上无法保障使这些基层企业和用户获得好处，也反映了当今推行机制需要适当的调整。

2）发挥行业组织推广提升作用

行业组织在创造性、市场竞争性、灵活性等方面发挥着政府政策无法替代的作用。行业组织成员往往来自相关领域不同职业的人群，组织的建立加强了行业之间的联系沟通，便于开展各种有利于行业技术的进步和交流活动；同时建立行业规范标准，共同维护行业的利益及行业形象；扩大影响力，增强市场竞争力、争取行业成员的权益；充分调动行业组织政府及相关部门之间发挥联系的纽带作用。

3）加强绿色经济成本核算意识

（1）促进经济环境效益统一

绿色建筑是可持续发展一项重要内容，它追求的是企业经济和环境效益的统一，最终实现经济与环境协调发展。我国建筑行业需建立现代企业制度，完善市场机制，制定合理的产业政策，使环境资源管理和发展市场化协调一致。同时也需要强化政府职能，将市场运营和政府运行机制有机结合起来。

（2）对绿色建筑成本的新认识

绿色建筑最终效益是要关注建筑在"全寿命周期"（我国规定是 50～70 年）内对环境的影响。这也意味着绿色建筑一切出发点是为市场和用户提供什么样的产品，在考虑成本的投入时就不能局限在眼前的利益，更重要的是在发展初期就需要在"全寿命周期"内考虑成本增量的问题。从这一点就需要政府的补助政策和激励政策的落实和专项资金（含税收、融资、贷款、土地的优先权等）到位。具体考虑到：①增量成本带来的节能和减少费用而给国家带来的直接经济效益；②建筑运营管理上生产模式转变为产业化和集成化生产方式而为社会带来的效率和效益；③资源最大化、环境保护、低碳减排、技术示范等为社会可持续发展及环保生态为后代生存留下多少空间和边际效益。

所以应考虑绿色建筑发展对社会经济增长的巨大回报的长期性和必然性，我们一切行为和方针路线都必须围绕这一核心，暂时小利让位于全局的大势。

4）推广绿色建筑的教育

绿色，可持续发展的意识应深入人心，使全社会都接受绿色生活方式，形成风尚，才能带动整个绿色产业市场的兴旺。首先应普及加强绿色意识的院校教育，在大学院校开设绿色教育，设立可持续发展基础课程。在规划建筑课程设计中，首先加大环境资源、社会历史环境和地理生态环境观念的专注教育。其次，在全社会普及绿色生态消费方式，提倡在居住、出行、娱乐休憩中摒弃追求豪华错误观念，提倡绿色健康的生活方式。在欧美特别是北欧地区，绿色理念和生活行为方式已获得全社会和市场认可，成为一种时尚的追求已有越来越多的家庭趋向购买符合绿色生态标准的住宅，坚持健康的出行和环境保护理念的追求。

5）加强国际绿色建筑的合作

加强与国际社会绿色建筑领域的合作与交流，可以极大地推动中国绿色建筑的发展。2008年，我国举行了"国际智能绿色建筑与建筑节能大会暨新技术与产品博览会"，有英国、法国、德国、美国等国家的政府部门与组织参会，其中不乏国际知名企业。

与此同时，我国也与国外实施了多个合作项目，广泛借鉴国外的先进经验，学习发达国家的先进技术，推动我国绿色建筑更快发展。我国现有和国外合作的项目包括：中德技术合作的"中国既有建筑节能改造项目"、中法合作的"提高中国住宅能效可持续发展项目"、中意政府合作的"清华大学绿色建筑示范项目"、中荷"可持续建筑示范项目"、"中新绿色建筑生态城（天津）"等。

中国房地产研究会人居环境委员会自成立以来一直关注绿色建筑的国际合作。2004年以来一直与"美国自然保护委员会北京办事处"和"美国绿色建筑协会"在多个项目上进行合作；2007年人居委设立了中美绿色建筑评估标准比较研究课题并派出代表参加了2007年度丹佛尔"美国绿色建筑年会"；人居委还与联合国人居署于2010年在中国江阴六个城镇开展"城市低碳经济和可持续城市发展试点项目—江阴不开发区实践"合作，以提高城市应对全球气候变化的能力，寻求在限制开发和不开发条件下如何提高区域绿色经济的增长。绿色建筑的运动正在中国涌动！

2.6 小结

总体来讲，我国中国绿色建筑研究发展较晚，现有《绿色建筑评价标准》尚需要补充完善，与 LEED 体系相比尚有很大差距。但我国绿色建筑发展迅速，《绿色建筑评价标准》有十分广阔的提升空间，发展前景十分乐观。通过借鉴美国的经验，避免少走弯路，在危机来临前提前制定相应的政策，加强群众的普及程度。相信在不久的将来，随着绿色建筑体系的不断完善，我国的绿标也将会成为世界绿色建筑的主要标识之一。

第三部分
中美绿色建筑标准分项比较表

3.1 可持续建设场地
3.2 节水
3.3 能源与大气
3.4 材料与资源
3.5 室内环境质量
3.6 创新设计及地方优先

中美绿色建筑标准分项比较表
编制说明

《中美绿色建筑标准分项比较表》以下简称《比较表》是本课题研究的基础性分项课题，主要从有关绿色建筑的中国国情现状和本土化目标出发，是将美国绿色建筑协会提供的 LEED/NC 标准与中国住房和城乡建设部绿色建筑标准和部分地方标准做逐条比较的研究，目的是深入了解美国 LEED 标准的理念、原则和方法；美国标准与中国标准之间的共性和因地域、文化、经济而产生的差异；同时仔细地研究分析各类执行指标间的异同。从而进一步加深对国际绿色建筑标准的内涵实质及其推广应用价值的了解，平衡中美标准的结合点，特别是为研究适合中国大规模住区评价的基础条件和量值的适宜性做准备。

美国绿色建筑协会 LEED 标准共有六个类别，其中 LEED/NC 是比较表的首选，它主要是针对新建建筑住宅类别。另外尚在编审中的 LEED/ND 属于专门针对住区使用的标准，但是当时美国绿色建筑协会并未正式发表使用，本《比较表》也只能作为参考，未能列入比较范围。在选择国内比较研究标准的对象过程中，考虑到中国地区差异和多样性的特点，研究一开始涉及可选择的标准参照面，除了必要的国家行业级标准以外，还选择了众多的省市地方级的标准进行逐一的审阅。为了简化分析的难度突出重点，我们只圈定在国家级的标准和省市代表性的标准，因此《比较表》只列举下列主要国内外标准的条款作为分析比较的对象。环保部《环境标志产品技术要求生态住宅（住区）》是一本有针对性的绿色生态型标准，我们在分析选项中认为有一定的价值和参考性，也被列入国家级标准比较的对象。归纳起来如下系列：

美国 LEED-NC 2.2（2009）绿色建筑评估标准
中国住房和城乡建设部《绿色建筑评价标准》
中国《深圳市绿色建筑评价规范（征求意见稿）》
中国《福建省环保住宅工程认定技术条件（试行）》
中国环保部《环境标志产品技术要求生态住宅（住区）》

《比较表》共分六个部分 54 项条款，每个部分涉及国内外标准的具体内容条款，基本如实地将各项标准条款都列举在表中，进行分类对应排列比较，通过列表可清晰地看到各种标准的异同，并对每一项提出"比较分析结果"和"专家意见"。比较分析结果主要是客观陈述条款之间异同之处：是国家地域之间的差异还是标准制定水准的差异；量化指标是具体还是泛泛定性；绿色建筑标准的制定是以上限定格还是只依下限为要求等，可从表中直接并客观地显示。专家意见部分则组织专家对比较分析结果产生的客观事实进行深入的剖析，解析条款背后的背景和原因，并重点解析本项条款的立意以便于理解，力图提出与美国条款的可结合之处和整合国家内部行业条款的建议，为中国绿色标准的国际化、本土化的提升做进一步准备。

《比较表》在制作过程中花费了大量的人力物力，由于其涉及国内外众多标准，需要大量的人员将标准条款逐条归类，自 2007 年制定出第一版开始，在这 3 年中内容和形式在不断地调整，制定出 Word 文本和 Excel 电子文本。2010 年与北京工业大学的师生们合作对《比较表》内容和形式进行了新一轮的调整，以新的表达形式和简洁易懂的方式呈现给广大的读者。前后经过十余次的调整，将以上五个国际国内标准的近 500 个条款分别纳入庞大的内容众多的条款中。本《比较表》通过多次课题讨论会专门请专家对比较分析结果和专家意见进行修改补充。

《比较表》为本课题的深入开展奠定了坚实的研究基础。在此基础上我们形成了本课题的主要研究成果之一——《可持续发展绿色人居住区建设导则》。

《比较表》可提供给绿色建筑研究者和广大的读者作为参考资料，也可成为进一步推进绿色建筑发展和深化编制绿色建筑文件的依据。

在此我们感谢所有参与订制《比较表》的研编人员。

3.1 可持续建设场地

3.1.1 建设场地污染防治

中国国家标准	住房和城乡建设部《绿色建筑评价标准》（★控制项，▲一般项，◆优选项） 住宅建筑： ★ 4.1.8 施工过程中制定并实施保护环境的具体措施，控制由于施工引起的大气污染、土壤污染、噪声影响、水污染、光污染以及对场地周边区域的影响。 公共建筑： ★ 5.1.5 施工过程中制定并实施保护环境的具体措施，控制由于施工引起的各种污染以及对场地周边区域的影响。 《环境标志产品认证技术要求生态住宅（住区）》 区位选址：措施与要求 ● 选址利于提高住区防御自然灾害能力 ● 选择荒地、废地进行改良开发 ● 对城市土地进行再开发，提高土地利用率 国家建筑施工现场环境与卫生标准（JGJ146-2004） 2.0.5 在工程的施工组织设计中应有防治大气、水土、噪声污染和改善环境卫生的有效措施。 3.1.3 施工现场土方作业应采取防止扬尘措施。 3.2.1 施工现场应设置排水沟及沉淀池，施工污水经沉淀后方可排入市政污水管网或河流。 （注：本条增加国家有关建筑现场的规定，便于了解和比较。）
中国地方规范	《福建省环保住宅工程认定技术条件（试行）》 3.1.2 选址 选址应符合有关规划建设部门的相关规定。住宅基地应选择在适宜健康居住；有充足的阳光、自然风、自然或人工再造植被；能避免大气污染和放射性污染；能有效地防止工业、农业排放物的侵害；对自然环境不造成破坏的地段。 《深圳市绿色建筑评价标准（征求意见稿）》 4.1.1 场地建设不破坏当地文物、自然水系、湿地、基本农田、森林和其他保护区，建设用地在自然水体15m以外，在湿地水域30m以外。 1 场地设计保留与利用场地内有环保价值和资源再利用价值的水域、地形地物、植被、道路、建筑物与构筑物等； 2 建设过程中尽可能维持原有场地的地形地貌。场地内有较高的生态价值的树木、水塘、水系，应根据国家相关规定予以保护。确实需要改造的，工程结束后，需生态复原。
美国LEED-NC 绿色建筑评估体系	SS P1：必要项　建设活动污染防治 目的 通过控制土壤流失、水道深降、扬尘产生等措施，减少建筑活动的污染。 要求 制定并实施一个对于所有施工活动的土壤流失和沉降控制方案，该方案必须遵守环保署的"施工通用要求"2003，或地方标准、规范，取其中要求较严格者。方案必须包括以下方面的实施措施： ● 防止由于雨水冲刷和大风可能造成的土壤流失，包括为再利用而覆盖表土。 ● 防止因雨水冲刷、汇集产生沉降。 ● 防止扬尘和颗粒物产生的措施 环保署的通用要求给出了符合"应对污染物泄漏国家计划（NPDES）"阶段一和阶段二预案要求，虽然这个通用要求只适用于大于一英亩的场址工程，但所有LEED工程必须遵守。环保属的施工通用要求可在此查阅，http://cfpub.epa.gov/npdes/stormwater/cgp.cfm 技术措施和策略 工程设计阶段时就考虑制定一个流失、沉降控制方案，可采取一些临时措施，例如种植、覆盖、土坝、围栏沉降控制池等。
分析比较与专家评语	比较分析结果 LEED针对施工所产生的三种污染情况，分别制定了具体的控制措施，且有具体的目标和量化指标； 国内规范原则要求，缺少具体的实施措施和指标，实施时较难量化评估。 专家意见 本项立项目的为使场地避免受到污染伤害，同时要求施工时避免对周边的环境产生影响。 LEED控制措施具体，并要求在设计阶段就制定控制方案，提前采取措施，能有效防止在建筑过程中对环境产生的污染。 中国国家标准除"建设绿色建筑评价标准"外，多种施工规范有具体要求，比如对雨水可能造成的地基塌陷，对施工用水的规范，对临时水池、洗料场、淋灰池、防洪沟、搅拌站以及临时生活用水设施等位置设置的具体要求。现在对施工监督，对建筑裂缝、沉降观测要求等，均具有很高的权威性。 中国各地方政府针对城市具体情况制定具体政策，如必须使用商品混凝土，有的连砂浆都不允许现场搅拌，要用商品砂浆。材料运输中各项防扬尘、洒落、噪音等措施很具体。这些对防治施工污染起到有效保障作用。 中国房屋工程量大，建造过程中切实做好防治工作，尚有待全民提高法律意识，政府强化监管。
备注	美国绿色建筑评估体系中本表选择LEED-NC作为比较对象，LEED-NC随着时间的演变已发展为NC-2.0 NC-2.1 NC-2.2版本，本表采用LEED-NC2.2(2009)版本。下同

3.1.2 场址选择

中国国家标准	住房和城乡建设部《绿色建筑评价标准》(★控制项，▲一般项，◆优选项) 住宅建筑： ★ 4.1.1 建筑场地选址无洪灾、泥石流及含氡土壤的威胁，建筑场地安全范围内无电磁辐射危害和火、爆、有毒物质等危险源。 ▲ 4.1.5 选用已开发且具城市改造潜力的用地或在废弃场地上进行建设；若为已被污染的废弃地，需要对污染土地进行处理并达到有关标准。 公共建筑： ★ 5.1.1 场地建设不破坏当地文物、自然水系、湿地、基本农田、森林和其他保护区。 ★ 5.1.2 建筑场地选址无洪灾、泥石流及含氡土壤的威胁，建筑场地安全范围内无电磁辐射危害和火、爆、有毒物质等危险源。 《环境标志产品认证技术要求生态住宅(住区)》 4.1 生态住宅(住区)在规划设计和验收两个阶段都必须满足下列相应国家或地方法规、标准、规范的要求。 区位选址 禁止非法占用耕地、林地、绿地和湿地(规划设计) 禁止占用自然保护区和濒危动物栖息地(规划设计) 在饮用水水源保护区的建设用地应符合相关要求(规划设计) 选择废弃土地进行建设，必须进行环境安全评估(规划设计) 重视历史文化保护区的空间和环境保护，将建筑密度、建筑高度控制在国家和城市规划设计规定的范围之内。对住区用地的地质与水文状况做出分析，用地位于洪水水位之上(或有可靠的城市防洪设施)，充分考虑到地震、台风、泥石流、滑坡等自然灾害的应对措施(规划设计) 5.2.1 规划设计阶段 选址与规划(0.35) 场地规划(0.75) 规划设计因地制宜，改善场地内及周围地区的生物多样性(0.15) 保护和利用原有地形、地貌和水体、水系(0.15) 对地下水系做出评估，保证地下水位不会因住区用水造成影响(0.15) 按照国家文物保护法规，确定对场地内文物进行保护的方案(0.10) 为居民提供便于使用的室外活动场地和交流场所(0.15) 充分利用地下空间(0.15) 对住区疫病防御的条件作出分析，采取措施，防止疫病传播(0.15)
中国地方规范	《福建省环保住宅工程认定技术条件(试行)》 3.1.2 选址 选址应符合有关规划建设部门的相关规定。住宅基地应选择在适宜健康居住；有充足的阳光、自然风、自然或人工再造植被；能避免大气污染和放射性污染；能有效地防止工业、农业排放物的侵害；对自然环境不造成破坏的地段。 《深圳市绿色建筑评价标准(征求意见稿)》 (★控制项，▲一般项，◆优选项) 住宅建筑： ★ 4.1.1 场地建设不破坏当地文物、自然水系、湿地、基本农田、森林和其他保护区，建设用地在自然水体15m以外，在湿地水域30m以外。 1 场地设计保留与利用场地内有环保价值和资源再利用价值的水域、地形地物、植被、道路、建筑物与构筑物等； 2 建设过程中尽可能维持原有场地的地形地貌。场地内有较高的生态价值的树木、水塘、水系，应根据国家相关规定予以保护。确实需要改造的，工程结束后，需生态复原。 ★ 4.1.2 建筑场地选址无洪灾、泥石流及含氡土壤的威胁。建筑场地安全范围内无电磁辐射危害和火、爆、有毒物质等危险源。 绿色建筑选址必须符合国家和深圳地区相关的安全规定。 ◆ 5.1.12 合理选用废弃场地进行建设。对已被污染的废弃地，进行处理并达到有关标准。
美国LEED-NC 绿色建筑评估体系	SS C1：场址选择 1分 目的 避免不当选址，减少因建筑对环境的影响。 要求 在以下区域范围，不要开发建筑、硬质铺装、道路、停车： ● 基本农田，定义引自美国农业部的联邦条令"第7号，第六卷，400至699部分、章节657.5"。(索引号7CFR657.5)。 ● 百年期防洪线以上5英尺以内的未开发土地，定义引自美国应急管理署(FEMA)。 ● 联邦或州所确定的稀有与濒危物种栖息地。 ● 任何湿地100英尺以内的土地，湿地定义引自美国联邦条令(40 CFR, Parts 230-233 and Part 22)，独立湿地和由联邦或州考虑保留的土地，联邦和州的湿地恢复地区域。 ● 水体周边50英尺以内的未开发土地，例如海洋、湖泊、河流、溪流与支流等可用于渔业、旅游或产业用。符合"清洁水法"的定义术语。 ● 优先用于公园工程获得的土地，除非是通过交易补偿公共土地相同等或更高价值获得(公园当局工程除外)。 技术措施和策略 选择时，应注意避免上述含有敏感因素的土地类型，上述区域内建筑选择和设计应最小化工程印迹和场地扰动。
分析比较与专家评语	比较分析结果 LEED和国内的标准都重视对环境的保护，但LEED更加具体，并分类有具体的指标，而国内各种标准分别侧重不同方面进行详细规定，考虑各方面的因素也比较全面，但是缺乏分类做量化指标。 专家意见 本项立意为保证场地的无害性，不因为建设活动对场地生态、地形、植被、水系产生破坏。 中美双方对新建建筑场址选择和保护都很重视，考虑的都较全面。 LEED标准对选址如何减少对环境的影响定有分类的分项限度指标，方便评定和指导具体操作。 中国建设项目，要求严格按地方"规划意见书""建设用地规划许可证"的要求执行。项目选址受于区块控制性详细规划，因此，评估选址首先需要评价控制性详细规划。必须科学编制好区块的控制性详细规划。不断提高规划水平，遵循合理布局、节约用地、集约发展的原则，做好生态环境保护；节约资源、能源；防止环境污染、文化传承的破坏。

3.1.3 开发强度和配套设施

中国国家标准	住房和城乡建设部《绿色建筑评价标准》 （★控制项，▲一般项，◆优选项） 住宅建筑 ★4.1.3 人均居住用地指标：低层不高于43m²、多层不高于28m²、中高层不高于24m²、高层不高于15m²。 评价内容：（补充文件） 人均用地指标是控制建筑节地的关键性指标，有两种方法控制人均用地指标：一是控制户均住宅面积；二是通过增加中高层住宅和高层住宅的建设比例，在增加户均住宅面积的同时，满足国家控制指标的要求。
	《环境标志产品技术要求生态住宅（住区）》 4.1 生态住宅（住区）在规划设计和验收两个阶段都必须满足下列相应国家或地方法规、标准、规范的要求。 场地环境规划 区位选址 重视历史文化保护区的空间和环境保护，将建筑密度、建筑高度控制在国家和城市规划设计规定的范围之内，符合《住宅设计规范》（GB50096）、《城市居住区规划设计规范》（GB50180）、《住宅建筑规范》（GB50368）和《城市用地竖向规划规范》（CJJ83-99），以及地方相关规范的要求（规划设计）。
中国地方规范	《福建省环保住宅工程认定技术条件（试行）》 尚无此类规定。
	《深圳市绿色建筑评价标准（征求意见稿）》 （★控制项，▲一般项，◆优选项） 住宅建筑 ★4.1.3 居住用地人均控制指标符合《深圳市城市规划标准与准则》要求： 1. 小区人均用地控制指标为高层不高于15平方米，中高层不高于20平方米，多层不高于25平方米，低层不高于37平方米； 2. 组团人均用地控制指标为高层不高于11平方米，中高层不高于16平方米，多层不高于20平方米，低层不高于30平方米。 ▲5.1.11 实施混合功能的土地开发模式，土地立体化使用，开发浅层地下空间。地下空间建筑面积与地面建筑面积之比大于等于15%。
美国LEED-NC绿色建筑评估体系	SS C2：开发密度和社区关联性 5分 目的：城市区域开发关联原有基础设施，保护绿地、栖息地和自然资源。 要求：选项1. 开发密度 已开发场址中和社区中的建设的建筑最小密度为每英亩60000平方英尺（容积率最小0.14）。密度计算基于典型的两层市区建筑，包括区域内正在建设的建筑。 或者 选项2. 社区关联性 新建或改建的建筑场址应满足以下标准： ● 位于已开发场址。 ● 距平均每英亩10户住宅的住区半英里（804米）以内，距10个基本服务设施半英里以内。 ● 建筑到服务设施间有步行通道。 对于混合型开发项目，如场址范围内有10种基本服务设施只能分别计数1个，且其对公众开放；不得多于2个基础服务设施被列为预计建设（如至少8个已经存在并运行）。另外，这些预先了解的服务设施必须说明所在位置，与用户入住建筑一年内投入运行。 基本服务设施举例：银行、宗教设施、便利店、日托中心、清洗店、消防站、美容店、五金店、洗衣店、图书馆、医疗诊所、老年设施、公园、药店、邮局、饭馆、学校、超市、剧院、社区中心、健身中心、博物馆以建筑主入口为中心，半径1/2英里（804米）在场址地图上画圆圈，数出半径范围内的服务设施数量以说明亲和性。 技术措施和策略 选址过程中，有限考虑步行可达各类服务设施的城市区域。例如种植、覆盖、土坝、围栏沉降控制池等。
分析比较与专家评语	比较分析结果 1. 美国LEED绿色建筑评估体系在开发强度上对建筑密度做出下限规定，同时对社区关联性（包括新建或改建的建筑场址要求及基本公共服务设施服务半径与混合项目）提出要求。 2. 国内标准在开发强度上依据房屋高度分类控制人居用地；对住宅建筑层高上限做出规定，对绿化率下限做出规定，表现了足够的开发强度；对历史保护区建筑同时也提出相应的控制指标。
	专家意见 本项立意为加大开发强度，节约土地；同时保证足够的环境和设施；必须强调使用者的便利性。 两国国情不同。美国相对人少地多，中国人多地少，所以两国对土地开发强度态度不一样，中国注意过度开发环境不足；美国注意不能用地过于稀疏，使用不便。 中国希望尽量节约用地，充分挖掘土地潜力。鉴于当今城市社会，土地有偿使用，为防止开发商用地过狠，为确保环境效益和社会效益，政府规定了项目开发容积率的上限指标，同时规定有绿化率的下限指标，切实保障良好环境。 在社区关联性方面，项目开发时投资商要作配套建设或支付配套费以支持政府的配套建设与完善。同时项目按规范要求分级（居住区级、小区级、组团级）、分类（教育、医疗、金融邮电、商业服务、文化体育、社区服务、市政公用、行政管理等）配建相应的服务设施。应该说中国社区配套方面要求更细、服务性更强。但是常常由于开发资金、绿色理念和管理问题等不足，难与社区建设同期完成。

3.1.4 褐地再开发

中国国家标准	住房和城乡建设部《绿色建筑评价标准》（★控制项，▲一般项，◆优选项） 4. 住宅建筑： 4.1 节地与室外环境 ◆ 4.1.5 选用已开发且具城市改造潜力的用地或在废弃场地上进行建设；若为已被污染的废弃地，需要对污染土地进行处理并达到有关标准。 5. 公共建筑： ◆ 5.1.13 选用废弃场地进行建设或为工业厂房改造。
	《环境标志产品技术要求生态住宅（住区）》 5.3.1 规划设计阶段 选址与规划（0.35） 区位选址（0.25） 选址利于提高住区防御自然灾害能力 0.34 选择荒地、废地进行改良开发 0.33 对城市土地进行再开发，提高土地利用率 0.33
中国地方规范	《福建省环保住宅工程认定技术条件（试行）》 尚无此类规定。
	《深圳市绿色建筑评价标准（征求意见稿）》 尚无此类规定。
美国 LEED-NC 绿色建筑评估体系	SS C3：褐地再开发　1分 目的 为减轻征用未开发土地的压力，开发再利用有环境污染的场址，使其具有可居住性。 要求 选项1 开发受污染的场址，其污染情况评估按照标准 ASTM E 1903-97 的方法，阶段 II "场址环境评估"，或者是地方的清理计划进行说明。 或者 选项2 开发由地方、州或联邦部门确认的褐地。 技术措施和策略 选址时考虑褐地场址，确定税收与投资节省机制，采用适当的开发方案不补救措施。
分析比较与专家评语	比较分析结果 美国 LEED 绿色建筑评估体系与国内准则均对污染废弃地的利用提出环境评估要求；但 LEED 评估体系对污染废弃地的开发偏重于鼓励优先考虑，在税收与投资节省机制等方面给予优惠；国内相对关注度不足，相关标准较少，仅有国家标准有所提及，内容偏重于限制。
	专家意见 本项目立意对环境污染土地的治理和利用，并对治理的效果进行评估，达到再开发的目标。 LEED 标准鼓励进行褐地开发，在税收及物业费用上予以优惠。LEED 标准并要求开发褐地须制定并实施场址污染补救计划。该标准原则性强，技术要求明确。 中国标准对此描述不多，只要求废弃地建设要而进行环境评估。 我们认为 1. 中国因为城市化进程快，建设量大，土地匮乏，更应该鼓励褐地再开发，政府应制定相应技术经济政策，加以鼓励引导。 2. 现行的房屋建筑要求的地基勘察，除了对工程地质，水文地质做测定外，尚需对地基污染情况进行测定。在测得污染物超标的情况下，必须做好污染防治设计并切实加以实施。

3.1.5 利用公共交通

中国国家标准	住房和城乡建设部《绿色建筑评价标准》 （★控制项，▲一般项，◆优选项） ▲4.1.15 选址和住区出入口的设置方便居民充分利用公共交通网络。住区出入口到达公共交通站点的步行距离不超过 500m。 公共建筑： ▲5.1.10 场地交通组织合理，到达公共交通站点的步行距离不超过 500m。
	《环境标志产品技术要求生态住宅（住区）》 尚无此类规定。
中国地方规范	《福建省环保住宅工程认定技术条件（试行）》 尚无此类规定。
	《深圳市绿色建筑评价标准》 （★控制项，▲一般项，◆优选项） 住宅建筑： ▲4.1.15 选址和住区出入口的设置方便居民充分利用公共交通网络。 1. 住区有 1 个出入口，用地面积 25 万 m² 以上的住区出入口不少于 2 个； 2. 住区出入口到达公共交通站点的步行距离不超过 500m，且有 2 条以上公交路线，或距住区 800m 内有地铁站； 公共建筑： ▲5.1.10 场地交通组织合理，到达公共交通站点的步行距离不超过 500m。 场地规划依据人车分行原则，合理组织交通系统，主要出入口距临近公交交通站点距离≤500m。
美国 LEED-NC 绿色建筑评估体系	SS C4.1：替代交通 接入公共交通　6 分 目的 减少因机动车使用造成的污染和土地开发影响。 要求 选项 1. 接近轨道交通站点。 建筑位于现有或规划的通勤轨道、轻轨、地铁线 1/2 英里（804 米）的步行距离范围内（由建筑主入口起算）。 或者 选项 2. 接近公交车辆站点。 建筑位于一个或多个公共汽车站、或建筑用户可用的公交方式的 1 个或多个站点 1/4 英里（402 米）的步行距离范围内（由建筑主入口起算）。 技术措施和策略 对建筑用户进行交通调研，确定交通需要。建筑定位于大容量交通线附近。
分析比较与专家评语	比较分析结果 1. LEED 将数据量化，有具体指标作为依据规定。 2. 国内对机动车量化数据规定严格，非机动车缺乏准确量化，但对人的实际使用考虑较多。
	专家意见 本项立意是提倡公共交通，为出行者提供便捷的条件，交通站点不宜过远。 中国城市优先发展公共交通政策十分明确，并正在全面深化落实中。项目建设规划对公交线路网和站场设置等都有明确的指标要求。这适合中国国情，体现对人的关怀。 美国以私家车出行为主，城市能有便捷的道路网络则能基本满足交通要求。LEED 对公交的考虑一定程度上能减少机动车对环境的污染。

3.1.6　自行车存放和更衣间

中国国家标准	住房和城乡建设部《绿色建筑评价标准》 尚无此类规定。
	《环境标志产品技术要求生态住宅（住区）》 尚无此类规定。
中国地方规范	《福建省环保住宅工程认定技术条件（试行）》 尚无此类规定。
	《深圳市绿色建筑评价标准》 住宅建筑： 5.住区配套自行车停车场（库），停车位不小于3辆/10户，住户停车距离不大于100m。 公共建筑： 公共建筑配套设置机动车停车库与自行车停车场。场地内停车泊位配置符合《深圳市城市规划标准与准则》相关规定，地面停车比例不超过30%；自行车停车位满足：办公、医院≥300车位/万 m^2 建筑面积；商业、金融、服务业、市场等≥750车位/万 m^2 建筑面积；文化、体育、娱乐、餐饮≥500车位/万 m^2 建筑面积。
美国LEED-NC 绿色建筑评估体系	SS C4.2：替代交通 自行车存放和更衣间　1分 目的 减少因机动车使用造成的污染和土地开发影响。 要求 情形1．商业或机构建筑 距建筑主入口200码（183米）范围内，为至少5%的建筑使用者提供自行车安全存车架或存车处。 距建筑主入口200码（183米）范围内，为0.5%的全时建筑使用者（FTE）提供淋浴和更衣设施。 情形2．居住建筑 为至少15%的建筑用户提供自行车停放设施。 对建筑用户进行交通调研，确定交通需要。建筑定位于大容量交通线附近。 技术措施和策略 建筑设计提供交通便利，像自行车存放及淋浴/更衣设施。
分析比较与专家评语	比较分析结果 1.LEED为减少因机动车使用造成的污染鼓励使用自行车，分别对公共建筑和居住建筑的自行车存放和更衣间设置等提出了规模和位置等具体要求。 2.国内部分准则对自行车存放做出规定。 专家意见 本项立意提倡自行车，为自行车提供停车位和舒适条件，并保证环境整洁。 在美国自行车主要是为运动健身而存在，LEED考虑了自行车存放和更衣间设施，这是经济发展到一定程度的产物。 中国标准没考虑更衣设施，但对自行车研究较多，从路网设计到停放场地的位置，泊位数量配置等均有定量要求（不同城市地区要求不尽相同，而是根据自己城市特点研究确定的）。

3.1.7　节能机动车

中国国家标准	住房和城乡建设部《绿色建筑评价标准》 尚无此类规定。
	《环境标志产品技术要求生态住宅（住区）》 尚无此类规定。
中国地方规范	《福建省环保住宅工程认定技术条件（试行）》 尚无此类规定。
	《深圳市绿色建筑评价标准（征求意见稿）》 尚无此类规定。
美国 LEED-NC 绿色建筑评估体系	SS C4.3：替代交通——低排放和节油机动车　3分 目的 减少因机动车使用造成的污染和土地开发影响。 要求 选项1 场址中汽车停车总量的5%优先提供给低排放、节油汽车。停车费打折也可算成是优先低排放、节油汽车的照顾措施，为创建对有市场意义激励方式，停车费打折应至少20%，并对所有客户有效（客户数至少相当于5%的停车容量），优惠措施应张贴在停车场入口处至少2年。 或者 选项2 按照场址停车容量的3%设置替代燃料设施，液体或气体燃料设施必须位于室外并有独立的通风条件。 或者 选项3 按全时人数(FTE)的3%提供低排放/节油车辆[1]，并为这些车辆提供优先停车位[2]。 或者 选项4 为建筑用户提供可接入低排放/节油汽车的分享活动，下列要求必须满足： ● 全时人数的3%必须有一部低排放/节油汽车，假定1部共用车辆可乘8人（这样，267个全时人员共用1部车）。全时人数小于267人时，应至少有1部车。 ● 共享车辆服务或协议至少覆盖2年。 ● 每部车辆服务的客户数估算必须有文件说明支持。 ● 一个车辆分享计划的说明，应由其管理机构提交。 ● 低排放/节油车辆的停车位必须靠近停车区域的最近位置，提供一份场址图或道路图，清楚地明示建筑到停车场步行路径和距离。 技术措施和策略 提供便利交通条件，例如替代燃料加油设施，考虑与邻居分担设施的投资与收益。
分析比较与专家评语	比较分析结果 LEED通过优惠的停车政策或是提供更多的停车位来鼓励低排放和节油机动车的使用，不仅十分完善，而且还具有很强的可操作性，目前国内对此方面尚无规定。
	专家意见 本项反映了美国的特色，对于低排放、替代燃油车辆给予优先的照顾，具有先导性。 LEED通过优先停车位，优惠的停车收费及提供更多的停车方便来鼓励低排放和节油机动车的使用，设计精细，操作性较强。 中国标准对此无规定。结合中国国情，目前城市配建的停车场，一般从停车占用空间大小及占用时间长短，来区分计量收费，管理能力及成本上均存在差距。中国是一个发展中国家，有待提高的方面很多。低排放问题还要抓根本，汽车低排放和节油问题，将更多依赖于汽车产业技术进步和政府的激励政策。
备注	[1]对于该项目，低排放、节油机动车，既可以是由加州空气资源理事会确认的零排放车辆(ZEV)，或是按照美国节能经济委员会年度机动车评估指南得到40绿色的车辆。 [2]这里所说的"优先停车位"指距建筑入口最近的停车位（不包括为残疾人士专门设计的车位）。

3.1.8 公共车辆停车位

中国国家标准	住房和城乡建设部《绿色建筑评价标准》 （★控制项，▲一般项，◆优选项） 尚无此类规定。
	《环境标志产品技术要求生态住宅（住区）》 尚无此类规定。
中国地方规范	《福建省环保住宅工程认定技术条件（试行）》 尚无此类规定。
	《深圳市绿色建筑评价标准（征求意见稿）》 尚无此类规定。
美国 LEED-NC 绿色建筑评估体系	SS C4.4：替代交通——停车容量 2分 目的 减少因机动车使用造成的污染和土地开发影响。 要求 情形1. 非居住建筑 选项1 停车位的设置需满足，但不超过地方的最低要求。 停车总容量的5%优先提供给共用车辆。 或者 选项2 对于建筑全时人数提供停车位[1]少于5%时： 为共用车辆提供优先停车位，相当于停车容量的5%，并有标识。为共用车辆提供停车费优惠，至少打折20%，并对所有客户有效（客户数至少相当于5%的停车容量），优惠措施应张贴在停车场入口处至少2年。 或者 选项3 不提供停车。 情形2. 居住建筑 选项1 停车位的设置需满足，但不超过地方的最低要求。 提供设施以支持和推行共用车、"顺风车"方式，例如上下站点，为住户设计共用车、分享车、大容量交通的通勤车停车设施。 或者 选项2 不提供停车。 情形3. 混合型建筑（商住混用） 选项1 商用面积小于10%的混合型项目必须按照情形2的居住建筑考虑，商用面积大于10%的混合型项目，商用部分按照情形1的非居住建筑考虑，而居住部分应按照情形2的居住建筑考虑。 或者 选项2 不提供停车。 技术措施和策略 最小化停车位，采用与周边共享停车设施，采用限制单独使用车辆的替代计划。
分析比较与专家评语	比较分析结果 LEED利用减少停车容量来控制机动车的污染，方法主要是为公共交通工具提供更多、更便利的停车位，对私人交通工具给予较少的停车位，鼓励使用公共停车位，以此来达到减少私人交通鼓励公共交通的目的。 国内尚无此类规定。 专家意见 本项立意对私人停车位的数量加以限制，鼓励多使用公用停车位，以减少不必要的多余车位对环境的影响。但对于公用车辆规定划出比例保证，在制度上就提出了对公共资源的开发利用，是深层次的绿色理念。 中国国家标准及各地方标准对机动车停放问题普遍较重视，但还处在城市化初级阶段。不同城市根据不同的住宅类型，规定配建的一定数量、比例车位数，要求充分利用地下空间停放，对无序停放对环境影响起到一定以遏制作用，尚未上升到用私人停车位改为公用提高停车位的效用。 美国LEED则对停车位数量设上限（要求不超过地方的最低标准）并规定拿一定比例优先提供给公用车辆使用，以达到鼓励发展公共交通的目的。该条文设计初衷良好，但就美国城市的自由、低密度发展模式而言，此条目标如何显现效用尚待时日。
备注	[1] 这里所说的"优先停车位"指距建筑入口最近的停车位（不包括为残疾人士专门设计的车位）。

3.1.9 场地绿化

中国国家标准	住房和城乡建设部《绿色建筑评价标准》（★控制项，▲一般项，◆优选项） 住宅建筑： ▲4.1.11 根据当地的气候条件和植物自然分布特点，栽种多种类型植物，乔、灌、草结合构成多层次的植物群落，每100m²绿地上不少于3株乔木。 ▲4.1.13 住区非机动车道路、地面停车场和其他硬质铺地采用透水地面，并利用园林绿化提供遮荫。场地透水指标符合以下规定： 透水率＞0.5×(1-建筑覆盖率) 透水率＝开发后基地透水面积÷基地总面积 公共建筑： ▲5.1.6 充分考虑建筑周边、广场、道路、停车场的绿化和遮荫，绿地率高于国家及相关地区标准。 ▲5.1.7 绿化物种选择适宜当地气候和土壤条件的乡土植物，且采用包含乔、灌木的复层绿化，减少单纯的草坪绿化。 ▲5.1.8 绿化修剪和灌溉合时，绿地内无裸露土壤，绿化用地土壤厚度、土质条件满足植物的需要。 ◆5.1.14 道路和地面停车场采用透水地面，场地透水指标符合以下规定： 透水率＞0.5×(1-建筑覆盖率) 透水率＝开发后基地透水面积÷基地总面积 《环境标志产品技术要求生态住宅（住区）》 5.2.1 规划设计阶段 选址与规划（0.35） 场地规划（0.75） 规划设计因地制宜，改善场地内及周围地区的生物多样性（0.15） 住区绿化（0.15） 原有绿化（0.20） 保护建设用地中已有的古树、名木、成材树木及其他植被（1.00） 绿化配置（0.80） 提高场地绿化率（0.30） 提高场地乔木覆盖率（0.10） 增加屋顶绿化、垂直绿化在绿化面积中所占比例（0.20） 植物选择与搭配、水景设计能够改善住区微环境，提高生态效益（0.40） 5.2.2 验收阶段 住区绿化（0.15） 绿化率（0.25） 绿化率不低于国家或地方标准，且绿荫覆盖率高（1.00） 绿化存活率（0.25） 保证栽种和移植的树木成活率＞90%，植物生长状态良好（1.00） 绿化方式（0.25） 绿化方式多样，物种搭配合理（1.00） 绿化的生态效益（0.25） 绿化可较好地实现防尘、降噪、净化空气和固定二氧化碳效益（1.00）
中国地方规范	《福建省环保住宅工程认定技术条件（试行）》 3.1.6 住宅绿化 住宅周围绿化应符合当地建设行政部门规定的绿地率控制指标。 《深圳市绿色建筑评价标准（征求意见稿）》 4.1.6 住区绿地要求： 1 用地面积5万m²以上的住区的绿地率不低于35%，用地面积5万m²及以下住区的绿地率不低于30%； 2 公共绿地满足集中绿地的基本要求，宽度不小于8m，面积不小于400m²。 3 人均公共绿地面积不低于1.5m²。 4.1.14 根据深圳市气候条件和植物自然分布特点，栽植多种类型植物，乔、灌、草结合构成多层次的植物群落。 1 每100m²绿地上乔木量不应少于3株，灌木量不少于10株； 2 每100m²硬质铺地上乔木量不应少于1株； 3 选用木本植物种类丰富度满足：住区规模≤5万m²时不少于45种，住区规模5～10万m²时不少于55种，住区规模≥10万m²时不少于60种。

续表

美国LEED-NC绿色建筑评估体系	SS C5.1：降低对场址的生态影响——保护或恢复栖息地 1分 目的 保护现有自然区域，为推动多样性和物种栖息恢复被破坏的区域。 要求 情形1．绿地场址[1] 按以下要求，限制所有场址扰动： ● 超过建筑外沿界外40英尺（约12米）； ● 步道、院厅、地面车场、直径12英寸以上市政设施界外10英尺：(3.04米) ● 干线道路、主要市政设施界外15英尺(4.6米)； ● 渗透地面（如透水铺装、雨水收集地、玩耍场地）等需要施工设施空间的界外25英尺（约8米）。 情形2．已开发[2]区域或定级的场址 保留或保护至少50%的场址面积（减去建筑楼基面积），或者全部场址面积的20%，取面积较大者，种植本地或驯化植物[3]。当在项目SS C2：开发密度得分时，种植屋面可纳入计算中，但种植的是本地化或驯化植物。 技术措施和策略 调查绿地场址确定场址中成分，制订场址开发的总体规划。合理设置建筑，减少场址中既有生态系统的干扰，建筑设计楼基面积要最小。策划有建筑叠合、地下停车、与邻居共享车场。清晰地划分施工边界保护场址自然形态，恢复功能降低区域成自然状态。对已开发场址，咨询政府机构、专业机构等选用种植合适的地方性植物，禁用列明的入侵和有害植物。绿化考虑最少的浇灌，或者无浇灌树种，避免依赖锄草、使用化学肥料、杀虫剂等维护，提供生物多样性的栖息价值，避免单一植物物种。
分析比较与专家评语	比较分析结果 LEED标准对生态因素规定较为全面；国内基本上都是对绿化面积标准、植物种类的规定。 专家意见 本项目立意为项目建设应尽量减少对场地的扰动。保护原生态，减少对自然的损害。是全方位、高要求的表现。 LEED对建筑场址生态保护有定量要求，符合美国工业化、装配化水平较高的现实状况，能有效保证绿色建筑理念的实施。 中国标准对场址生态建设保护尚无条文具体规定。但在规划住区要求结合当地气候条件，周边环境，地方自然物种特点等，综合设计绿化环境，并有定量指标要求。 当前我国对场址的自然生态保护，因为建筑产业化水平尚不高，占用场地大，现场湿作业多。整体场址的自然生态保护，除要求前期的科学规划外，还依赖建筑施工管理。国家要求项目开工前必须作好施工组织设计，尽量保护原生态，以提高场址生态水平。
备注	[1] 绿地场址指未开发土地，或者评定为维持原自然形态的土地。 [2] 已开发场址是土地中已有建筑、道路、停车场，或评定为直接为人类活动使用的土地。 [3] 本地化或驯化植物是本地土生或培育的植物，适合当地气候条件，不被认为是外来入侵的有害物种。

3.1.10 空地最大化

中国国家标准	住房和城乡建设部《绿色建筑评价标准》 尚无此类规定。 《环境标志产品技术要求生态住宅（住区）》 尚无此类规定。
中国地方规范	《福建省环保住宅工程认定技术条件（试行）》 尚无此类规定。 《深圳市绿色建筑评价标准（征求意见稿）》 尚无此类规定。
美国 LEED-NC 绿色建筑评估体系	SS C5.2 降低对场址的生态影响——最大化空地 1分 目的 提高空地比例，促进生物多样性。 要求 情形1. 有地方性空地要求的场址 减少开发印迹[1]，在工程边界内的种植空地，空地面积超过地方规定要求25%。 情形2. 无地方性空地要求的场址（如一些大学园区、军用基地） 与建筑相接的空地等于建筑基地面积，并种植。 情形3. 有分区规定，但无空地要求的场址 种植空地相当于工程场址面积的20%。 所有情形 对于城区工程，当符合项目SSC2：开发密度时，种植屋面面积可计入本项目空地。 对于城区工程，当符合项目SSC2：开发密度时，步行鼓励型硬质铺装可计入本项目空地，但至少25%的空地进行了种植。 湿地或自然水池面积、平均坡度小于1：4并种植的坡地可计入空地。 技术措施和策略 进行场址调查，确定土地成分，制定总体规划指导土地开发。合理选择建筑位置、最小化建筑基地面积，最大化场址中空地面积。 开发印迹是指包括建筑楼基、硬质铺装、通行道路、停车所覆盖的区域。
分析比较与专家评语	比较分析结果 LEED标准对空地的评价较为全面，特别是提高空地比例、减少开发印迹、促进生物多样性的目标具有独特性。 国内尚无此类规定。 专家意见 本项显示对空地处置的重视，告诫规划设计尽可能最大化，并保证种植面积。 LEED根据项目不同情形提出空地详细规定，具体计算原则要求，划出基地和空地的比例，可有效提升场址生态环境保护水平。 我国对"最大化空地"的要求，主要体现在《城市居住区规划设计规范》中。规范是一部强制性的国家标准，对空地率、房屋间距有具体要求。对居住环境最密切的住宅周边的影响，习惯上以住宅建筑密度来衡量，即空地率=1-住宅建筑密度。建筑密度的控制，通常按不同的气候区，不同建筑层数制定控制指标，从量的方面保证环境质量。近几年也有地方按日照时数棒影图控制，空地控制出现偏差，有待统一协调处理。
备注	[1]开发印迹是指包括建筑楼基、硬质铺装、通行道路、停车所覆盖的区域。

3.1.11 径流控制和雨水收集利用

中国国家标准	住房和城乡建设部《绿色建筑评价标准》 （★控制项，▲一般项，◆优选项） 住宅建筑： ▲4.3.6 合理规划地表与屋面雨水径流途径，降低地表径流，采用多种渗透措施增加雨水渗透量。 4.3.10 在降雨量大的缺水地区，通过技术经济比较，合理确定雨水处理及利用方案。 公共建筑： ▲5.3.6 在降雨量大的缺水地区，选择经济、适用的雨水处理及利用方案。 5.3.9 优先采用雨水和再生水进行灌溉。 《环境标志产品技术要求生态住宅（住区）》 尚无此类规定。

中国地方规范	《福建省环保住宅工程认定技术条件（试行）》 尚无此类规定。 《深圳市绿色建筑评价标准（征求意见稿）》 住宅建筑： 4.1.16 室外透水地面面积比不小于45%。 一般项 4.3.6 合理规划地表与屋面雨水径流途径，降低地表径流，采用多种渗透措施增加雨水渗透量。符合以下任一项即为满足要求： 1 降雨量小于等于设计降雨量时，雨水不外排至市政雨水管或城市水体； 2 开发后场地雨水的外排量不大于开发前场地雨水的外排量，且排水系统采用雨污分流制； 3 因地制宜地采取了有效的雨水入渗措施。 公共建筑 一般项 5.3.6 通过技术经济比较，合理确定雨水积蓄、处理及利用方案。雨水集蓄及利用符合《建筑与小区雨水利用工程技术规范》GB 50400 的规定。方案必须采用了雨水入渗等技术设施，并符合以下任一项即为满足要求： 1 采用雨水收集回用系统； 2 采用雨水调蓄排放系统。 3.4.3 雨水收集与利用
美国 LEED-NC 绿色建筑评估体系	SS C6.1：雨洪设计——流量控制　1分 目的 通过减少非渗透铺装、本地渗透、消除雨水径流中的污染物质等措施，降低对自然水文系统的影响。 要求 情形1. 场址原有不渗透率等于或小于50% 选项1 采用雨洪管理措施，使得工程后的场址雨洪泄水率和量都不超过工程前1年和2年的24小时的设计雨水量。 选项2 采用的雨洪管理措施，防止过度冲刷产生汇水溪流。措施中必须包括汇水通道防止与水质控制措施。 情形2. 场址原有不渗透率大于50%采用的雨洪管理措施，可使得2年24小时设计降雨产生的径流量减少25%。 技术措施和策略 通过就地渗透，保持自然雨水，采用屋面种植、透水铺装和其他措施最小化地面不透水率。收集雨水，利用于可以使用非自来水场合，例如植物浇灌、冲厕等。 SS C6.2：雨洪设计——水质控制　1分 目的 雨水径流管理，限制自然水体受到污染。 采用最佳管理实践（BMPs）方法，实施雨洪管理措施，减少不透水铺装、本地渗透、雨水收集和处理等，处理年均降雨量的90%[1]。BMPs所采用的雨水径流处理必须能除去雨水径流中80%的总固体悬浮物（TSS），依据已有检测报告确定。BMPs符合以下规定可认为符合该要求： 设计遵守州的标准和规范、采用这些效能标准的地方计划，或者有现场效能监控资料说明其达标结果，资料需符合可接受的BMP监控方法的要求。（例如技术验收互助伙伴组织[TARP]，华盛顿州府生态机构）。 技术措施和策略 采用替代地面（如种植屋面、透水铺装、花格地面）和非结构技术（如雨水花园、种植洼地、分隔不透水区域、雨水收集）减少不透水率，促进就地渗透，减少污染物。 采用可持续设计措施（如低污染开发、环境敏感设计）来整合自然和机械处理方式，例如人工湿地、种植渗透、明渠等，来处理雨水径流。
分析比较与专家评语	比较分析结果 LEED标准从流量控制和水质控制两方面对雨洪径流进行管理。具体给出了量化和雨水渗透技术措施。LEED还提出各种雨洪处置利用的技术方法。 深圳作为国内地方标准对雨水径流和渗透条文较为具体。提倡使用透水材料以提高雨水渗透能力并对雨水外排量做出具体规定。 专家意见 本项立意重视雨洪的管理，要求设计和施工均需做到雨水径流的组织，并通过渗透保留充分雨水比例以改善小气候。本项还对利用和保护雨洪资源，发挥雨水的利用价值做出规定。 LEED按照场地原有的不同的渗透情况，提出相应的流量控制要求，以降低对自然水系统影响。 中国标准对水问题较为重视，对抗洪泄洪、减少洪涝灾害有着多层面、多系统的规划，对建筑活动本身就自然水的泄洪排放和流量控制也有相关规定。 中国管理体制决定了自然雨水洪流水质控制由环保部门统一管理。中国对雨水洪流暂时无具体规定，但已获学界的呼吁和重视，也在不断引进国际常用作法。 鉴于中国国情，水资源匮乏，现在对节水已上升为中国国策，有关技术规范已就减少地表径流，充分回用雨水以及利用中水有原则要求。但是各地执行中因地域关系，存在认识和处理技术的差别，或者因成本投入问题，技术效果实际并不到位。
备注	根据自然影响和年降雨量美国有3个明显的气候类型，潮湿多雨规定为年降雨超过40英寸；半干旱定为年降雨为20到40英寸间；干旱定为年降雨量少于20英寸。这里所指的90%的年均降雨量相当于各气候形式的径流处理量为： ● 潮湿—1英寸的降雨量； ● 半干旱—0.75英寸的降雨量； ● 干旱—0.5英寸的降雨量。

3.1.12 热岛效应——非屋面部分

中国国家标准	住房和城乡建设部《绿色建筑评价标准》 （★控制项，▲一般项，◆优选项） 住宅建筑： ▲4.1.9 住区室外日平均热岛强度不高于 1.5℃。 《环境标志产品技术要求生态住宅（住区）》 5.21 规划设计阶段 室外日平均热岛强度≤2℃　　　　　　0.40 可满足行人室外热舒适要求　　　　　　0.30 设计中有改善室外热舒适的措施　　　　0.30 实测日平均热岛强度≤2℃　　　　　　0.50 实测湿黑球温度（WBGT）≤32℃　　　0.50
中国地方规范	《福建省环保住宅工程认定技术条件（试行）》 尚无此类规定。 《深圳市绿色建筑评价标准（征求意见稿）》 （★控制项，▲一般项，◆优选项） ▲4.1.12 控制住区热岛强度，符合以下任一项即为满足要求： 1 实测或模拟证明用地面积 15 万平方米以上的住区夏季热岛强度不大于 0℃，用地面积 15 万平方米及以下的住区夏季热岛强度不大于 1.5℃； 2 硬质地面遮荫率不小于 30%； 3 铺路材料太阳能吸收率小于 0.7； 4 减少地面停车比例，除低层、多层住宅外，地面停车率不超过 10%。
美国 LEED-NC 绿色建筑评估体系	SS C7.1：热岛效应——非屋面部分　1 分 目的 降低热岛效应[1]，减少对区域微气候、人类和野生物种的环境影响。 要求 情形 1. 在 50% 的场址硬质铺装地面（包括道路、步道、院落、停车位等），组合实施以下措施： 采用既有树木提供遮阳，或有五年的地面绿化。绿化（植树）在建筑启用时必须完成。 利用结构件提供遮阳，如太阳能发电板（它可生产能源替代一些非再生源能源）。 利用建筑装置或构件进行遮阳，其太阳反射系数（SRI）至少为 29。 采用的硬质铺装材料，其太阳反射系数（SRI）[2]至少为 29。 采用开放的花格地面铺装（至少 50% 可透水）。 情形 2. 50% 的停车空间有遮盖[3]。所有用于遮盖停车空间的屋面或遮盖物，其太阳反射系数（SRI）必须在 29 以上，或者是种植屋面，或者被太阳能发电板遮盖。 技术措施和策略 采取各种措施、材料、铺装技术降低室外材料的热吸收，利用树木、灌木和其他室外结构件进行遮阳（以六月 21 日进行计算，非夏时制）。采用新型涂料和彩色屋面材料，以提高反射率，或安装太阳能装置可提供遮阳。 可考虑用种植面层，如种植屋面、开发地面花格、高反射材料（如混凝土）等，替代构筑表面（如屋顶、道路、步道等）。
分析比较与专家评语	比较分析结果 LEED 采用太阳反射系数(SRI)作为量化参数，而国内采用笼统的温度作为量化参数。 LEED 对大多数材质情况进行了详细描述、界定，国内只有部分地方标注有实测要求。 LEED 标准条目清晰、内容明确，涉及方面多，非专业人士亦能使用。 国内准则缺乏补偿项和技术措施，量化程度不够。 专家意见 本立意在降低热岛现象对居住舒适度的影响，提出测量评估指标；同时提供降低热岛现象的具体措施，有很好借鉴作用。 LEED 用太阳反射系数（SRI）为量化单位进行测量评估，操作性强。中国用日均空气温度变化来衡量，并无具体的控制方法，较难检查落实。 　LEED 应对措施明确，内容全面，方便操作实施。容易被大众接纳。 我国有学者对用提高材料的太阳反射率的性能提高屋顶的热工性能持有不同的看法，认为是引起热岛现象的主要因素，应当避免。
备注	[1] 热岛效应指开发区域与未开发区域的热梯度差。 [2] 太阳反射系数（SRI）反映表面反射太阳热辐射的能力，它规定为取标准黑色表面（反射率 0.05，放射率 0.90）为 0，标准白色表面（反射率 0.80，放射率 0.90）为 100，对于给定材料计算 SRI，首先要得知材料的反射率和放射率。SRI 的计算按标准 ASTM E 1980，反射率的测量按标准 ASTM E 903，ASTM E 1918 或 ASTM C 1549，放射率的测量按标准 ASTM E-408 或 ASTM C 1371。 [3] 这项得分中，被覆盖的停车场被定义为地下停车场，屋顶下停车场，建筑下部停车位，露天平台下停车位。

3.1.13 热岛效应——屋面部分

中国国家标准	住房和城乡建设部《绿色建筑评价标准》 （★控制项，▲一般项，◆优选项） 公共建筑： ◆ 5.2.16 建筑屋面采用种植屋面技术。
	《环境标志产品技术要求生态住宅（住区）》 5.2.1 规划设计阶段 增加屋顶绿化、垂直绿化在绿化面积中所占比例（0.20）
中国地方规范	《福建省环保住宅工程认定技术条件（试行）》 尚无此类规定。
	《深圳市绿色建筑评价标准（征求意见稿）》 ▲5.1.8 合理采用屋顶绿化、垂直绿化等方式。 ▲可上人屋面的绿化面积占屋面面积比例大于50%。
美国LEED-NC 绿色建筑评估体系	SS C7.2：热岛效应——屋面部分　1分 目的 　　降低热岛效应，减少对区域微气候、人类和野生物种的环境影响。 要求 选项1： 　　最少75%的屋面面积采用符合以下太阳反射系数（SRI）的材料。 太阳能反射系数较低的材料也能使用，只是其屋面权重计算的SRI要符合以下要求： $$\frac{满足最小SRI屋面面积}{屋面总面积} \times \frac{装配的屋面SRI}{要求的SRI} \geq 75\%$$ | 屋面类型 | 坡度 | SRI | |---|---|---| | 低坡度屋面 | ≤2：12 | 78 | | 斜坡屋面 | >2：12 | 29 | 选项2： 　　50%以上的屋面采用种植屋面。 选项3： 　　配置高反光屋面和种植屋面，组合起来应满足以下要求： $$\frac{符合最低SRI的屋面面积}{0.75} \times \frac{种植屋面面积}{0.5} \geq 屋面总面积$$ | 屋面类型 | 坡度 | SRI | |---|---|---| | 低坡度屋面 | ≤2：12 | 78 | | 斜坡屋面 | >2：12 | 29 | 技术措施和策略 屋面采用高反光材料和种植屋面，以降低屋面吸热，LEED 2009参考手册中给出了相应的默认值。产品资料可从清凉屋面协会网站中查询：http://www.coolroofs.org/；http://www.energystar.gov/
分析比较与专家评语	比较分析结果 国内尚未对屋面反射条件进行要求。 国内对屋面种植单独列项，或归类于园林项，未与热岛效应发生联系。 专家意见 本项立意控制屋面对产生热岛的影响，LEED从屋面材料反光性能和绿化种植两方面提出要求。 中国标准要求采用屋面种植技术，以改善生态。屋面种植涉及的问题较多，待深化研究。一个是种植土的技术，关键是保水性和营养保持，其次是耐旱植物的培育，近期我国有较大的技术进展。 中国标准尚未涉及屋面材质问题，屋面用材有待提高科技含量，其反光性能与热岛效应关系亦待研究。有专家认为屋面材料反射光直接影响大气的热量，产生热岛效应。

3.1.14 降低光污染

中国国家标准	住房和城乡建设部《绿色建筑评价标准》 （★控制项，▲一般项，◆优选项） 住宅建筑： ★4.1.2 住区建筑布局保证室内外的日照环境、采光和通风的要求，满足现行国家标准《城市居住区规划设计规范》GB 50180中有关住宅建筑日照标准的要求。 公共建筑： ★5.1.3 不对周边居民区及交通道路造成光污染。 《环境标志产品技术要求生态住宅（住区）》 4.1 生态住宅（住区）在规划设计和验收两个阶段都必须满足下列相应国家或地方法规、标准、规范的要求。 场地环境规划 区位选址 保证空气、水的安全、卫生，避免噪声、光等因素带来的污染。尽量避免位于污染源的下风或下游方向，室外空气质量符合《环境空气质量标准》（GB3095）的要求，地表水环境质量符合《地表水环境质量标准》（GB3838）的要求，环境噪声符合《城市区域环境噪声标准》（GB3096）的要求，场地电磁辐射符合《电磁辐射防护规定》（GB8702）和《电磁辐射环境保护管理办法》（国家环境保护局第十八号令）的要求（规划设计） 5.2.1 规划设计阶段 住区物理环境（0.40） 日照与环境（0.20） 光保证必要的日照要求（0.70） 室外照明规划满足要求，且不造成光污染（0.30） 5.2.2 验收阶段 住区物理环境（0.40） 日照与光环境（0.20） 满足住宅的日照小时数基本要求（0.70） 满足室外照明的基本要求，无光污染（0.30）
中国地方规范	《福建省环保住宅工程认定技术条件（试行）》 3.2.3 光环境质量 3.2.3.4 住宅周围光污染控制 住宅应避免视线干扰，有效地保障私密性。住宅周围应无霓虹灯、汽车引灯和强烈灯光广告并能有效防止玻璃幕墙等产生的光污染。 第四部分 检查、检验方法 18 住宅周围光污染控制 现场检查：无霓虹灯、广告灯、车灯和玻璃幕墙光污染。 《深圳市绿色建筑评价标准（征求意见稿）》 （★控制项，▲一般项，◆优选项） 住宅建筑： ★4.1.8 规划建设过程中制定并实施保护环境的具体措施，控制大气污染、土壤污染、噪声影响、水污染、光污染以及对场地周边区域的影响。 1 合理规划设计室内外照明，住户外窗照度不大于5Lux，控制室外照明中溢出场地和射向夜空的光束。 2 建筑外立面设计不对周围环境产生光污染。不采用镜面玻璃或抛光金属板等材料。玻璃幕墙采用反射比不大于0.30的幕墙玻璃。在城市主干道、立交桥、高架桥两侧中使用玻璃幕墙，采用反射比不大于0.16的低反射玻璃。 3 空调排热装置与排风高位排放，并不对行人产生影响； 4 避免对邻近建筑的采光和景观产生影响； 5 避免施工期间和竣工后对交通及人流畅通产生影响； 6 制定施工现场的扬尘控制、污废水处理、噪声控制和光污染控制等措施以及设置安全保护设施。 公共建筑： ★5.1.3 不对周边建筑物带来光污染，不影响周围居住建筑的日照要求。 1 避免幕墙光污染：幕墙建筑的设计与选材合理，符合现行国家标准《玻璃幕墙光学性能》GB/T 18091的要求； 2 避免照明光污染：合理确定室内外照明方案和广告照明，避免室内外漏光和广告照明造成的光污染； 3 提供日照分析相关文档，证明不影响周围居住建筑的日照要求。

美国 LEED-NC 绿色建筑评估体系	SS C8：降低光污染　1分 目的 最小化建筑和场址中灯光外泄，减少天空眩光，提高天空可见和透视率，改善夜空环境，减少对夜行环境的影响。 要求 工程必须符合室内照明的选项之一，并且同时满足室外照明的各要求。 室内照明： 选项1 对于室内照明其中所有可在围护结构上洞口（半透明或全透明）有直射光所有照明器具（除应急灯），一律采用措施在晚2点至早5点时段降低输入功率50%以上（可采用自控方式）。 下班关灯可采用手动，或采用人体传感器自动关灯，延迟开关不超过30分钟。 选项2 围护结构上所有洞口（半透明或全透明）如果有灯光直射的，必须在晚11点至早5点时段有遮挡（饭馆可采用自控方式，使得透光率小于10%）。 室外照明： 只在有安全和舒适要求的区域设置照明，照明功率密度不超过标准 ANSI/ASHRAE/IESNA 90.1-2007（未修订[1]）的照明类别规定值。照明控制满足该标准的室外照明章节要求。 工程按以下类别确认其分区情况，标准为 IESNA RP-33，并遵守该区所有的要求： LZ1——黑暗区（公园和农村设置） 场址和建筑照明设计时，所配置的灯具落在场址周界上的烛光照度值在水平和垂直方向，最初的值不大于0.01烛光英尺，说明设计采用的灯具0%照射角度没有大于90度（垂直下射）。 LZ2——低照明区（住宅区） 场址和建筑室外照明设计所配置的灯具在场址周界上产生的水平、垂直照度不大于0.10，并且在周界外10英尺范围的水平照度不大于0.01烛光英尺。说明只有不到2%灯具的照射角是90度或更大（垂直下射）。对于周界是公共走道的情况，光的泄漏只到路边，而不到场址界。 LZ3——中度照明区（商业/工业，高密度住宅） 场址和建筑室外照明设计所配置的灯具在场址周界上产生的水平、垂直照度不大于0.20，并且在周界外15英尺范围的水平照度不大于0.01烛光英尺。说明只有不到5%灯具的照射角是90度或更大（垂直下射）。对于周界是公共走道的情况，光的泄漏只到路边，而不到场址界。 LZ4——高亮度照明（城市主中心，娱乐区） 场址和建筑室外照明设计所配置的灯具在场址周界上产生的水平、垂直照度不大于0.60烛光英尺，并且在周界外15英尺范围的水平照度不大于0.01烛光。说明只有不到10%灯具的照射角是90度或更大（垂直下射）。对于周界是公共走道的情况，光的泄漏只到路边，而不到场址界。 L22，L23和L24：如果场址边界比邻公共道路，则灯光外泄之要求只考虑到道路边沿，而非场址边界。 所有照明区 由单个光源产生的灯光，如果与接入场址的私人行车道和公共道路正交，可以公共道路中心线代表场址边界，边界长度为道路宽度的两倍，中心线取车行道中线。 技术措施和策略 场址采用的照明标准应符合安全需要，同时不使光溢出场址，防治污染夜空。在可能的情况下采用计算机模拟场址照明以使其最小化。降低光污染的技术有全截角灯具、低反射表面和小角度点式光源。
分析比较与专家评语	比较分析结果 1.LEED体系对室内外照明的要求极为详细，可操作性极强。 2.国内规范准则缺乏必要条款，量化程度不够。 有关光污染的条文内容经常和光环境的条文混合一起表达，缺乏明细的规定，显示了对光污染的认识不足，忽视光污染对人健康的影响。 专家意见 本文立意通过建筑规划建设细节表述光污染对人的健康的重要性。LEED对建筑照明产生光污染要求较详细，对降低光污染问题从多个方面做出规定。 LEED为避免不使照明光溢出场址，防治污染夜空。一般采用分场合、室内室外分级的方法，分别列出限制照明照度的量化值；场址采用的照明标准规定的出发点是符合人的舒适要求和安全需要。 中国国家标准对光污染问题只提原则要求，无具体规范细则，应研究细化方便操作。 中国部分城市研究制定的地方标准，对此开始有所要求，也深感光污染对居民生活和健康的影响，应当加强对光污染的标准控制，增加专项条文的可操作的表述。
备注	[1] 如在本项目工程使用 ASHRAE 附录，可以根据判断操作，但该附录必须一致贯穿于所有项目中。

3.2 节水

	3.2.1 节约景观用水
中国国家标准	住房和城乡建设部《绿色建筑评价标准》 （★控制项，▲一般项，◆优选项） 住宅建筑： ★ 4.3.4 景观用水不采用市政供水和自备地下水井供水。 4.3.8 绿化灌溉采取喷灌、微灌等节水高效灌溉方式。 公共建筑： ▲5.3.8 绿化灌溉采取喷灌、微灌等节水高效灌溉方式。
	《环境标志产品技术要求生态住宅（住区）》 4．基本要求 住区水环境 1. 绿化用水水质符合《城市污水再生利用 城市杂用水水质》（GB/T18920）的要求。 2. 景观用水水质符合《城市污水再生利用 景观环境用水水质》（GB/T18921）的要求。 5.5 住区水环境要求 5.5.1 规划设计阶段 绿化和景观用水（0.25） 绿化用水（0.50） 利用非自来水作为绿化用水　　0.40 绿化用水安全卫生　　　　　　0.30 采用节水灌溉技术　　　　　　0.30 景观用水（0.50） 利用非自来水作为景观用水补水　　　0.30 采取措施，防止景观水体发生富营养化　0.40 景观用水安全卫生　　　　　　0.30 5.5.2 验收阶段 绿化和景观用水（0.20） 绿化用水（0.50） 利用非自来水作为绿化用水　　0.40 绿化用水安全卫生　　　　　　0.30 采用节水灌溉技术　　　　　　0.30 景观用水（0.50） 利用非自来水作为景观用水补水　　　0.30 采取措施，防止景观水体发生富营养化　0.40 景观用水安全卫生　　　　　　0.30
中国地方规范	《福建省环保住宅工程认定技术条件（试行）》 尚无此类规定。
	《深圳市绿色建筑评价标准（征求意见稿）》 4.3 节水与水资源利用 4.3.4 景观用水不采用市政供水和自备地下水井供水： 1 景观用水采用雨水、建筑中水、市政再生水等非传统水源； 2 根据深圳地区水资源状况、地形地貌及气候特点，合理规划住区的水景面积比例，水景的补水量与回收利用的雨水、建筑中水水量达到平衡； 3 设置循环水处理设备，景观用水循环使用。
美国 LEED-NC 绿色建筑评估体系	WE C1：节约景观水 2-4 分 目的 限制或取消使用自来水、场址中自然地表水和地下水进行景观绿化浇灌。 要求 选项1　减少50%（2分） 依据计算的维护水量基准，使用自来水浇灌的水量减少50%，节水措施应是以下措施的组合： ● 植物物种、密度和区域气候参数 ● 灌溉效率 ● 采用收集的雨水 ● 采用再生水 ● 专门的公共机构，所供给的非自来水系统。相近建筑中渗出的地表水，如果可收集泵送到本工程用以浇灌，也符合本项目要求。但必须说明这样做不会影响雨洪管理系统。 选项2　不用自来水浇灌 [1]（4分） 首先满足选项1的要求，并且满足以下两种方式中的其中一种：（见后页续表）

续表

美国 LEED-NC 绿色建筑评估体系	方式1 仅使用收集的雨水、循环再生长、中水或本地公共供应的专门用于非自来水之用的水进行浇灌。 或者 方式2 配置的景观绿化不需要永久性的浇水系统。用于植树、植花初期浇水系统，如在一年拆除，则不算在内。 技术措施和策略 进行土壤/气候分析，确定合适材料和绿化设计，采用本地性植物来降低浇水需要量。如需要浇水系统，采用高效灌溉措施、根据气候控制用水量。
分析比较与专家评语	比较分析结果 1. LEED 注重浇灌水的成本节约及节省量值，使节约景观水量化。提倡雨水和再生水的收集利用； 2. 国内对节水标准要求较高，有原则的要求；环保标志生态住区更注重水质治理、用水安全保障措施； 3. 国内相关文件对再生水利用方面规定仍缺乏细化规定的可执行条文。 专家意见 本项立意从节约自来水和地下水为主要目标，对灌溉水源作出明确规定。 LEED 从节水水量和节约成本所占比重上做出规定，提出相应雨水收集、再生水技术措施，操作性强。 中国已将节约用水上升为国策。中国政府对节水要求很全面，对中水回用做出限定，并在景观用水上对取水水源浇灌方式等均做了规定，对水质也有相应标准要求。一些城市还行文规定:不允许环境景观用水取用自来水。更促进了对水资源的珍惜和高效利用。但是，在绿色标准类的条文表达过少，技术操作性不强。地方存在走过场的现象。
备注	[1] 如果自来水减少量 100%，同时选项1和选项2的总节水量也大于 50%，则选项1和选项2同时得分。

3.2.2 废水利用

中国国家标准	住房和城乡建设部《绿色建筑评价标准》 (★控制项，▲一般项，◆优选项) 住宅建筑 ▲4.3.7 绿化用水、洗车用水等非饮用水采用再生水、雨水等非传统水源。 ▲4.3.9 非饮用水采用再生水时，优先利用附近集中再生水厂的再生水；附近没有集中再生水厂时，通过技术经济比较，合理选择其他再生水水源和处理技术。 公共建筑 ▲5.3.7 绿化、景观、洗车等用水采用非传统水源。 ▲5.3.9 非饮用水采用再生水时，利用附近集中再生水厂的再生水；或通过技术经济比较，合理选择其他再生水水源和处理技术。 《环境标志产品技术要求生态住宅(住区)》 4. 基本要求 污水处理与再生利用 1. 住区内设有污水处理设施时，污水处理出水水质符合《污水综合排放标准》(GB8978)、《城镇污水处理厂污染物排放标准》(GB18918)的要求。 2. 再生水水质符合《城市污水再生利用 城市杂用水水质》(GB/T18920)和《城市污水再生利用 景观环境用水水质》(GB/T18921)的要求；当再生水要同时满足多种用途时，其水质按最高水质标准确定。 3. 再生水工程设计符合《污水再生利用工程设计规范》(GB50335)的要求。 5.5 住区水环境要求 5.5.1 规划设计阶段 污水处理与再生利用 (0.24) 污水处理系统 (0.30) 采用节能高效污水处理技术 将住区内污水处理和再生利用系统列入住宅(住区)　0.70 环境影响评价内容　0.30 再生利用系统 (0.70) 采取措施，确保再生水的水质安全卫生　0.50 再生水利用率≥25%　0.50 5.5.2 验收阶段 污水处理与再生利用 (0.20) 污水处理系统 (0.40) 采用节能高效污水处理技术　0.70 污水处理和再生利用系统满足环境影响评价要求　0.30 再生利用系统 (0.60) 再生水水质安全卫生　0.50 再生水利用率≥25%　0.50

续表

中国地方规范	《福建省环保住宅工程认定技术条件（试行）》 尚无此类规定。 《深圳市绿色建筑评价标准（征求意见稿）》 尚无此类规定。
美国 LEED-NC 绿色建筑评估体系	WE C2：废水利用技术创新　2分 目的 减少废水产生、减少自来水使用量，补充地表涵养。 要求 选项1 通过使用节水器具，或非自来水，将自来水一次性转化为排放废水的水量减少50％。 或者 选项2 现场处理50％的废水，使其达到三级水标准，处理的废水必须就地渗透或使用。 技术措施和策略 恰当使用经认证的用水器具和配件，采用高节水器具（如节水便器和小便器）、或干式便器，如便器与生化制费系统关联。减少废水排放，考虑采用回收雨水、中水冲厕，及机械和现场自然废水处理装置。现场废水处理措施可包括：去除废水中生物营养物的水处理系统、人工湿地和高效过滤系统。
分析比较与专家评语	比较分析结果 1. LEED 从节水用器着手，以减少废水量的源头废水源数量。而把废水、雨水处理放在第二位，是正确的选择。 2. 由于国内水资源紧缺情况更加严重，节水与污水处理方面相关标准严格，具体细致。 3. 国内相关文件对再生水利用方面规定较 LEED 标准更为具体。 专家意见 本项立意通过减少废水出水量作为控制指标，从而也减少对废水的处理能量。LEED 对节水、减少废水排放做出定量要求，是精明增长的思路。抓头源，节水用器技术措施考虑较全面周到。 中国标准对废水利用、污水处理、质量标准均做了明确规定。尽管对节水用器也有规定，但在着重点上明显不足。 中国标准有别于 LEED 标准：即没要求在达不到减量50％自来水使用的情况下，必须做现场污水处理。中国城市污水处理多采用大集中小分散方式，即城市建集中污水处理厂，单个项目也可以自行处理污水，方式灵活，因地制宜。

3.2.3　节约用水

中国国家标准	住房和城乡建设部《绿色建筑评价标准》 （★控制项，▲一般项，◆优选项） 住宅建筑： ★ 4.3.1 在方案、规划阶段制定水系统规划方案，统筹考虑传统与非传统水源的利用。 4.3.2 设置完善的供水系统，水质达到国家或行业规定的标准，且水压稳定、可靠。 4.3.3 设置完善的排水系统，采用建筑自身优质杂排水、杂排水作为再生水源，实施分质排水。 4.3.4 用水分户、分用途设置计量仪表，并采取有效措施避免管网漏损。 4.3.5 采用节水器具和设备，节水率不低于8％。 4.3.7 绿化用水、景观用水等非饮用水采用非传统水源。 4.3.8 绿化灌溉采取微灌、渗灌、低压管灌等节水高效灌溉方式。 4.3.9 在缺水地区，优先利用附近集中再生水厂的再生水；附近没有集中再生水厂时，通过技术经济比较，合理选择其他再生水水源和处理技术。 4.3.11 使用非传统水源时，采取用水安全保障措施，且不对人体健康与周围环境产生不良影响。 4.3.12 采用非传统水源时，非传统水源利用率不小于10％。 ◆ 4.3.13 非传统水源利用率不低于30％ 公共建筑： ★ 5.3.1 根据建筑类型、气候条件、用水习惯等制定水系统规划方案，统筹考虑传统与非传统水源的利用，降低用水定额。 5.3.2 设置完善的供水系统，水质达到国家或行业规定的标准，且水压稳定、可靠。 5.3.4 管材、管道附件及设备等供水设施的选取和运行不应对供水造成二次污染，并应设置用水计量仪表和采取有效措施防止和检测管道渗漏。 5.3.5 合理选用节水器具，节水率大于25％。 5.3.7 在缺水地区，优先利用附近集中再生水厂的再生水；附近没有集中再生水厂时，通过技术经济比较，合理选择其他再生水水源和处理技术。 5.3.8 采用微灌、渗灌、低压管灌等绿化灌溉方式，与传统方法相比节水率不低于10％。 5.3.10 游泳池选用技术先进的循环水处理设备，采用节水和卫生的换水方式。 5.3.11 景观用水采用非传统水源，且用水安全。

中国国家标准	◆ 5.3.12 沿海缺水地区直接利用海水冲厕，且用水安全。 5.3.13 办公楼、商场类建筑中非传统水源利用率在60%以上。 《环境标志产品技术要求生态住宅（住区）》 5. 技术内容 5.5 住区水环境要求 5.5.1 规划设计阶段 用水规划（0.22） 水量平衡（0.45） 水量平衡方案满足高质水高用、低质水低用的用水原则，提高非自来水在用水总量中的比例　1.00 节约用水（0.55） 节水率≥15%　1.00 给排水系统（0.18） 生活用水、绿化用水、景观水体补水等实行分质供水　　　　　　　　0.65 水资源短缺地区，规划生活污水、雨水、空调冷凝水的收集和再生利用系统或海水（沿海水资源短缺地区）的利用与排放系统　0.35 雨水及其他水源利用（0.11） 雨水收集与利用　0.30 雨水处理与利用　0.50 其他水源利用　0.20 5.5.2 验收阶段 节约用水（0.14） 满足5.5.1中的用水规划要求采用节能高效污水处理技术　　　0.50 节水率≥15%　0.50 给排水系统（0.22） 实行雨污分流制，实行分质供水　0.65 水资源短缺地区，生活污水、雨水、空调冷凝水的收集和利用系统可靠；沿海水资源短缺地区，海水利用与排放系统可靠　0.35 雨水及其他水源利用（0.14） 雨水收集与利用　0.30 雨水处理与利用　0.50 其他水源利用　0.20 节水器具（0.10） 使用的用水器具应满足《节水型生活用水器具》（CJ164）标准要求　1.00
中国地方规范	此部分缺少福建的标准的条文 《深圳市绿色建筑评价标准（征求意见）》 4.3 节水与水资源利用 控制项 4.3.1 在方案、规划阶段制定水系统规划方案，统筹、综合利用各种水资源。建筑水（环境）系统规划方案内容包括： 1 深圳地区水资源状况、气象资料、市政设施情况的说明； 2 居住建筑给水排水系统设计符合《建筑给水排水设计规范》GB50015的规定； 3 考虑非传统水源的利用方案，如中水回用、雨水利用和海水利用等； 4 项目采用节水器具、设备和系统的方案。 4.3.2 采取有效措施控制管网漏损，漏损率小于5%： 1 选用密闭性能好的阀门、设备，使用耐腐蚀、耐久性能好的管材、管件； 2 给水系统无超压出流现象； 3 根据水平衡测试标准安装分级计量水表，安装率达100%。 4.3.3 采用节水器具和设备，节水率不低于10%： 1 所有用水部位均采用节水器具和设备 2 采用减压限流措施，入户管表前供水压力不大于0.2MPa，用水点处的给水压力不小于0.05MPa； 3 设集中生活热水系统时，设完善的热水循环系统，用水点开启后10秒钟内出热水。 4.3.4 景观用水不采用市政供水和自备地下水井供水 1 景观用水采用雨水、建筑中水、市政再生水等非传统水源； 2 根据深圳地区水资源状况、地形地貌及气候特点，合理规划住区的水景面积比例，水景的补水量与回收利用的雨水、建筑中水水量达到平衡； 3 设置循环水处理设备，景观用水循环使用。 4.3.5 使用非传统水源时，采取用水安全保障措施，且不对人体健康与周围环境产生不良影响。 1 雨水及中水回用时，水质符合国家标准《城市污水再生利用景观环境用水水质》GB/T18921和《城市污水再生利用 城市杂用水水质》GB/T18920的规定； 2 雨水、中水等在处理、储存、输配等过程中符合《污水再生利用工程设计规范》GB50335、《建筑中水设计规范》GB50336及《建筑与小区雨水利用工程技术规范》GB50400的相关要求。

中国地方规范	一般项 4.3.7 绿化用水、洗车用水等非饮用水采用再生水和（或）雨水等非传统水源。非传统水源用于以下任二项即为满足要求：1 绿化；2 洗车、道路冲洗；3 垃圾间冲洗。 4.3.8 绿化灌溉采用喷灌、微灌、渗灌等节水高效灌溉方式。 4.3.9 非饮用水采用再生水时，优先利用附近集中再生水厂的再生水；附近没有集中再生水厂时，通过技术经济比较，合理选择其他再生水水源和处理技术。符合以下任一项即为满足要求： 1 优先选用市政再生水。 2 采用建筑中水时，依次考虑优质杂排水、杂排水、生活排水等的再生利用；自设建筑中水设施时，建筑内污水处理选用经济、适用的成熟处理工艺及安全可靠的消毒技术。 4.3.10 通过技术经济比较，合理确定雨水集蓄及利用方案。雨水利用符合《建筑与小区雨水利用工程技术规范》GB 50400 的规定。 4.3.11 非传统水源利用率不低于10%。 优选项 4.3.12 非传统水源利用率不低于30% 5.3 节水与水资源利用 控制项 5.3.1 在方案规划阶段制定水系统规划方案，统筹、综合利用各种水资源： 1 根据深圳地区水资源状况、气候特征和不同的建筑类型，以及低质低用，高质高用的用水原则对用水水量和水质进行估算与评价，提出合理用水分配计划、水质和水量保证方案； 2 水系统规划方案包括用水定额的确定、用水量估算及水量平衡、给排水系统设计、节水器具与非传统水源利用等内容。 5.3.2 设置合理、完善的供水、排水系统： 1 公共建筑给水排水系统的规划设计符合《建筑给水排水设计规范》GB 50015 等的规定； 2 管材、管道附件及设备等供水设施的选取和运行不对供水造成二次污染，优先采用节能的供水系统； 3 设有完善的污水收集和污水排放等设施； 4 根据地形、地貌等特点合理规划雨水排放渠道、渗透途径或收集回用途径，保证排水渠道畅通，实行雨污分流。 5.3.3 采取有效措施避免管网漏损，漏损率小于5%： 1 选用高效低耗的设备如变频供水设备、高效水泵等； 2 采用管道涂衬、管内衬软管、管内套管道等以及选用性能高的阀门、零泄漏阀门等措施避免管道渗漏； 3 设置减压阀、减压孔板或节流塞等措施，控制超压出流。生活给水系统配水点处的供水压力不大于0.2MPa。 5.3.4 采用节水器具和设备，节水率不低于10%： 1 所有用水部位均采用节水器具和设备； 2 采用减压限流措施，入户管表前供水压力不大于0.2MPa，用水点处的给水压力不应小于0.05MPa。 5.3.5 使用非传统水源时，采取用水安全保障措施，且不对人体健康与周围环境产生不良影响。 1 雨水、再生水等非传统水源在储存、输配等过程中有足够的消毒杀菌能力，且水质不会被污染，以保障水质安全，水质符合国家标准《城市污水再生利用景观环境用水水质》GB/T18921 和《城市污水再生利用 城市杂用水水质》GB/T18920 的规定； 2 雨水、中水等在处理、储存、输配等过程中符合《污水再生利用工程设计规范》GB50335、《建筑中水设计规范》GB50336 及《建筑与小区雨水利用工程技术规范》GB50400 的相关要求。 3 供水系统设有备用水源、溢流装置及相关切换设施等，以保障水量安全。 4 景观水体采用雨水、再生水时，在水景规划及设计阶段应将水景设计和水质安全保障措施结合起来考虑。 一般项 5.3.6 通过技术经济比较，合理确定雨水积蓄、处理及利用方案。雨水集蓄及利用符合《建筑与小区雨水利用工程技术规范》GB 50400 的规定。方案必须采用了雨水入渗等技术设施，并符合以下任一项即为满足要求： 1 采用雨水收集回用系统； 2 采用雨水调蓄排放系统。 5.3.7 绿化、景观、洗车等用水采用非传统水源。非传统水源用于以下任两项即为满足要求：1 绿化；2 洗车和冲洗道路；3 景观。 5.3.8 绿化灌溉采用喷灌、微灌、渗灌等节水高效灌溉方式。 5.3.9 非饮用水采用再生水时，利用附近集中再生水厂的再生水，或通过技术经济比较，合理选择其他再生水水源和处理技术。满足以下任一项即为满足要求： 1 优先选用市政再生水； 2 采用建筑中水时，依次考虑优质杂排水、杂排水、生活排水等的再生利用；自设建筑中水设施，建筑内污水处理选用经济、适用的成熟处理工艺及安全可靠的消毒技术。 5.3.10 按使用用途和水量平衡测试标准要求设置用水计量水表。 5.3.11 办公楼、商场类建筑非传统水源利用率不低于20%，旅馆类建筑不低于15%。 优选项 5.3.12 办公楼、商场类建筑非传统水源利用率不低于40%，旅馆类建筑不低于25%。

美国 LEED-NC 绿色建筑评估体系	WE P1：必要项 降低用水量 目的 建筑中提高节水，减轻市政供水、排水系统负担。 要求 采取相应措施，使建筑总用水量相对基准建筑，减少 20% 用水量（绿化浇灌不包括）。 按以下基数计算商业建筑、居住建筑的基准用水量[1]。计算基于用户使用的估算，但只能包括这些用水器具（如果对工程适合）： 冲水便器、小便器、面盆水嘴、淋浴、厨房水槽龙头、冲洗喷洒龙头。 | 商业器具、装置、家电 | 当前基准 | |---|---| | 商用便器 | 1.6 加仑/次（gpf） 非冲洗类便器：3.5（gpf）| | 商用小便器 | 1.0（gpf）| | 商用洗盆（卫生间）水嘴 | 2.2 加仑/分钟（gpm），水压 60psi 时，私人使用（酒店客房、医院病房） 0.5（gpm），水压 60（psi）**，所有其他例外私人使用 0.25 加仑/次，对于有水表龙头 | | 商用粗洗喷洒龙头（食品服务业）| 出水量 ≤ 1.6(gpm)（无特定水压和性能要求）| | 住宅器具、装置、家电 | 当前基准 | |---|---| | 住宅用便器 | 1.6(gpf)*** | | 住宅用洗盆（卫生间）水嘴 | 2.2 (gpm)，水压 60 psi | | 住宅厨房水嘴 | | | 住宅淋浴头 | 2.5 (gpm)．水压 80 (psi) 每间浴房 **** | *　　EPAct 1992 标准中的便器规定适用于住宅和商业建筑型产品 **　　作为 EPAct 要求的补充，美国机电工程师协会标准规定公共洗盆水嘴为 0.5 gpm，水压 60 psi（ASME A112.18.1-2005）。这个最高值被国家管工规范和国际管工规范所采用。 ***　　EPAct 1992 标准中的便器规定适用于住宅和商业建筑型产品。 ****　　住宅淋浴间是居住建筑一部分：此处所谈任何形式的淋浴头的允许流量，包括花洒、淋水、喷淋、冲击按摩等，每个淋浴间必须大于 (2.5 gpm)，这里淋浴间面积小于 2500 平方英寸。面积每增加 2500 平方英寸，就要增加按照规定流量增加一个淋浴头。例外：如果淋浴间使用的是自循环水，而非自来水，允许流量可超过这个规定值。 以下器具、配件和产品不能计入节水计算中： ● 商业蒸箱 ● 商业洗碗机 ● 商业制冰机 ● 商业（家用尺寸）洗衣机 ● 住宅用洗衣机 ● 标准和小型住宅洗碗机 技术措施和策略 恰当使用经认证的用水器具和配件，采用恰当使用经认证的用水器具和配件，采用高节水器具（如节水便器和小便器）、或干式便器，如便器与生化制费系统关联。减少使用自来水，考虑采用就地水源（如雨水、空调冷凝水）和再生水。所有替代水源的水质应符合相关要求。
分析比较与专家评语	比较分析结果 1. LEED 建筑评估体系对建筑内部商业器具、家具、家电节能做出详细规定； 2. 国内对节水器具做出使用要求，但没有 LEED 建筑评估体系详细； 3. 国内同时对供水系统、排水系统的设计，以及景观绿化用水、雨水处理及利用做出相应规定，用以降低用水量，而 LEED 建筑评估体系没有。 专家意见 本项立意为控制源头的办法降低总用水量，同时可减少对污水处理的负担。 LEED 就用水器具和配件使用做出详细规定，并明确不同节水比例能获得的绿色建筑评价分数值，操作性强。 中国标准从水资源利用、给排水系统设计、用水定额、节水器具、污水处理再利用、输水管道防漏损等方面均做了规范要求。中国标准着重水规划，对用水总量、中水利用、雨水收集利用等做出较全面、系统规定。 但对节水器具只做原则性规定，具体的指标分属轻工建材部门管理，不便在文本中出现。相对 LEED 来说条文目的、措施、指标更清晰，两者不在一个层面上，不宜比较。
备注	[1] 此表引自和总结自美国环保属的 EPAct 2005 中水的部分、2006 版的管工规范及国际管道标准有关器具部分。

3.3 能源与大气

	3.3.1 建筑基本系统运行调试
中国国家标准	住房和城乡建设部《绿色建筑评价标准》 （★控制项，▲一般项，◆优选项） 尚无此类规定。
	《环境标志产品技术要求生态住宅（住区）》 尚无此类规定。
中国地方规范	《福建省环保住宅工程认定技术条件（试行）》 尚无此类规定。
	《深圳市绿色建筑评价标准（征求意见稿）》 尚无此类规定。
美国 LEED-NC 绿色建筑评估体系	EAP 1：必要项　建筑基本系统运行调试 目的 确认工程的能源系统已安装、校核，并能够按照工程业主要求、工程设计、建设文件运行。 运行调试的好处在于可降低能源使用、节省运行费用、减少工程返工、便于建筑建档，可促进建筑员工的生产效率，确认建筑运行符合业主对于工程的要求。 要求 下述运行调试工作，必须在本阶段实施和完成： ● 指派一个独立机构作为运行调试单位（CxA），来领导、评审、监管、验收运行调试工作。 　· 该 CxA 必须书面说明具有至少 2 个工程的运行调试经验。 　· 作为运行调试机构，必须独立于设计、施工管理，但其成员可以是设计、施工的员工。运行调试机构可以是业主的资深员工或顾问。 　· 运行调试机构必须可以向业主直接报告结果、发现和建议。 　· 小于建筑面积 50000 平方英尺的工程，运行调试机构可以是一个有相关经验的设计、施工人员。 ● 业主必须提供业主的工程要求文件，设计部门必须提供设计依据和基础文件。运行调试机构必须评审这些文件，确认其完备性。业主和设计部门必须负责各自的变更。 ● 将运行调试工作编入施工文件中。 ● 编制并实施运行调试方案 ● 对要进行运行调试的系统性能的安装、性能进行检查确认。 ● 提出运行调试报告简述。 需要运行调试的系统 运行调试活动必须至少覆盖以下能源相关系统： ● 采暖、通风、空调和制冷系统，以及相关控制系统； ● 照明和采光控制系统； ● 热水系统； ● 可再生能源系统（如风能、太阳能） 技术措施和策略 尽早的在设计阶段，引入运行调试机构。确定业主的工程要求，编制并维护一个运行调试方案，用于设计和施工，并将运行调试要求写在招标文件中。组建一个运行调试团队，在工程入住前检查确认系统性能，在系统验收前，提出运行调试报告。 鼓励业主寻找一个资深人员领导运行调试工作，所谓资深人员应在以下领域富有高水平经验： ● 能源系统设计、安装和运行； ● 运行调试策划和过程管理； ● 对于能源系统性能检查、启动、权衡、测试、故障判断、系统运行和维护程序富有现场经验。 ● 能源系统自动控制知识。 鼓励业主适当地将用水系统、建筑围护结构和其他系统纳入运行调试工作中，围护结构是影响建筑能源消耗、室内热舒适度和室内空气质量的重要因素，虽然基本运行调试并没有要求涵盖建筑围护结构，但将它纳入运行调试工作，可为业主节省投资，并减少室内空气质量问题的风险。 LEED 参考手册 2009 版，对于以下概念提出了严格的要求： ● 业主的工程要求 ● 设计依据和基础 ● 调试运行方案； ● 运行调试规范；Commissioning specification ● 性能检查文件；Performance verification documentation ● 运行调试报告；Commissioning report
分析比较与专家评语	比较分析结果 LEED 侧重于后期运行调试和验收，反映了其对建筑的最终效应很重视。 国内尚无相关方面规定。目前对能源、水源及其费用的控制和测试手段也比较缺乏。 专家意见 本项立意在于加强对建筑、设备的能源、水源等的后期调试运行验收工序，达到设计、建设文件和业主的要求，确保建设的效果。 LEED 对建筑能源系统，明确要求做好安装、校核、调试工作，提出调试报告，鼓励业主介入验收，以节省投资，切实满足业主要求。 中国绿色文件对验收无条文要求。反映了绿色建筑发展现状偏重前期建设，对实际应用效果不够重视，导致执行不力，预期效果不理想。 中国其他相关设计规范对设计、验收问题有一定的要求，比如《采暖通风与空气调节设计规范》对室内温湿度的规定，系统安全要求，以及对空调风管、风压值、热媒温度、新风量、消声隔热等都有规定。中国施工规范对能源系统安装及验收规程也有具体规定，并要求技术测定。 但是中国规范缺少业主介入要求，中国的业主是在房屋全部建成竣工后，交接房的过程中，业主再验收。处在被动状态，不利于后期使用中消除隐患。

3.3.2 节约能源

中国国家标准

《环境标志产品技术要求生态住宅（住区）》

节能与能源利用	建筑主体节能	建筑物围护结构热工性能或者建筑物耗热量、耗冷量指标符合《民用建筑热工设计规范》（GB50176）、《公共建筑节能设计标准》（GB50189）、《民用建筑节能设计标准（采暖居住建筑部分）》（JGJ26）、《夏热冬暖地区居住建筑节能设计标准》（JGJ75）和《夏热冬冷地区居住建筑节能设计标准》（JGJ134），以及地方建筑节能标准的要求。	规划设计
	常规能源系统优化利用	满足国家和地方的能源政策和法规。冷热源的能量转换效率ECC不低于本地区规定的限值；空调设备能源效率等级应达到或优于国家相关空调设备能效限定值及能源效率等级标准中3级的要求；采用集中空调采暖系统的住宅设置室温调控设施；输配系统的输配系数TDC不低于3；空调制冷设备和消防设备中不得采用含全卤化氯氟烃CFC的工质。	规划设计/验收
	可再生能源	满足国家和地方的能源政策和法规。	规划设计
		地热和水源热泵系统所用地下水100%回灌。	规划设计
	能耗对环境的影响	能源系统污染物排放符合国家及地方相关标准的要求。	规划设计

类别（权重）		措施与要求	权重
建筑主体节能（0.45）		围护结构设计满足国家及地方节能标准要求，采取节能措施降低建筑物全年耗热量和耗冷量。	1.00
常规能源系统优化利用（0.35）	能量转换系统（0.40）	优化建筑能源结构，比较不同能源系统的能量转换效率ECC，择其高者实施。	1.00
	能量输配系统（0.25）	减少集中空调采暖系统中输配系统的风机水泵电耗，提高能量输配系数TDC	0.50
		采用集中空调采暖系统的住宅设置热量计量设施。	0.50
	照明系统（0.20）	采用节能灯具和节能控制措施，降低照明系统能耗。	1.00
	生活热水（0.15）	合理利用工业废热、空调余热和高效设备系统制取生活热水；提高能源系统的整体能量转换效率并减少输配系统的能量消耗。	1.00
	可再生能源与废热利用（0.10）	提高利用可再生能源与废热提供生活热水、冬季采暖、夏季空调和建筑用电的比例	1.00
能耗对环境的影响（0.10）	污染物排放（0.80）	降低因耗能而间接导致的单位建筑面积污染物（CO_2等）的排放量，减少对大气环境的不利影响（污染物排放计算方法参见附录C）	1.00
	建筑排热（0.20）	降低因耗能而间接导致的单位建筑面积夏季排热量指标，减少对周边热环境的不利影响（夏季排热量计算方法参见附录C）	1.00

类别（权重）		措施与要求	权重
能源消耗（0.65）		实测采暖、空调和生活热水年能耗总量（如入住率、使用率等）、气象条件修正后应不高于参考建筑能耗指标	1.00
可再生能源与废热利用（0.25）		提高利用可再生能源与废热提供生活热水、冬季采暖、夏季空调和建筑用电的比例	1.00
能耗对环境的影响（0.10）	污染物排放（0.80）	根据实测年均能耗计算的单位建筑面积污染物（CO_2等）间接排放量不高于参考建筑能耗计算的污染物排放指标（计算方法见附录C）	1.00
	建筑排热（0.20）	根据实测年均能耗计算的单位建筑面积夏季排热量不高于参考建筑排热指标（计算方法见附录C）	1.00

住房和城乡建设部《绿色建筑评价标准》
（★控制项，▲一般项，◆优选项）
4.2.8 设置集中采暖和（或）集中空调系统的住宅，采用能量回收系统（装置）。
4.2.9 根据当地气候和自然资源条件，充分利用太阳能、地热能等可再生能源。可再生能源的使用占建筑总能耗的比例大于5%。
其他尚无具体措施规定。已有条文中只是从维护结构、建筑体型朝向、集中采暖空调系统、照明灯具等方面提出，参照执行现行标准的要求

续表

中国地方规范	《福建省环保住宅工程认定技术条件（试行）》 3.2.5 热环境质量及节能 3.2.5.1 外墙及屋面保温隔热 住宅的保温隔热宜参照GB50096-1999《住宅设计规范》和JGJ37《民用建筑设计通则》规定，采用新型保温隔热墙体材料；屋面宜设空气隔层并采取保温措施，提高围护结构（外墙及屋面）的保温隔热性能。 3.2.5.2 外窗双层玻璃、气密性 外窗宜采用双层玻璃窗，其气密性等级不低于Ⅱ级。 3.2.5.3 绿色能源集中采暖、供应热水 住宅采暖、热水供应宜采用太阳能、地热能、风能等绿色能源。系统方式：（1）地热能集中供应热水。（2）太阳能集中供应热水。 《深圳市绿色建筑评价标准（征求意见稿）》 4.2.5 选用效率高的用能设备和系统。符合以下任一项即为满足要求： 1 设集中空调系统的项目，集中空调系统能效比应大于3.0，所选用的冷水机组的性能系数、能效比符合国家标准《公共建筑节能设计标准》GB 50189中的有关规定值；如果集中空调系统的住宅，冷水（风）是靠水泵和风机输送到用户，其风机单位风量耗功率，空调水系统输送能效比必须符合国家标准《公共建筑节能设计标准》GB 50189中5.2.8，5.3.26，5.3.27条规定； 2 在设计阶段已在图纸上选用分户空调设备时，分户空调选用《单元式空气调节机能效限定值及能源效率等级》的节能型产品（即第2级），户式壁挂燃气炉的额定热效率不低于89%，部分负荷热效率不低于85%； 3 采用节能型电梯。
美国LEED-NC 绿色建筑评估体系	EA P2：必要项 最低能效要求 目的 对于目标建筑和系统建立最低的节能水准，以避免过度用能产生的环境和经济影响。 要求 选项1．全建筑能源模拟 相对基准建筑能效评估方法，说明新建筑的目标建筑有10%的能效提高，重大改建筑有5%的能效提高。 采用一个计算机模拟过程，对全建筑按照ASHRAE 90.1-2007标准中附录G的建筑性能评估方法，计算基准建筑的能效性能。 附录G的能源分析法要求对涉及建筑的所有能源费用进行评估，如要根据此项目得分，目标建筑必须满足： ● 符合ASHRAE 90.1-2007的强制性条款（5.4，6.4，7.4，8.4，9.4和10.4条）； ● 包含建筑涉及的所有能源费用； ● 对比符合标准ASHRAE 90.1-2007附录G的基准建筑。默认作业能源费用为基准建筑能源费用的25%，如果建筑作用能源费用低于基准建筑能源费用的25%，则提交的LEED文件必须给予说明其合理性。 对于本项要求的能源分析，作业能耗包括（但不限于）办公和通用电气设备、计算机、电梯（滚梯）、厨房机具、冰箱、洗衣（烘干）机械、除辅助灯光外的照明（例如医疗器械上的照明），及其他（如喷水泵）等。 常规用能（非作业能耗）包括照明（室、车库、地面停车、建筑里面、地面等）、采暖、通风、空调（室内采暖、制冷，风机，水泵，卫生间换气装置，车库通风，厨房油烟机等）、和使用及采暖之目的的热水。 基准建筑与目标建筑都必须确定作业能耗水平，但也按ASHRAE 90.1-2007标准G2.5条的例外计算方法，说明作业能耗的降低。说明作业能耗节能量，必须包括基准建筑与设计建筑的估定清单，并提供理论或经验数据支持这些估定。 加州的工程可以采用标准Title 24-2005，第6部分，以在选项1中代替ASHRAE 90.1-2007。 或者 选项2．规定性达标方式：ASHRAE高级能源设计指南 如下列要求，说明工程符合ASHRAE高级能源设计指南的规定性措施，对于建筑所在地区的气候分区，工程必须满足所有适用条款。 方式1．ASHRAE高级能源设计指南——小型办公建筑2004 建筑必须符合以下要求： ● 小于20000平方英尺； ● 办公用途； 方式2．ASHRAE高级能源设计指南——小型零售建筑2006 建筑必须满足以下要求： ● 小于20000平方英尺； ● 零售用途。 方式3．ASHRAE高级能源设计指南——小型仓库和自用储藏建筑2008 建筑必须满足以下要求： ● 小于20000平方英尺； ● 仓库或自用储藏用途。 用途 选项3．规定性达标方式：高级建筑TM核心性能指南TM 符合新建筑协会编制的高级建筑核心性能指南的规定性措施，建筑必须满足以下要求： ● 小于100000平方英尺； ● 符合第1节：设计策略和第2节：核心性能要求 ● 办公、学校、公共建筑和零售工程，小于100000平方英尺，必须满足核心性能指南的第1节和第2节； ● 其他建筑形式，小于100000平方英尺，必须满足核心性能指南的基本要求； ● 健康中心、仓库和实验室工程适用于本方式。 技术措施和策略 建筑围护结构和系统要满足基准建筑的要求，采用计算机模拟方式评估能耗性能，并确定最大经济性节能措施。对照基准建筑量化能耗性能。如果地方规范可以被证明在要求及量值方面，与美国能源部确定的商业建筑能耗标准相当，则采用地方规范中与ASHRAE 90.1-2007相关的能耗分析方法进行修正。美国能源部关于商业建筑能耗确定标准，可见 http://www.energycodes.gov/implement/determinations.com.stm

续表

分析比较与专家评语	比较分析结果 LEED 用基准建筑能效作为基准点比较，并且用能耗费用计量，包含了日常建筑运行中能源因素。LEED 将建筑运行的实际效能放在节能目标上。 建筑能耗设计侧重以实验模拟后进行评价的方式来规定实现最低能耗的标准控制，并要求达到具体的规定性达标方式。 国内因已有现行标准，绿色标准中采用参照执行的条文，具体表述不多。环保标志住区是针对各地区的具体情况制定，并对规划前与规划后的各项影响因素做详尽介绍与规定。 深圳、福建地方标准除同建设部标准条文外，另列了具体指标要求。
	专家意见 本项立意建立以建筑能耗日常运营的角度检查建筑的能耗水平，以避免对大气和环境的影响。方法是必须建立能耗基准能效建筑标准，目标标准是以基准标准作为参照系。 LEED 分别对不同建筑类型有着不同的节能指标要求。建筑能耗评估指向围护结构、设备设施、日常生活能耗等方面，要求列出所有耗能清单，并采用计算机模拟分析，计算出能耗数据、用住户使用费用数据说话，能反映能耗真实水平。 中国标准侧重于规划设计阶段，从建筑主体结构、设施设备采纳、能源系统优化、可再生能源利用、对环境影响等多层面全方位地提出规范要求。尚未能涉及住户日常运营能耗的阶段。 另外中国标准的单栋建筑能耗设计计算机模拟运用尚在起步阶段，更无实测数据，所以不能完全真实反映能耗实际水平。

3.3.3 减少空调的使用

中国国家标准	住房和城乡建设部《绿色建筑评价标准》 （★控制项，▲一般项，◆优选项） 尚无此类规定。
	《环境标志产品技术要求生态住宅（住区）》 5.3 节能与能源利用要求 5.3.1 规划设计阶段 必备条件（6）空调制冷设备和消防设备中不得采用含 CFC（氟氯化碳）的工质。
中国地方规范	《深圳市绿色建筑评价标准（征求意见）》 住宅建筑： ★ 4.1.7 住区内部无排放超标的污染源。 1 空调制冷等设备不采用 CFC 制冷剂。
	《福建省环保住宅工程认定技术条件（试行）》 尚无此类规定。
美国 LEED-NC 绿色建筑评估体系	EA P3：必要项　降低暖通空调设备使用 CFC 目的 减少对大气中臭氧的破坏。 要求 新建筑采暖、通风、空调 (HVAC & R) 系统中零使用氟氯化碳 (CFC) 制冷剂。使用既有的 HVAC 设备时，应有一个氟氯化碳的退出计划。 技术措施和策略 采用既有 HVAC 系统时，应制定并确定使用氟氯化碳的设备清单及相关制冷剂的替代计划，新建筑，则使用不含氟氯化碳制冷剂的设备。
分析比较与专家评语	比较分析结果 1. 国内绿色建筑评价标准没有做出对 CFC 制冷剂的使用规定； 2. 国内其他地方标准中部分城市规定出禁止使用 CFC 制冷剂。但有待完善。 3. LEED 建筑评估体系对 CFC 制冷剂的使用做出明确的规定。
	专家意见 不使用 CFC 制冷剂，减少对臭氧层破坏，这是国际社会共识。本项立意通过限制和替代更新的措施控制达到减少产生臭氧层的因素。 LEED 标准明确，并提出既有设备使用时，要制订 CFC 的退出计划。 中国相关行业标准明确设备制造不采用 CFC 制冷，中国建筑作为设备使用方，也规定不使用含 CFC 设备，但对既有 CFC 设备的更新替代没有明确的指示。执行过程中不够全面，细致，力度不够。

3.3.4 优化系统能效

中国国家标准	住房和城乡建设部《绿色建筑评价标准》 （★控制项，▲一般项，◆优选项） 按当前标准执行。
	《环境标志产品技术要求生态住宅（住区）》 按当前标准执行。
中国地方规范	《福建省环保住宅工程认定技术条件（试行）》 按当前标准执行。
	《深圳市绿色建筑评价标准（征求意见稿）》 按当前标准执行。
美国 LEED-NC 绿色建筑评估体系	EA C1：能效优化（1-19分） 目的 为减少能源使用带来的环境及经济影响，实现超过最低能效要求，进一步提高节能水平。 要求 选用以下三个达标方式之一，采用在"最低能效要求"项目中的三个选项给予论证。 选项1. 全建筑能源模拟(1-19分） 采用 ASHRAE90.1-2007 附录 G 的方法，采用计算机模拟手段，进行全建筑模拟，说明设计建筑相对基准建筑能效提高的比例程度。 节能率（能源费用）的提高与得分标准如下：

新建筑	既有建筑改造	得分
12%	8%	1
14%	10%	2
16%	12%	3
18%	14%	4
20%	16%	5
22%	18%	6
24%	20%	7
26%	22%	8
28%	24%	9
30%	26%	10
32%	28%	11
34%	30%	12
36%	32%	13
38%	34%	14
40%	36%	15
42%	38%	16
44%	40%	17
46%	42%	18
48%	44%	19

ASHRAE 90.1-2007 附录 G 所规定的方法，要求覆盖建筑中所有的用能费用，设计建筑必须符合以下标准才能得分：
● 符合地 ASHRAE 90.1-2007 标准的所有强制性条款（第5.4，6.4，7.4，8.4，9.4 和 10.4 节）。
● 包括了与本建筑相关的所有能源费用。
● 相对 ASHRAE90.1-2007 附录 G 的基准建筑予以比较，基准建筑的作业能耗默认为全部能耗费用的 25%，如果基准建筑的能耗计算费用少于全部能耗费用的 25%，则必须在提交材料中论证其能耗模拟输入是适合的。

美国 LEED-NC 绿色建筑评估体系	为本分析之目的所关联的作业能耗包括(但不限于):办公、相关设备、计算机、电梯和滚梯、厨房设备、冷冻和冰箱、洗衣和干衣、灯具(不含设备附带灯具)和景观水泵。
	常规用能(非作业能耗)包括照明(室内、车库、地面停车、建筑里面、地面等)、采暖、通风、空调(室内采暖、制冷、风机、水泵,卫生间换气装置,车库通风,厨房油烟机等)和使用及采暖之目的的热水。
	基准建筑与目标建筑都必须确定作业能耗水平,但也按 ASHRAE 90.1-2007 标准 G2.5 条的例外计算方法,说明作业能耗的降低。
	说明作业能耗的节能,必须包括基准建筑与设计建筑的估定清单,并提供理论或经验数据支持这些估定。
	加州的工程可以采用标准 Title 24-2005,第 6 部分,以在选项 1 中代替 ASHRAE 90.1-2007。
	或者
	选项 2. 规定性达标方式:ASHRAE 高级能源设计指南
	如下列要求,说明工程符合 ASHRAE 商级能源设计指南的规定性措施,对于建筑所在地区的气候分区,工程必须满足所有适用条款。
	方式 1. ASHRAE 高级能源设计指南——小型办公建筑 2004
	建筑必须符合以下要求:
	● 小于 20000 平方英尺;
	● 办公用途。
	方式 2. ASHRAE 高级能源设计指南——小型零售建筑 2006
	建筑必须满足以下要求:
	● 小于 20000 平方英尺;
	● 零售用途。
	方式 3. ASHRAE 高级能源设计指南——小型仓库和自用储藏建筑 2008
	建筑必须满足以下要求:
	● 小于 20000 平方英尺;
	● 仓库或自用储藏用途。
	用途
	选项 3. 规定性达标方式:高级建筑™核心性能指南™
	符合新建筑协会编制的高级建筑核心性能指南的规定性措施,建筑必须满足以下要求:
	● 小于 100000 平方英尺;
	● 符合第 1 节:设计策略和第 2 节:核心性能要求;
	● 办公、学校、公共建筑和零售工程,小于 100000 平方英尺,必须满足核心性能指南的第 1 节和第 2 节;
	● 其他建筑形式,小于 100000 平方英尺,必须满足核心性能指南的基本要求;
	● 健康中心、仓库和实验室工程适用于本方式。
	选项 3 的得分(1 分):
	● 符合核心性能指南第 2 节的,小于 100000 平方英尺的适合建筑可得 1 分(办公楼、学校、公共及零售建筑)。
	● 符合第 3 节"增强性能"所列的措施的建筑,最高可获得另外 2 个附加分,每采用 3 个措施,可获得 1 分。
	● 采用以下 LEED 推荐的其他措施分布不能获得 EAC1 的附加分:
	  ・3.1 – 清凉屋面 Cool Roofs
	  ・3.8 – 夜间通风 Night Venting
	  ・3.13 – 附加运行调试 Additional Commissioning
	技术措施和策略
	建筑围护结构和系统要满足基准建筑的要求,采用计算机模拟方式评估能耗性能,并确定最大经济性节能措施。对照基准建筑量化能耗性能。
	如果地方规范可以被证明在要求及量值方面,与美国能源部的确定商业建筑能耗标准相当,则采用地方规范中与 ASHRAE 90.1-2007 相关的能耗分析结果可能予以使用。美国能源部关于商业建筑能耗确定标准,可见 http://www.energycodes.gov/implement/determinations com.stm

分析比较与专家评语	比较分析结果 国内标准确定以当前的规范标准作为范本,条文中不再描述。较多关注国内标准弱势的优化通风方面。相对来说 LEED 标准相较国内标准更全面,更具体,关注内容更多,规定也更详细。 专家意见 本项立意旨在加强系统节能效能,提出最低效能和基准节能标准的概念,量化能效性能。 LEED 标准提出选用三种不同达标方式及具体要求,并提出达标技术措施和策略,该标准适用性和操作性都较强。 中国标准虽然考虑得全面、系统,原则性强,也有具体的定量的要求,但多侧重前期设计阶段,且有些较难实施,比如建筑热量计量问题,要做更多研究,提出实施方案,所以按现行标准实施,最终能效很难把握。

3.3.5 可再生能源的利用

中国国家标准	住房和城乡建设部《绿色建筑评价标准》 （★控制项，▲一般项，◆优选项） 住宅建筑： ▲4.2.9 根据当地气候和自然资源条件，充分利用太阳能、地热能等可再生能源。可再生能源的使用量占建筑总能耗的比例大于5%。 公共建筑： ◆根据当地气候和自然资源条件，充分利用太阳能、地热能等可再生能源，可再生能源产生的热水量不低于建筑生活热水消耗量的10%，或可再生能源发电量不低于建筑用电量的2%。 《环境标志产品技术要求生态住宅（住区）》 5.3.1 规划设计阶段 可再生能源与废热利用（0.10） 提高利用可再生能源与废热提供生活热水、冬季采暖、夏季空调和建筑用电的比例（1.00） 5.3.2 验收阶段 可再生能源与废热利用（0.25） 提高利用可再生能源与废热提供生活热水、冬季采暖、夏季空调和建筑用电的比例（1.00）
中国地方规范	《福建省环保住宅工程认定技术条件（试行）》 3.2.5.3 绿色能源集中采暖、供应热水 住宅采暖、热水供应宜采用太阳能、地热能、风能等绿色能源。系统方式：(1)地热能集中供应热水。(2)太阳能集中供应热水。 《深圳市绿色建筑评价标准（征求意见稿）》 一般项 4.2.9 可再生能源的使用量占建筑总能耗的比例大于5%。 优选项 4.2.11 可再生能源的使用量占建筑总能耗的比例大于10%。
美国LEED-NC 绿色建筑评估体系	EA C2：项目 现场可再生能源 1-7分 目的 鼓励采用现场可再生能源，增加自身能源供给，减少使用化石能源带来的环境和经济影响。 要求 使用现场可再生能源来折减建筑能源费用，通过计算工程中由可再生能源替代的建筑年能耗费用比例，对照下表，确定可再生能源得到的分值。 建筑能耗费用取EACI项目中所采用的年建筑能源费用值。优化建筑能效或采用美国能源部商用建筑用能调查数据库来确定用电量。 最低可再生能源替代比例所对应的分值标准： | 再生能源比例 | 得分 | |---|---| | 1% | 1 | | 3% | 2 | | 5% | 3 | | 7% | 4 | | 8% | 5 | | 11% | 6 | | 13% | 7 | 技术措施和策略 工程可利用的无污染或可再生能源包括太阳能、地热能、生态小水电、生物质能和沼气技术。采用这些措施时，利用当地的电力公司电网计量。
分析比较与专家评语	比较分析结果 1. LEED体系要求使用可再生能源来折减建筑能源费用，并具体制定量化指标，确定可再生能源替代的建筑年能耗费用比例。 LEED标准确定以电量和入网作为标志 2. 国内绿建标准有原则要求，规定较为详细，非专业人士也能够理解操作。 专家意见 本项立意通过现场的可再生能源的利用，减少化石能源的依赖。 LEED标准对可再生能源利用，规范条款十分明确，指导性强，鼓励性强。 中国标准要求因地制宜，充分利用可再生能源。标准还根据不同建筑类型（住宅建筑或公共建筑），提出对可再生能源利用量的相应的最低要求。但是条文尚较原则化，具体执行的措施未做规定，实际工程中现在太阳能热水的再生能源利用较为成熟。

3.3.6 系统调试

中国国家标准	住房和城乡建设部《绿色建筑评价标准》 尚无此类规定。 《环境标志产品技术要求生态住宅（住区）》 尚无此类规定。
中国地方规范	《福建省环保住宅工程认定技术条件（试行）》 尚无此类规定。 《深圳市绿色建筑评价标准（征求意见稿）》 尚无此类规定。
美国 LEED-NC 绿色建筑评估体系	EA C3：项目　增强运行调试　2分 目的 在设计早期阶段开始运行调试措施，并在系统能效检查确认结束后，再进行一些附加的活动。 要求 实施，或有一个合同将要实施，在基本运行调试 EAP1 工作之外，依照 LEED 参考手册 2009 版的规定，再进行以下的附加运行调试活动： ● 在施工计划完成前，指派一个运行调试机构（CxA）来指导、评审和监控所有运行调试活动的实施。 ● 该 CxA 必须证明做过两个工程的运行调试机构； ● 作为 CxA 的个体： ——必须独立于设计、施工工作， ——不能是相关设计公司的员工，但可通过他们获得该工作， ——不能是相关施工公司、承包商或施工经理、或拥有合同， ——可以是业主的有资格的员工或顾问。 ● CxA 必须可以直接向业主汇报发现、建议。 ● 该 CxA 必须在中期施工文件前，进行一次业主要求、设计依据资料和设计文件的评审，并回查设计根据评审意见进行的变更。 ● 该 CxA 必须根据业主要求和设计资料评审承包商对于运行调试系统的提交资料，该评审必须与建筑师和工程师的评审同步进行。 ● 该 CxA 或工程人员必须编制一个系统手册，供运行调试系统的运行管理人员将来对系统的理解、运行和管理。 ● 该 CxA 或工程人员必须确认运行和建筑用户已得到需要的培训。 ● 该 CxA 必须在运行调试结束后从事一个与建筑运行管理人员进行为期 10 个月的建筑运行和维护评审。必须包括一个运行调试发现的问题解决方案。 技术措施和策略 虽然最好是 CxA 与业主直接签订合同进行增强运行调试，但也可以设计公司或施工单位签订运行调试合同。 LEED 参考手册 2009 给出了实施以下活动的详细指南： ● 设计运行调试评审； ● 提交资料的运行调试评审； ● 系统手册。
分析比较与专家评语	比较分析结果 LEED 系统全面地指导附加运行调试活动。 国内绿色建筑在设计早期阶段没有运行调试的程序，也没有相关评价标准。 专家意见 本项立意要求项目竣工后，通过对设备调试和运营的培训，保证建筑使用中能效的实施。 LEED 在设备运行调试上，标准制定的较系统、全面。调试分早期运行调试，安装结束后能效确认调试及中途的附加调试；调试要指派专业机构（对专业机构有具体要求）；调试工作又有详细的评审指南，这些构成了完整的调试评审系统，能保证设备运行质量。 中国绿色建筑在设计早期阶段没有运行调试的程序，也没有相关评价标准。仅依靠安装结束后，安装方自行调试，即交付使用。因为监管的少了，问题也就自然多了。中国标准对此应该强化、细化。

3.3.7 制冷剂管理

中国国家标准	住房和城乡建设部《绿色建筑评价标准》 尚无此类规定。 《环境标志产品技术要求生态住宅（住区）》 住区大气污染物排放符合《大气污染物综合排放标准》（GB16297）的要求。 空调制冷设备和消防设备中不得采用含 CFC（氟氯化碳）的工质。
中国地方规范	《福建省环保住宅工程认定技术条件（试行）》 尚无此类规定。 《深圳市绿色建筑评价标准（征求意见稿）》 住宅建筑： 4.1.7 住区内部无排放超标的污染源。 1 空调制冷等设备不采用 CFC 制冷剂；
美国 LEED-NC 绿色建筑评估体系	EA C4：项目 增强制冷剂管理 2 分 目的 减少臭氧层破坏，先期符合蒙特利尔议定书的规定，最小化产生气候变化作用。 要求 选项 1 不使用制冷剂 或者 选项 2 选用的暖通空调设备最小化或不排放破坏臭氧或引起气候变化的物质。基准建筑的暖通空调设备必须符合以下公式，这里设定了产生臭氧破坏和全球变暖的限值： $LCGWP + LCODP \times 105 \leq 100$ $LCGWP + LCODP \times 105 \leq 100$ $LCODP = [ODP_r \times (L_r \times Life + M_r) \times R_c]/Life$ $LCGWP = [GWP_r \times (L_r \times Life + M_r) \times R_c]/Life$ 公式的定义 LCODP：寿命周期内臭氧破坏可能值 (lb CFC 11/Ton-Year) LCGWP：寿命周期内导致气候变暖可能值 lobal Warming Potential (lb CO2/Ton-Year) GWPr：制冷剂的气候变暖可能值 (0 to 12000 lb CO_2/lbr) ODPr：制冷剂破坏臭氧可能值 (0 to 0.2 lb CFC 11/lbr) Lr: 制冷剂泄漏率（0.5%～2.0%：除非另外说明，默认为 2%） Mr: 寿命末制冷剂泄漏量（2%～10%：除非另有说明，默认为 10%） Rc: 制冷剂添加量（0.5～5.0 lbs/ARI 冷吨） Life：设备寿命（10 年：根据设备形式，除非另有说明） 对多形式设备，须按以下公式计算所有暖通空调设备的权重平均值： $$\frac{\sum (LCGWP + LCODP \times 10^5) \times Q_{unit}}{Q_{total}} \leq 100$$ $[\sum (LCGWP + LCODP \times 10^5) \times Q_{unit}] / Q_{total} \leq 100$ 公式定义 Qunit= 单个暖通空调设备的制冷能力（ARI 冷吨） Qtotal= 所有暖通空调设备的能力（ARI 冷吨） 小型暖通空调设备（指制冷剂小于 0.5 磅）和其他设备，如冷冻机、小型冷水机等其他小于 0.5 磅制冷剂填充量的设备，在本项目计算中不含入。 不要安装或使用含有破坏臭氧的消防系统，如：佛里昂、卤代佛里昂、哈龙等。 技术措施和策略 建筑在设计和运行时不使用机械制冷设备。如需使用机械制冷设备，则采用破坏臭氧或增进地球变暖程度最小的暖通空调设备。维护设备防止泄漏制冷剂。采用无 HCFC 或哈龙的消防系统。
分析比较与专家评语	比较分析结果 LEED 标准采用最小破坏臭氧或增进地球变暖的暖通空调设备。对无 HCFC 的设备提出选型的要求。 国内绿色标准对于制冷剂管理的条款较少，且缺少量化指标。 专家意见 本项立意通过设备选型，强化对 HCFC 的使用控制，保证减少臭氧层发生的因素，减少对气候的影响。 LEED 标准对制冷剂管理在评价必要项中提出要求，在此一般项又做了细化规定，体现了该标准对环境问题的重视。 中国虽然也认识到环境问题的重要性，但作为对绿色建筑的评价标准，对设备系统缺乏使用中指标限值，尚有待行业规范标准做进一步整合和系统化。

3.3.8 能耗核查

中国国家标准	住房和城乡建设部《绿色建筑评价标准》 尚无此类规定。
	《环境标志产品技术要求生态住宅（住区）》 尚无此类规定。
中国地方规范	《福建省环保住宅工程认定技术条件（试行）》 尚无此类规定。
	《深圳市绿色建筑评价标准（征求意见稿）》 尚无此类规定。
美国LEED-NC 绿色建筑评估体系	EA C5：项目　计量与验证（M&V）　3分 目的 提供建筑能源消耗随时计量能力。 要求 选项1 根据2003年4月版的国际效能计量与验证协议(IPMVP)第三册：新建筑确定节能的定义与方法中，方法D：模拟校准（节能估算法2），制定并实施一个计量和验证（M&V）方案。 M&V应在建筑使用后实施至少一年时间。 如M&V实施中发现节能未达目标，提供整改的活动和结果。 或者 选项2 根据2003年4月版的国际效能计量与验证协议(IPMVP)第三册：新建筑确定节能的定义与方法中，方法B：能源节约隔离测量，制定并实施一个计量和验证(M&V)方案。 M&V应在建筑使用后实施至少一年时间。 如M&V实施中发现节能未达目标，提供整改的活动和结果。 技术措施和策略 制定一个M&V方案来评价建筑，和/或能源系统效能，通过模拟或分析说明建筑或能源系统。安装必要的能源计量设备，合理分解各用能部分，对比分析预期能效和实际用能情况。评价基准能效和实际能效的对比。 IPMVP给出了验证节能措施（ECM）的特定活动和方法，本LEED项目则是在IPMVP的M&V目标基础上的延伸。有些实施节能措施的能源系统由于条件限制，也不必非得进行计量与验证。IPMVP只对各种情形给出了计量与验证的适用方法。这些方法应结合能源数据采集，提供随时的用能监控。 对于整改活动，可考虑在控制系统中安装诊断系统，在设备没有最佳运行时提示操作人员。这些提示或报警应包括： ● 空气处理装置中阀门出现冷热泄漏； ● 节能器失效（例如，节能器阀门控制失效）； ● 软件或手动使得设备超时运行，如每周7天24小时运转； ● 设备在异常环境条件下运转（如在室外温度超过65℉时启动锅炉） 除控制系统诊断外，考虑采用再调试或经验员工发现用能增加原因。（这种员工通常是节能主管，其他信息见www.energy.state.or.us/rcmhm.htm）
分析比较与专家评语	比较分析结果 LEED标准提出一个计量的概念和具体做法，一是审核模拟计算的分配的实际效果，二是建立能效计量设备，对检查结果对比，提出整改措施。 国内绿色标准缺乏此项要求。
	专家意见 本项立意重点在能效使用过程中，通过模拟或分析检查建筑能源分配的合理性和实施的可靠性。通过计量设备保证基准能效和实际能效有合理的比差。 LEED标准要求对建筑能耗有随时计量能力，以便发现问题，及时整改完善。 中国标准此项缺失。对建筑能耗的关注的确不能局限在前期设计阶段，应该是全程跟踪，及时发现问题，及时解决，才能实现最小的能耗，最大的能效。中国的计量问题始终是一个瓶颈，在很大问题上阻碍了中国的能效的发展。

3.3.9 绿色电力

中国国家标准	住房和城乡建设部《绿色建筑评价标准》 尚无此类规定。 《环境标志产品技术要求生态住宅（住区）》 尚无此类规定。
中国地方规范	《福建省环保住宅工程认定技术条件（试行）》 尚无此类规定。 《深圳市绿色建筑评价标准（征求意见稿）》 尚无此类规定。
美国 LEED-NC 绿色建筑评估体系	EA C6：项目　绿色电力　2分 目的 鼓励开发和使用并网的零污染可再生能源技术。 要求 拥有一个至少两年期的可再生能源供给合同，满足至少35%的建筑用电来自于可再生能源，其可再生能源符合"资源方案中心"的"绿电"认证要求。 所有购置的"绿电"应以能源需求量计算，而非能源费用。 选项1 采用EACI"能效优化"中的年用电数值。 或者 选项2　估算用电基数 采用美国能源部的商业建筑能耗调查数据库，估算用电量。 技术措施和策略 确定建筑能源需求，了解获得绿电合同的可能。绿电来自于太阳能、风能、地热能、生物质能和生态小水电，绿电项目详细查询http://www.green-e.org/energy. 符合本项目要求的绿电产品不要求获得"绿电"认证，其他来源如符合"绿电"计划的技术要求同样适用。可再生能源证书(RECs)、交易可再生能源证书(TRCs)、绿标或其他来源形式，只要符合"绿电"基数要求都可认为符合本项目要求。
分析比较与专家评语	比较分析结果 LEED鼓励使用由绿色能源产生的电能；要求计量和通过绿色用电的认证，特意减低入门控制标准。 国内缺乏此类标准。 专家意见 本项立意鼓励大力使用绿色电源，降低认证要求，只要符合绿电基数要求就被认为得分的项目。 LEED标准：建筑耗能要求不低于35%的用电量来源于"绿电"。这项标准定得较高，但入门门槛较低。这对申请认证的建筑将起到很大促进作用，它不但促进了开发者的积极性，甚至对整个城市地区可再生能源的开发都会有促进，促进了城市的可持续发展。中国虽然也很重视新能源的开发利用，但对建筑耗能上，如何利用可再生能源问题只是原则要求，没有数量上的限定，鼓励政策也不明确，需加强研究完善。

3.4 材料与资源

	3.4.1 废弃材料的收集和存放
中国国家标准	住房和城乡建设部《绿色建筑评价标准》 尚无此类规定。 《环境标志产品技术要求 生态住宅（住区）》 尚无此类规定。
中国地方规范	《福建省环保住宅工程认定技术条件（试行）》 尚无此类规定。 《深圳市绿色建筑评价标准（征求意见稿）》 住宅建筑： ▲ 4.4.6 将建筑施工、旧建筑拆除和场地清理时产生的固体废弃物分类处理，并将其中可再利用材料、可再循环材料回收和再利用。 公共建筑： ▲ 5.4.6 将建筑施工、旧建筑拆除和场地清理时产生的固体废弃物分类处理，并将其中可再利用材料、可再循环材料回收和再利用。
美国LEED-NC 绿色建筑评估体系	MR P1：必要项　可再生物收集和存放 目的 促进建筑使用者减少产生填埋土地的废弃物。 要求 提供一个可方便使用的区域或空间，专门用于整个建筑收集和存放可再生材料，这些材料必须至少包括：纸张、纸箱板、玻璃、塑料和金属。 技术措施和策略 在合适和方便的位置，指明一个专用区域用于可再生物收集和存放。 确定本地废弃物处理站和回购者，回收玻璃、塑料、金属、办公纸张、报纸、金属、纸板和有机废物，引导住户采用废弃物再生处理，考虑配置纸板打包机、铝罐压缩机、再生品输送管道和其他措施增强再生品收集措施能力。
分析比较与专家评语	比较分析结果 LEED标准对住户的可再生材料的回收要求提供一个专门的场所，用于可再生物收集、存放分类，专列条款规定明确。 中国绿色标准尚无针对住户废弃物的处理条文；地方标准只提出弃置场地，没有提出相应的技术措施。 专家意见 本项立意注重住户使用中可再生材料的回收，条文的设置表明了绿色建筑的原则理念，塑造一个由居民共同参与的绿色行为和绿色社会。 LEED标准要求提供专用收集和存放位置，同时建立各种设备措施提高再生品收集措施能力。 中国对可再生物处置已分设在不同的专业规范中，如《居住区规划设计规范》对住区垃圾收集点设置规定：服务半径不应大于70m，宜采用分类（分为可回收与不可回收）收集。中国城市公共建筑和公共场所垃圾收集有明确的分类设置要求。中国的《住宅设计规范》对垃圾收集设施和收集空间亦有详细的规定。 对比中美双方对可再生物的收集、存放、利用都是有规范要求的。只是中国分列在不同的规范文本中提出规定要求，标明了中国绿色标准是建立于普及的基础上，没有进一步的要求。

3.4.2 建筑再利用（结构框架）

中国国家标准	住房和城乡建设部《绿色建筑评价标准》 尚无此类规定。 《环境标志产品技术要求生态住宅（住区）》[1] 5.6 材料与资源要求 5.6.1 规划设计阶段 建筑材料　　（0.35） 使用可回收、可再生和可再利用的建筑材料　　0.50 所用的建筑材料对环境影响较小，对人体健康无害　　0.50 资源再利用　　（0.15） 旧建筑的改造与合理利用　　0.40 旧建筑材料的利用　　0.40 固体废弃物的处理、处置　　0.20 住宅室内装修　　（0.10） 在建筑设计阶段考虑实施装修的设计与施工　　1.00 5.6.2 验收阶段 建筑材料　　（0.35） 使用可回收、可再生和可再利用的建筑材料　　0.50 所用的建筑材料中放射性指标达标　　0.50 资源再利用　　（0.15） 尚可继续使用的建筑的有效利用　　0.50 对有历史文化价值的建筑实现保护、利用　　0.50 旧建筑材料的利用（0.20） 利用可再利用的旧建筑材料　　1.00 固体废弃物的处理（0.60） 对不可再利用的废弃物处理满足城市管理要求　　0.30 从施工废弃物中分类回收可再利用的材料　　0.70 住宅室内装修　　（0.10） 住宅为一次性室内装修，满足用户个性化要求　　0.50 使用环保型装修材料　　0.50
中国地方规范	《福建省环保住宅工程认定技术条件（试行）》 尚无此类规定。 《深圳市绿色建筑评价标准（征求意见稿）》 尚无此类规定。
美国 LEED-NC 绿色建筑评估体系	MR C1.1：项目　建筑再利用——保留原有墙体、楼板、屋面　1-3分 目的 延长既有建筑使用寿命，节约资源，保持文化资源，减少由于新建筑需求带来的材料生产和运输所造成的废弃物和环境污染。 要求 保留既有建筑结构（结构楼板和屋面构件）、围护结构（外框和墙面，不含窗户和非结构屋面材料），最低的建筑再利用率与得分标准如下： 建筑再利用率 55% 得分 1 建筑再利用率 75% 得分 2 建筑再利用率 95% 得分 3 重复使用的有害材料必须从计算中去除，如果工程改造超过既有建筑两倍大，则不适用于该项目。 技术措施和策略 再利用原先使用过的建筑结构、围护结构及部件，去除包含对人体有污染的部分，升级有利于提高节能、节水的构件，如窗户、机械系统和用水器具。
分析比较与专家评语	比较分析结果 LEED 标准对既有建筑结构的再利用放置到重要地位，提出具体条文的规定和计分值，有重要的参考价值。 国内标准明确提出了对可继续使用的建筑的有效利用，但没有针对建筑结构框架再利用的细致标准。 专家意见 本项立意建筑翻新改造尽量保留老建筑的结构框架，以减少资源消耗和环境影响。 LEED 标准明确保留原有的墙体、楼板、屋面，且有定量要求，有些用评估得分鼓励提高既有建筑改造中材料再利用，标准中这些条款的制定能有效节约资源，保护环境。 中国标准没有专门针对既有建筑改造提出明细要求，只做原则规定，要求充分利用拆除的建筑中可回用的建筑材料。这适合中国城市社会的现状，因为中国城市绝大多数旧建筑拆除后是重建，而非改建。
备注	[1]《环境标志产品技术要求生态住宅（住区）》标准来进行分类说明。在 3.4.2，3.4.3 中用同一内容加以比较。

3.4.3 建筑再利用（内装组件）

中国国家标准	住房和城乡建设部《绿色建筑评价标准》 ★ 4.4.1 室内装饰装修材料满足相应产品质量国家或行业标准；其中材料中有害物质含量满足《室内装饰装修材料有害物质限量》GB18580—18588和《建筑材料放射性核素限量》GB6566的要求。 ▲ 4.4.8 土建与装修工程一体化设计施工，不破坏和拆除已有的建筑构件及设施。
	《环境标志产品技术要求生态住宅（住区）》 5.6 材料与资源要求 5.6.1 规划设计阶段 建筑材料　　（0.35） 使用可回收、可再生和可再利用的建筑材料　　0.50 所用的建筑材料对环境影响较小，对人体健康无害　0.50 资源再利用　　（0.15） 旧建筑的改造与合理利用　　0.40 旧建筑材料的利用　　0.40 固体废弃物的处理、处置　　0.20 住宅室内装修　　（0.10） 在建筑设计阶段考虑实施装修的设计与施工　　1.00 5.6.2 验收阶段 建筑材料　　（0.35） 使用可回收、可再生和可再利用的建筑材料　　0.50 所用的建筑材料中放射性指标达标　　0.50 资源再利用　　（0.15） 尚可继续使用的建筑的有效利用　　0.50 对有历史文化价值的建筑实现保护、利用　　0.50 旧建筑材料的利用（0.20） 利用可再利用的旧建筑材料　　1.00 固体废弃物的处理（0.60） 对不可再利用的废弃物的处理满足城市管理要求　0.30 从施工废弃物中分类回收可再利用的材料　　0.70 住宅室内装修（0.10） 住宅为一次性室内装修，满足用户个性化要求　　0.50 使用环保型装修材料　　0.50
中国地方规范	《福建省环保住宅工程认定技术条件（试行）》 尚无此类规定。
	《深圳市绿色建筑评价标准（征求意见稿）》 尚无此类规定。
美国LEED-NC绿色建筑评估体系	MR C1.2：项目　建筑再利用——保留原有非结构性内装组件　1分 目的 延长既有建筑使用寿命，节约资源，保持文化资源，减少由于新建筑需求带来的材料生产和运输所造成的废弃物和环境污染。 要求 至少再利用整个既有的室内非结构构件（如内墙、楼面层和吊顶）50%（以面积计），包括后加部分。如果工程改造超过既有建筑两倍大，则不适用于该项目。 技术措施和策略 在适用建筑原结构、围护结构和室内非结构构件，去除包含对人体有污染的部分，升级有利于提高节能、节水的构件，如窗户、机械系统和用水器具。 量化建筑再利用范围。
分析比较与专家评语	比较分析结果 LEED标准着重对既有内装组件再利用提出定量要求； 国内标准只对内装建筑材料再利用和污染控制提出了要求，但没有针对非结构性内装组件价值再利用的细致标准。
	专家意见 本项立意对内装组件的再利用提出要求，美国大多组件是定制化组合部件，可再利用的几率要高。 LEED标准明确建筑改造要保留原有非结构性内装组件，且有定量要求，有些用评估得分鼓励提高既有建筑改造中材料再利用，标准中这些条款的制定能有效节约资源，保护环境。 中国绿色标准没有专门针对既有建筑改造提出明确要求，只做原则规定。环境标志标准要求充分利用拆除的建筑中可回用的建筑材料。这适合中国城市社会的现状，因为中国城市绝大多数旧建筑拆除后是重建，而非改建。

3.4.4 施工废弃物再利用

中国国家标准	住房和城乡建设部《绿色建筑评价标准》 （★控制项，▲一般项，◆优选项） ★ 4.4.2 采用集约化生产的建筑材料、构件和部品，减少现场加工。 ▲ 4.4.5 将建筑施工、旧建筑拆除和场地清理时产生的固体废弃物中可循环利用、可再生利用的建筑材料分离回收和再利用。 在保证安全和不污染环境的情况下，可再利用的材料（按价值计）占总建筑材料的5%；可再循环材料（按价值计）占所用总建筑材料的10%。
	《环境标志产品技术要求生态住宅（住区）》 5.6 材料与资源要求 5.6.1 规划设计阶段 资源再利用（0.15） 固体废弃物的处理、处置　　　　　　　　　　0.20 5.6.2 验收阶段 固体废弃物的处理（0.60） 对不可再利用的废弃物的处理满足城市管理要求　0.30 从施工废弃物中分类回收可再利用的材料　　　　0.70
中国地方规范	《福建省环保住宅工程认定技术条件（试行）》 尚无此类规定。
	《深圳市绿色建筑评价标准（征求意见稿）》 尚无此类规定。
美国LEED-NC绿色建筑评估体系	MR C2：项目　施工废弃物管理　1-2分 目的 减少施工废弃物和拆除废弃物造成的土地填埋和焚烧。将其回转入再生产过程和合适的工程回用。 要求 制定并实施一个施工废弃物管理方案，至少应确定可不填埋的材料，看是否能在现场存放和再利用。 循环使用或整理这些非有害施工和拆除废弃物。开挖土方和土地平整产生的废弃物不能计入本项目。 计算可按重量，也可按体积，但必须保持一致。最低的循环再用和得分标准如下： 回用或回收 50% 得分 1 回用或回收 75% 得分 2 技术措施和策略 设定废弃减少填埋或焚烧的目标，制定一个施工废弃物管理方案来实现这个目标。可考虑回收再利用纸板、金属、砖、矿棉板、混凝土、塑料、木材、玻璃、石膏墙板、地毯及保温材料等。建筑垃圾循环转化为日常用品有显著的市场价值（如木材转化为燃料，替代材料等）。 在工地中指明一块专用区域用于分离和收集可循环的建筑垃圾，其措施要持续贯穿于整个施工过程。这些转化也包括向其他组织或其他工程转赠的回收材料。
分析比较与专家评语	比较分析结果 LEED标准提出对建筑废弃物实施管理，以便整理后至少有50%再利用。 国家标准中要求再生材料占30%比例，但缺少对现场废弃物的管理和利用。
	专家意见 本项立意要对施工现场的建筑垃圾的管理、再利用，并提出量化指标。美国是工业化国家，建筑标准化的程度高，垃圾量也少，容易实现目标。 中国标准要求首先提升工业化、集约化水平，从废弃物产生的源头上抓起，减少现场加工和湿作业，方向是正确的。另外要求新建筑多采用以废弃物为原料生产的建筑材料。提法适合中国国情。要提升中国建筑产业化水平，牵涉到具体问题很多，非一部规范就能解决的。 LEED标准从美国国情出发，贴合美国现场施工实际，能有效促进废弃物回收、回用。

3.4.5 可循环材料的使用

中国国家标准	住房和城乡建设部《绿色建筑评价标准》 （★控制项，▲一般项，◆优选项） ▲4.4.5 将建筑施工、旧建筑拆除和场地清理时产生的固体废弃物中可循环利用、可再生利用的建筑材料分离回收和再利用。在保证安全和不污染环境的情况下，可再利用的材料（按价值计）占总建筑材料的5%；可再循环材料（按价值计）占所用总建筑材料的10%。 ▲4.4.7 在建筑设计选材时考虑使用材料的可再循环使用性能。在保证安全和不污染环境的情况下，可再循环材料使用重量占所用建筑材料总重量的10%以上。 ▲5.4.7 在建筑设计选材时考虑使用材料的可再循环使用性能。在保证安全和不污染环境的情况下，可再循环材料使用重量占所用建筑材料总重量的10%以上。（公共建筑） 《环境标志产品技术要求生态住宅（住区）》 5.6 材料与资源要求 5.6.1 规划设计阶段 建筑材料　（0.35） 使用可回收、可再生和可再利用的建筑材料　　0.50 所用的建筑材料对环境影响较小，对人体健康无害　0.50 资源再利用　（0.15） 旧建筑材料的利用　　0.40 5.6.2 验收阶段 建筑材料　（0.35） 使用可回收、可再生和可再利用的建筑材料　　0.50 所用的建筑材料中放射性指标达标　　0.50 旧建筑材料的利用（0.20） 利用可再利用的旧建筑材料　　1.00
中国地方规范	《福建省环保住宅工程认定技术条件（试行）》 尚无此类规定。 《深圳市绿色建筑评价标准（征求意见稿）》 4.4 节材与材料资源利用 控制项 4.4.7 在建筑设计选材时考虑使用材料的可再循环使用性能。在保证安全和不污染环境的情况下，可再循环材料使用重量占所用建筑材料总重量的10%以上。 4.4.9 在保证性能及安全性和健康环保的前提下，使用以废弃物为原料生产的建筑材料，且废弃物取代同类产品中原有的天然或人造原材料的比例不低于30%。 优选项 4.4.11 可再利用建筑材料的使用率大于5%。 4.7 创新设计 4.7.1 在规划建设中进行了创新设计，并有效证明该创新设计可产生足够的环境改善或资源节约效应。创新项判断准则为某技术措施性能极大地超过某项指标的要求或本地区以前没有采用的新技术、新工艺和新材料。 创新项包括但不限于以下要求。 1 绿地率不低于50%。 2 除机械设备、光伏发电板和采光天窗外100%的屋顶面积采用绿化屋顶。 3 空调能耗不高于国家和深圳市建筑节能标准规定值的60%。 4 可再生能源的使用量占建筑总能耗的比例大于20%。 5 节水率30%以上。 6 非传统水源利用率不低于50%。 7 可再利用建筑材料的使用率大于10%。 8 在项目500km以内生产的建筑材料占所有材料的重量比例不低于95%。 9 场地及建筑所有部位满足无障碍通行要求，通行设施满足盲人、失聪者等行动不便者的特殊通行要求。 公共建筑 5.4 节材与材料资源利用 一般项 5.4.10 在保证性能的前提下，使用以废弃物为原料生产的建筑材料，其用量占同类建筑材料的比例不低于30%。 优选项 5.4.12 可再利用建筑材料的使用率大于5%。

美国 LEED-NC 绿色建筑评估体系	MR C3：项目　材料再利用　1-2 分 目的 为减少废弃物产生，再生建筑材料和制品，可减少对原始材料的需求，以减少对原始资源的采伐和加工。 要求 采用回收的、再加工的、可再利用的材料，其总量按价值来讲，应至少占到工程材料总价值的 5% 或 10%。最低的回用材料比例与得分标准如下： 材料回用量 5% 得分 1 材料回用量 10% 得分 2 机械、电气设备、水管、管件或其他如电梯等专用设备，不能被计入材料回用计算。只有永久性安装在建筑中的家具才能被计入，但需与在项目 MRC3 到 MRC7 中保持一致。 技术措施和策略 建筑设计时考虑回用材料的可能，考察确定材料供应商，尽量使用回用材料，如旧梁、柱、楼板、墙板、门及门框、壁柜和家具、砖和装饰物。
分析比较与专家评语	比较分析结果 LEED 标准在设计阶段就对再生材料和回用材料品种提出使用率要求。 中国绿色标准也对材料再利用提出要求，但缺少具体细节。相比地方规范要求较为详实具体，有可操作性。 专家意见 本项立意充分利用再生材料资源，以减少资源的消耗和对环境的破坏。 中、美双方标准都较充分地考虑了节材节省资源问题，明确要求充分利用可再生、可循环、可重复利用的材料，并提出最低的用量要求，可指导绿色建筑建设。 双方标准都对材料再利用问题在实施规范过程中有要求，但在具体操作细节上描述的不多，在利用程度上有差别。这主要是在提供的可再生材料的产品上，中国的产量、数量和质量有不小的差距。

3.4.6　循环材料含量

中国国家标准	住房和城乡建设部《绿色建筑评价标准》 （★控制项，▲一般项，◆优选项） 住宅建筑： ▲ 4.4.5 将建筑施工、旧建筑拆除和场地清理时产生的固体废弃物中可循环利用、可再生利用的建筑材料分离回收和再利用。在保证安全和不污染环境的情况下，可利用的材料（按价值计）占总建筑材料的 5%；可再循环材料（按价值计）占所用总建筑材料的 10%。 《环境标志产品技术要求生态住宅（住区）》 5. 技术内容 5.6 材料与资源要求 5.6.1 规划设计阶段 建筑材料（权重：0.35）——使用可回收、可再生和可再利用的建筑材料（权重 0.5） 5.6.2 验收阶段 建筑材料（权重：0.35）——使用可回收、可再生和可再利用的建筑材料（权重 0.5）
中国地方规范	《深圳市绿色建筑评价标准（征求意见稿）》 住宅建筑 ▲ 4.4.6.2 建筑施工、旧建筑拆除和场地清理产生的固体废弃物（含可再利用材料、可再循环材料）回收利用率不低于 20%。 本条只适用于建成后绿色建筑评价。 ▲ 4.4.7 在建筑设计选材时考虑使用材料的可再循环使用性能。在保证安全和不污染环境的情况下，可再循环材料使用重量占所用建筑材料总重量的 10% 以上。 ▲ 4.4.9 在保证性能及安全性和健康环保的前提下，使用以废弃物为原料生产的建筑材料，且废弃物取代同类产品中原有的天然或人造原材料的比例不低于 30%。 ◆ 4.4.11 可再利用建筑材料的使用率大于 5%。 本条只适用于建成后绿色建筑评价。 公共建筑 ▲ 5.4.6.2 固废分类处理，且可再利用、可循环材料的回收利用率比例不低于 30%。 本条只适用于建成后绿色建筑评价。

续表

中国地方规范	▲5.4.7 在建筑设计选材时考虑材料的可循环使用性能。在保证安全和不污染环境的情况下，可再循环材料使用重量占所用建筑材料总重量的10%以上。 ▲5.4.10 在保证性能的前提下，使用以废弃物为原料生产的建筑材料，其用量占同类建筑材料的比例不低于30%。本条只适用于建成后绿色建筑评价。 ◆5.4.12 可再利用建筑材料的使用率大于5%。 《福建省环保住宅工程认定技术条件（试行）》 尚无此类规定。
美国LEED-NC绿色建筑评估体系	MR C4：项目 循环材含量 1-2分 目的 增加建筑制品中循环材含量，减低对原始材料的采伐和加工。 要求 采用含有循环材[1]之材料，其消费后[2]循环材含量加上1/2消费前[3]循环材含量的总量，在价值上应至少占工程材料总价值的10%或20%，最低的材料比例与得分标准如下：<table><tr><th>循环材含量</th><th>得分</th></tr><tr><td>10%</td><td>1</td></tr><tr><td>20%</td><td>2</td></tr></table>循环材的价值可按成分重量比例乘上材料总价值确定。 机械、电气设备、水管、管件或其他如电梯等专用设备，不能被计入材料回用计算。只有永久性安装在建筑中的家具才能被计入，但需与在项目MRC3到MRC7中保持一致。 技术措施和策略 建立工程中使用循环材料的目标，并寻找其供应商，施工中，确保这些循环材料被适用，考虑一个适当的性能、经济范围来确定这些材料和制品。
分析比较与专家评语	比较分析结果 1.LEED要求简单明了，而且计分法要比国内的评价方法简便。国内的标准除《深圳市绿色建筑评价标准》外，对循环材含量评价的规定较少，缺乏普遍适用的评价方法。 2.《深圳市绿色建筑评价标准》比LEED规定得更为详细。在对再生材的要求方面，《深圳市绿色建筑评价标准》较全面地介绍了设计和施工中所需再生材的含量。 专家意见 本项立意旨在增加在建筑中循环材料应用比例，减少对自然的索取。 LEED标准条文切合实际，简要明了，方便操作。 中国标准偏重原则要求，操作细则有待各地方自行制定、完善。
备注	[1]循环材含量定义依照国际标准，ISO 14021环保声明—自行声明（II类，环保标识）。 [2]消费后材料是指由家庭或商业、工业企业产生的终端用户废弃物，已无法按其原设计功能再继续使用。 [3]消费前材料是指加工过程中产生的排出物，可在原加工过程中再继续适用。[注]即生产中的边角料。

3.4.7 就地取材

中国国家标准	住房和城乡建设部《绿色建筑评价标准》 （★控制项，▲一般项，◆优选项） 住宅建筑： ▲4.4.3 建筑材料就地取材，至少20%（按价值计）的建筑材料产于距施工现场500公里范围内。 公共建筑： ▲5.4.3 施工现场500公里以内生产的建筑材料用量占建筑材料总用量70%以上（按重量计）。 《环境标志产品技术要求生态住宅（住区）》 5. 技术内容 5.6 材料与资源要求 5.6.1 规划设计阶段 就地取材 了解建筑材料在当地生产与供应的有关信息，尽可能就地取材 5.6.2 验收阶段 就地取材 了解建筑材料在当地生产与供应的有关信息，尽可能就地取材

中国地方规范	《福建省环保住宅工程认定技术条件（试行）》 尚无此类规定。 《深圳市绿色建筑评价标准（征求意见稿）》 住宅建筑 ▲4.4.3 施工现场 500km 以内生产的建筑材料重量占建筑材料总重量的 80% 以上。 本条只适用于建成后绿色建筑评价。 公共建筑 ▲5.4.3 施工现场 500km 以内生产的建筑材料重量占建筑材料总重量的 60% 以上。 本条只适用于建成后绿色建筑评价。
美国 LEED-NC 绿色建筑评估体系	MR C5：项目 地方材料 1-2 分 目的 建筑材料和制品中，增加使用本地原料、加工产品市场开发，支持地方材料使用，减少材料运输产生的环境影响。 要求 工程材料和制品中，所产自、来源、翻新、加工于 500 英里（804 公里）范围内的地方材料，其价值应至少占工程材料总价值的 10% 或 20%。如果材料中只是某成分源自、加工、翻新于本地，则只有这些成分按其比例可以贡献于本得分计算，计算方法以其成分的重量比例乘以材料或产品的总价值计算其价值。最低的地方材比例与得分标准如下： | 地方材比例 | 得分 | |---|---| | 10% | 1 | | 20% | 2 | 机械、电气设备、水管、管件或其他如电梯等专用设备，不能被计入材料回用计算。只有永久性安装在建筑中的家具才能被计入，但需与项目 MRC3 和 MRC7 中保持一致。 技术措施和策略 建立工程地方材料目标，确定材料供应商，施工中确保这些材料得以按定的比例使用，考虑其性能、经验等要素，选择适用的材料和产品范围。
分析比较与专家评语	比较分析结果 1.LEED 中地方材的含量按价值计算，且给出具体的计算方法。中国绿色标准中住宅建筑部分以价值量计算；公共建筑部分以重量计算，只给出最低比例，没给出计算方法。 2.我国其他的评价方法在限定地方材的范围时，也多是按重量来计算。 3.LEED 中要求地方材的范围为 804 公里，中国绿色标准中要求的范围为 500 公里。 4.《环境标志产品技术要求生态住宅（住区）》没有指出地方材的范围、百分比、及计算方法。 专家意见 本项立意圈在一定范围中地方材料的使用，支持地方材料的发展，减少运输量以减少环境的影响。 LEED 对本地材料的界定、使用数量均做出明确规定，评分标准也很明确，方便操作。 中国标准也提出绿色建筑应就地取材，并且有数量要求。中国部分城市地方标准在利用地方建材的数量上的要求与国家标准有差异，原则上不应该低于国家标准要求，或者可以认为国家标准定得高了，此待研究完善。

3.4.8 快速再生材料

中国国家标准	住房和城乡建设部《绿色建筑评价标准》 尚无此类规定。 《环境标志产品技术要求生态住宅（住区）》 尚无此类规定。
中国地方规范	《福建省环保住宅工程认定技术条件（试行）》 尚无此类规定。 《深圳市绿色建筑评价标准（征求意见稿）》 尚无此类规定。

续表

美国 LEED-NC 绿色建筑评估体系	MR C6：项目　快速再生材　1分 目的 减少对长寿珍稀原生材料的使用和破坏，替代以快速再生材。 要求 在所有工程材料和产品价值中，所使用的快速再生材及产品价值至少占 2.5%。工厂生产的快速再生材与产品取自于 10 年内或更短的生长周期。 技术措施和策略 建筑工程使用快速再生材的目标，确定符合该目标的产品供应商。可考虑使用例如竹材、羊毛及棉制保温材、植物纤维材、亚麻布、麦秸板及软木等。工程中，确保这些材料的使用。
分析比较与专家评语	比较分析结果 LEED 鼓励使用再生周期短的材料，国内绿色标准对此方面尚无规定。 专家意见 本项立意旨在鼓励快速再生材的使用与培植，减少对原生植物的破坏。 LEED 标准考虑了对长寿慢生植物的珍惜使用，提出使用快生植物材料，并做定量要求。于细微处见精神，它显现了美方对绿色环保的追求。 中国标准尚无此规定。

3.4.9　认证木材

中国国家标准	住房和城乡建设部《绿色建筑评价标准》 尚无此类规定。 《环境标志产品技术要求生态住宅（住区）》 尚无此类规定。
中国地方规范	《福建省环保住宅工程认定技术条件（试行）》 尚无此类规定。 《深圳市绿色建筑评价标准（征求意见稿）》 尚无此类规定。
美国 LEED-NC 绿色建筑评估体系	MR C7：项目　认证木材　1分 目的 鼓励环境责任型森林管理。 要求 以价值计，建筑木制构件中，至少 50% 源自于按照森林联合会（FSC）规则认证的木材。这些构件应至少包括结构框架、构架、楼板及辅助件、木门和面层。 只能计算永久安装与建筑的构件，购置的临时使用于建筑的木制产品（如脚架、支柱、框架、道路护板等）也可计入计算，但要有说明。如果此类产品纳入计算，则必须也纳入材料总价值的计算。如果这些材料不只用于一个工程，则在计算中只能算入一个工程。家具如与 MRC3、MRC7 项目一致，也可纳入计算中。 技术措施和策略 建立使用 FSC 认证木材的目标，选择符合目标的供应商，施工中，确保这些材料得以安装应用。
分析比较与专家评语	比较分析结果 LEED 鼓励使用 FSC 认证过的木材，确保木材来源合法，以减少对森林的破坏。 国内对此方面尚无规定。 专家意见 本项立意旨在鼓励使用 FSC 认证过的木材，确保木材来源合法，以减少对森林的破坏。 中美在使用木材建筑的立场差别较大。中国是世界十个缺乏木材的国家之一，对森林采取保守政策，不鼓励使用木材。 中国建立完善木材采伐、生产、认证制度，规定无合理来源的木材不得生产经营，从源头杜绝乱采滥伐，保护森林资源。对进口木材的限制近来逐步放开。 中国绿色建筑标准应明确相应的匹配条款，要求必须使用认证的木材。这样多方合力，才能真正实现环保目标。

3.5 室内环境质量

	3.5.1 室内空气质量
中国国家标准	住房和城乡建设部《绿色建筑评价标准》 （★控制项，▲一般项，◆优选项） 住宅建筑 ★ 4.5.5 室内游离甲醛、苯、氨、氡和TVOC等空气污染物浓度符合现行国家标准《民用建筑室内环境污染控制规范》（GB 50325）的规定。 公共建筑 ★ 5.5.4 室内游离甲醛、苯、氨、氡和TVOC等空气污染物浓度符合现行国家标准《民用建筑工程室内环境污染控制规范》（GB 50325）中的有关规定。 《环境标志产品技术要求生态住宅（住区）》 4 基本要求 室内环境质量 通风空调系统，机械通风系统的空气入口设置符合《采暖通风与空气调节设计规范》（GB50019）的要求。（规划设计） 污染源控制 所用室内装饰装修材料符合相应产品质量标准的要求，其中材料中有害物质符合《室内装饰装修材料有害物限量》（GB18580～18588）、《建筑材料放射性核素限量》（GB6566）和中国环境标志产品技术要求等标准的要求（规划设计/验收） 室内空气质量符合《民用建筑工程室内环境污染控制规范》（GB50325）和《室内空气质量标准》（GB/T18883）的要求（规划设计/验收） 5.4.1 规划设计阶段 室内空气质量（0.20）　　　　　　　　　　卧室、起居室可实现良好的自然通风（0.35） 住宅公共部分可实现良好的自然通风（0.15）　地下车库具有良好的通风设计（0.20） 厨房内设置燃气报警装置（0.10）　　　　　通风装置设置合理（0.20） 5.4.2 验收阶段 室内空气质量（0.20）　　　　　　　　　　卧室、起居室可实现良好的自然通风（0.20） 住宅公共部分可实现良好的自然通风（0.05）　地下车库具有良好的通风设计（0.05） 厨房内设置燃气报警装置（0.10）　　　　　暗卫生间通过竖向风道采用集中机械排风（0.10） 设有集中空调系统的居住建筑当门窗关闭时，室内新风量 ≥ 30m^3/(h·p) 通风系统设置合理（0.10） 室内空气物理性、化学性、生物性及放射性参数指标的实测值优于《住宅建筑规范》（GB50368）要求（0.30）
中国地方规范	《福建省环保住宅工程认定技术条件（试行）》 尚无此类规定。 《深圳市绿色建筑评价标准（征求意见稿）》 4.5 室内环境质量 ★ 4.5.4 居住空间能自然通风，通风开口面积不小于外窗所在地面面积的10%。 ★ 4.5.5 室内装饰装修材料污染含量及室内游离甲醛、苯、氨、氡和TVOC等空气污染物浓度符合国家标准《民用建筑室内环境污染控制规范》（GB 50325）的规定。 ▲ 4.5.11 设置通风换气装置或室内空气质量监测装置。符合以下任一项即为满足要求： 1 设置换气装置（或独立新风系统）时，新风量达到每人每小时40立方米； 2 设室内空气质量监测装置自动监测室内空气质量，具有报警提示功能。 ◆ 4.5.12 80%以上的公共空间（含地下空间）可实现自然通风。
美国LEED-NC 绿色建筑评估体系	IEQ P1：必要项　最低室内空气质量品质 目的 建立最低的室内空气质量（IAQ）品质，提高室内空气质量，为建筑用户提供健康的环境。 要求 情形1. 机械通风空间 符合ASHRAE 62.1-2007第4到第7节"可接受的室内空气质量"的最低要求。机械通风系统设计必须符合通风率程序或适用的地方规范，取较严格者。 情形2. 自然通风空间 自然通风建筑必须满足ASHRAE 62.1-2007（有勘误无附录[1]），5.1款之要求。 技术措施和策略 通风系统设计需满足或超过ASHRAE标准的最低通风率要求，对通风、室内空气质量、能耗进行平衡，优化节能与用户的舒适度。 参考ASHRAE 62.1-2007使用手册的详细指南满足要求。
分析比较与专家评语	比较分析结果 LEED对室内空气质量较为重视，提供了用机械通风空间和自然通风空间的空气质量的要求。同时对通风所需能耗进行平衡，取得最佳舒适并节能的标准指标。 中国绿色标准对室内空气污染较为重视提出符合相关质量的要求。但对机械通风缺少具体的要求。深圳地方标准注意了对通风装置的要求，因此更具体详实。但规定40m^3/(h·p)提高了要求。 专家意见 本项立意旨在控制室内空气质量，有益住户健康。实施细则参照已有规范。 LEED对室内空气品质按自然通风和机械通风两种情形提出原则要求，并对能耗也要求平衡。实施细则参照已有规范。 中国标准对装修材料污染控制较完善，有《民用建筑工程室内环境污染控制规范》有关规定做细化补充，如再附有相应的技术措施和空气质量可实测、可计量，则更能切实保证空气品质。 中国绿色标准尚对设备装置通风要求缺乏。在现代建筑领域中密闭是必要的措施和技术目标，因此设备通风是必备的，不可缺少的。
备注	[1] 如工程欲以标准附录证明达标，则须将其应用于所有LEED项目，贯穿一致。

3.5.2 禁烟控制

中国国家标准	住房和城乡建设部《绿色建筑评价标准》（★控制项，▲一般项，◆优选项） 尚无此类规定。 《环境标志产品技术要求生态住宅（住区）》 尚无此类规定。
中国地方规范	《福建省环保住宅工程认定技术条件（试行）》 尚无此类规定。 《深圳市绿色建筑评价标准（征求意见稿）》 尚无此类规定。
美国 LEED-NC 绿色建筑评估体系	IEQ P2：必要项　吸烟环境控制(ETS) 目的 将建筑用户、室内表面、通风系统暴露于烟草气的可能性降到最低程度。 要求 情形 1. 所有工程 选项 1 建筑内禁止吸烟。 在距入口、外门、取风口、可开启窗的 25 英尺范围内禁止吸烟，提供指定吸烟区，或指定禁烟区，或整个建筑范围禁烟。 选项 2 除指定区域外，全建筑禁烟。 建筑实体、新风入口和可开启窗的 25 英尺范围内实施禁烟。在设定的吸烟区域给予提示，禁烟区也要有标识提示。 建筑中的吸烟室应设置排烟设施，烟气排放至少要直接排放室外，并远离建筑入口、新风进口，防止循环进入室内，吸烟区域与非吸烟区要有顶到顶的隔墙，排放装置运行时，当吸烟室关门时，可使吸烟区域相对于周边区域至少有一个平均 5Pa、最低 1Pa 的负压差。 检测吸烟室压差性能时，每 10 秒测量一次，测量 15 分钟，关闭吸烟室的门，取最不利位置进行测量。 情形 2. 仅对居住建筑和医院建筑中所有公共区域禁烟。 所有指定的吸烟区域，包括室外阳台，都必须距离建筑实体、入口、新风入口、公共区域可开启窗 25 英尺范围之外。 距建筑实体、入口、新风入口和可开启窗 25 英尺范围内禁烟，所有禁烟区和指定的吸烟区都必须有标识表明。 居住单元的外门、窗加装密封条防止空气渗入。 密封居住单元间的墙体、楼板和竖管的透风通道，防止烟气窜流。 通向公共区域的门加装密封条，减少向公共走道[1]的空气泄漏。 采用标准 ANSI/ASTM E779-03 标准的方法，进行鼓风门气密性检测，说明居住单元的密封符合。按照加州 2001 节能标准的居住建筑手册，采取逐步进阶采样法，证明其围合面积（所有墙体、顶地板面积）中每百平方英尺的渗漏面积不大于 1.25 英寸。 技术措施和策略 商业建筑中禁烟或吸烟室配置有效通风。居住建筑公共区域禁烟，和防止各居住单元间烟气窜行。
分析比较与专家评语	比较分析结果 LEED 标准把禁烟提高到十分严厉的程度，对禁烟范围和措施有详细的规定。 国内绿色标准尚对禁烟缺乏重要度的认识，条文中尚未有该项标准。 专家意见 本项立意体现了对吸烟危害的严重性的认识，它绝不是绿色行为方式，对社会构成危害。 LEED 标准有细致的要求，并规定了在室外吸烟应注意的具体事项，执行可丁可卯。 中国社会普遍认识吸烟有害健康，控制吸烟环境已成了当今的共同行动，绿色建筑标准中没有专门讲述，这明显不足。 美国 LEED 标准将吸烟环境控制单独立项，更可起到环境保护作用。
备注	[1] 如果公共走道相对于与其连通的门加压，则不必安装密封条。但加压情形应符合情形 1 选项 2 的情况，将居住单元视为吸烟室。

3.5.3 室内新风

中国国家标准	住房和城乡建设部《绿色建筑评价标准》 （★控制项，▲一般项，◆优选项） 住宅建筑 ▲4.2.8 采用集中采暖或集中空调系统的住宅，设置能量回收系统（装置）。 设置集中采暖和（或）集中空调系统的住宅此项参评。得分则判定该项达标。技术经济合理时，设置新风与排风的能量回收系统。分户（或分室）采用带热回收功能的新风与排风的双向换气装置。 ▲4.5.4 居住空间能自然通风，通风开口面积不小于该房间地板面积的1/20。 ▲4.5.10 设置室内空气质量监测装置，利于住户的健康和舒适。 公共建筑 ★5.5.2 建筑围护结构内部和表面无结露、发霉现象。在室内使用辐射型空调末端时，需注意水温的控制；送入室内的新风应具有消除室内湿负荷的能力，或配有除湿机，避免表面结露。 ★5.5.3 采用中央空调的建筑，新风量符合标准要求，且新风采气口的设置能保证所吸入的空气为室外新鲜空气。 ▲5.2.11 全空气空调系统采取实现全新风运行或可调新风比的措施。 1. 新风取风口和新风管所需的截面积设计合理，设计新风比可调。 2. 实际运行中实现了过渡季节全新风运行或增大了新风量的比例。 ▲5.5.8 单独处理的新风直接入室，避免二次污染。 ▲5.2.10 采取切实有效的热回收措施，设计为可以直接利用室外新风的空调系统。 《环境标志产品技术要求生态住宅（住区）》 4 基本要求 机械通风系统的空气入口设置符合《采暖通风与空气调节设计规范》(GB50019)的要求
中国地方规范	《福建省环保住宅工程认定技术条件（试行）》 3.2.1.3 室内自然通风 室内自然通风应达到GB50096-1999《住宅设计规范》及JGJ37《民用建筑设计通则》有关规定的要求。 《深圳市绿色建筑评价标准（征求意见稿）》 5.2 节能与能源利用 ★5.2.10 利用排风对新风进行预热（或预冷）处理，降低新风负荷，符合以下任一项即为满足要求： 1 比较排风热回收的能量投入产出收益，合理采用排风热回收系统； 2 运行可靠，实测的热回收效率达到设计要求。 ★5.2.11 全空气空调系统采取实现全新风运行或可调新风比的措施，符合以下任一项即为满足要求： 1 新风取风口和新风管所需的截面积设计合理，设计新风比可调； 2 实际运行中实现了过渡季节全新风运行或增大了新风量的比例。 ★5.2.12 建筑物处于部分冷热负荷时和仅部分空间使用时，采取有效措施节约通风空调系统能耗。符合以下任二项即为满足要求： 1 区分房间的朝向，细分空调区域，实现空调系统分区控制； 2 根据负荷变化实现制冷热量调节：风机水泵采用变频技术，空调冷热源机组的部分负荷性能系数（IPLV）满足《公共建筑节能设计标准》(GB 50189)的规定； 3 水系统采用变流量运行或全空气系统采用变风量控制。 ★5.2.13 采用节能设备与系统，通风空调系统风机的单位风量耗功率和冷热水系统的输送能效比符合国家标准《公共建筑节能设计标准》(GB 50189) 第5.3.26、5.3.27条的规定。 5.5 室内环境质量 ★5.5.7 建筑设计和构造设计有促进自然通风的措施。在自然通风条件下，保证主要功能房间换气次数不低于2次/h，并符合以下任二项即为满足要求： 1 建筑总平面布局和建筑朝向有利于夏季和过渡季节自然通风； 2 建筑单体采用诱导气流方式，如导风墙和拔风井等，促进建筑内自然通风； 3 采用数值模拟技术定量分析风压和热压作用在不同区域的通风效果，综合比较不同建筑设计及构造设计方案，确定最优自然通风系统设计方案。
美国LEED-NC 绿色建筑评估体系	IEQ C1：项目 室内新风监控 1分 目的 通风系统有监控能力，增强室内健康和舒适。 要求 安装永久性监控系统，确保通风系统能维持最低设计要求。 当风量变化超过设计值10%，或CO_2大于设置值10%时，监控系统应能通过自控系统报警，或向维护人员、用户发出视听报警。 情形1. 机械通风区域 所有人员密集区域配置CO_2浓度监控（这些区域定义为每千平方英尺有25人），CO_2探头必须设置在距地高3到6英尺的范围内。 安装有直接的室外新风量测量装置，测量精度应达到设计风量的±15%，符合标准ASHRAE 62.1-2007的机械通风系统要求，非密集区域的新风测量精度可以是±20%。

续表

美国 LEED-NC 绿色建筑评估体系	情形 2. 自然通风区域 所有自然通风区域安装 CO_2 浓度监控，探头高度必须距地 3～6 英尺之间。当非密集区域被设计为自然通风诱导区，与各处通风量协调一致时，该区域可以只设置一个探头，但不得受到建筑用户干扰。 技术措施和策略 安装 CO_2 和室外新风风量测量装置，为暖通空调系统和楼宇自控系统提供信息，以进行正确反应。 如这些自控系统与建筑系统没有集成，则须有能力向建筑运行人员或用户发出新风不足的警示。 在密集区域除室外进风风量测量外，也必须进行 CO_2 监测。
分析比较与专家评语	比较分析结果 LEED 标准要求安装永久性监控系统。不光对有机械通风的空调房间或采暖房间有措施，而且对自然风的质量也有监控系统的要求，但尚未见到对热交换提出规定。 国内绿色标准对新风装置有多项条文的描述，有细致的规定，并对热交换处理也有规定。但是没有对新风监控系统的条文，定量标准也不明确，对二氧化碳浓度则全无提及。 深圳地方标准还对自然通风有细致规定。 专家意见 本项立意通过新风监控能切实保证室内空气品质。 LEED 标准通过机械通风区域和自然通风区域设立不同的监控装置，保证新风的质量。 中国绿色标准对新风装置要求偏轻，多限在公共建筑使用，对居住建筑不具体规定，且无监控要求，是一大缺憾。 新风系统是健康舒适条件的重要方面，也是现代建筑的重要标志。国内一味强调自然风而忽视在空调和采暖季节的新风补充是不完善的表现。

3.5.4 增加通风量

中国国家标准	住房和城乡建设部《绿色建筑评价标准》 （★控制项，▲一般项，◆优选项） 居住建筑 ★ 4.5.4 居住空间能自然通风，通风开口面积不小于该房间地板面积的 1/20。 公共建筑 ▲5.2.6 建筑总平面设计有利于冬季日照并避开主导风向，夏季则利于自然通风。建筑主朝向选择本地区最佳朝向或接近最佳朝向。 ▲5.2.6 建筑总平面设计有利于冬季日照并避开冬季主导风向，夏季利于自然通风。 1. 选择当地适宜方向作为建筑朝向，建筑总平面设计综合考虑日照、通风与采光。 2. 采用计算机模拟技术设计与优化自然采光与自然通风效果。 《环境标志产品技术要求生态住宅（住区）》 4 基本要求 机械通风系统的空气入口设置符合《采暖通风与空气调节设计规范》(GB50019) 的要求。
中国地方规范	《福建省环保住宅工程认定技术条件（试行）》 3.2.1.3 室内自然通风 室内自然通风应达到 GB50096-1999《住宅设计规范》及 JGJ37《民用建筑设计通则》有关规定的要求。 《深圳市绿色建筑评价标准（征求意见稿）》 5.2 节能与能源利用 ★ 5.2.10 利用排风对新风进行预热（或预冷）处理，降低新风负荷，符合以下任一项即为满足要求： 1 比较排风热回收的能量投入产出收益，合理采用排风热回收系统； 2 运行可靠，实测的热回收效率达到设计要求。 ★ 5.2.11 全空气空调系统采取实现全新风运行或可调新风比的措施，符合以下任一项即为满足要求： 1 新风取风口和新风管所需的截面积设计合理，设计新风比可调； 2 实际运行中实现了过渡季节全新风运行或增大了新风量的比例。 ★ 5.2.12 建筑物处于部分冷热负荷时和仅部分空间使用时，采取有效措施节约通风空调系统能耗。符合以下任二项即为满足要求： 1 区分房间的朝向，细分空调区域，实现空调系统分区控制； 2 根据负荷变化实现制冷热量调节：风机水泵采用变频技术，空调冷热源机组的部分负荷性能系数（IPLV）满足《公共建筑节能设计标准》(GB 50189) 的规定； 3 水系统采用变流量运行或全空气系统采用变风量控制。 ★ 5.2.13 采用节能设备与系统，通风空调系统风机的单位风量耗功率和冷热水系统的输送能效比符合国家标准《公共建筑节能设计标准》(GB 50189) 第 5.3.26、5.3.27 条的规定。

续表

中国地方规范	5.5 室内环境质量 ★ 5.5.7 建筑设计和构造设计有促进自然通风的措施。在自然通风条件下，保证主要功能房间换气次数不低于 2 次 /h，并符合以下任二项即为满足要求： 1 建筑总平面布局和建筑朝向有利于夏季和过渡季节自然通风； 2 建筑单体采用诱导气流方式，如导风墙和拔风井等，促进建筑内自然通风； 3 采用数值模拟技术定量分析风压和热压作用在不同区域的通风效果，综合比较不同建筑设计及构造设计方案，确定最优自然通风系统设计方案。
美国 LEED-NC 绿色建筑评估体系	IEQ C2：项目　增加通风量　1 分 目的 为提升室内空气质量，促进室内健康、舒适、工作效率，增加室外新风量。 要求 情形 1．机械通风区域 所有使用空间的呼吸区域的室外新风率，至少高于标准 ASHRAE 62.1-2007 的最低通风率 30%。（如 IEQ P1 项目，最低室内空气品质中要求的）。 情形 2．自然通风区域 使用区域的自然通风设计符合 1998 年"碳责任优良实践指南 237"的建议，其自然通风措施效能应按照特许建筑工程师协会 (CIBSE) 的应用手册 10:2005-"非家用建筑自然通风"中的图 1.18 的流量图表法进行确定。并在下面选项中二选一。 选项 1 采用图表和计算说明自然通风系统设计符合特许建筑工程师协会 (CIBSE) 的应用手册 10:2005——"非家用建筑自然通风"的建议。 选项 2 采用一个宏观、多区域分析模型，逐屋预测气流说明其可有效通风，至少 90% 的使用空间的最低通风率满足 ASHRAE 62.1-2007 第 6 章之要求。 技术措施和策略 机械通风空间：为减少由高通风率可能产生的能源消耗，采用热回收措施。 自然通风空间：遵循"碳责任优良实践指南 237"给出的 8 个设计步骤： ● 编制设计要求； ● 策划气流路径； ● 确定建筑用途和需要关注的特征； ● 确走通风要求； ● 估算外部驱动风压； ● 选择通风装置； ● 确定装置尺寸； ● 分析设计。
分析比较与专家评语	比较分析结果 LEED 标准针对不同区域机械通风和自然通风有不同的要求。对增加室外新风量有具体要求并要求采用热回收措施，条文详实可行。中国绿色标准仅仅对通风开口面积、朝向有规范低限要求。对新风无条文的规定，定量标准很不明确。 专家意见 本项立意强调新风对健康舒适的重要性，既要注重自然风的组织，也要对新风装置予以重视，这是因为现代建筑的密闭性决定需要适量新风补充。并且需要通过热交换取得能源的回用。 LEED 标准就建筑的机械通风和自然通风两种不同情形下，为提升室内空气品质，提出定量要求，且有既有的行业协会技术手册指导，细化。适用性、可操作性均较强。 中国标准分列在不同的规划条款中，从建筑物的总平面布局（要求结合区域主导风向有序布置，避开冬季不利风向，做场地风环境模拟预测等）单体设计（平面功能空间组织不留通风死角及短路，立面通风开口位置及开口面积大小做科学测定等）上均有规范要求，但缺少采用机械通风情况下的规范条款，是不够完整的表现。

3.5.5 室内污染源控制

中国国家标准	住房和城乡建设部《绿色建筑评价标准》 （★控制项，▲一般项，◆优选项） 住宅建筑： ★4.5.5 室内空气质量符合《民用建筑室内环境污染控制规范》GB50325的规定。 ▲4.5.10 设置室内空气质量监测装置，利于住户的健康和舒适。 公共建筑： ★5.5.3 采用中央空调的建筑，新风量符合标准要求，且新风采气口的设置能保证所吸入的空气为室外新鲜空气。 ★5.5.4 室内空气中污染物浓度满足《民用建筑室内环境污染控制规范》GB50325的规定要求。空调系统的过滤器、风机盘管和风道等定期清洗或更换。 ▲5.5.8 单独处理的新风直接入室，避免二次污染。 ▲5.5.12 建筑设计和构造设计有采取诱导气流、促进自然通风的措施。 ◆5.5.15 采用中央空调的建筑，采用经济有效的空气净化技术和系统。 ◆5.5.17 设置室内空气质量监测系统，保证健康舒适的室内环境。 《环境标志产品技术要求生态住宅（住区）》 5.4 室内环境质量要求 5.4.2 验收阶段 室内空气质量（权重:0.20）——室内空气物理性、化学性、生物性及放射性参数指标的实测值优于《住宅建筑规范》（GB50368）要求（权重:0.30）
中国地方规范	《福建省环保住宅工程认定技术条件（试行）》 3.1 基本要求 3.1.7 室内环境监测 住宅工程的室内环境质量必须符合 GB50325-2001《民用建筑工程室内环境内染控制规范》要求。住宅工程建成后，建设单位要委托具有监测资质的监测机构对该工程项目的室内环境污染物浓度限量、室内声环境质量、生活污水排放浓度进行竣工验收监测，并出具竣工验收监测报告。 3.2 环境保护技术要求 3.2.1 空气质量要求 3.2.1.2 室内环境空气质量 室内环境污染物浓度限量应符合一类民用建筑工程相应标准。 《深圳市绿色建筑评价标准（征求意见稿）》 （★控制项，▲一般项，◆优选项） 住宅建筑 ★4.5.5 室内装饰装修材料污染物含量及室内游离甲醛、苯、氨、氡和 TVOC 等空气污染物浓度符合国家标准《民用建筑室内环境污染控制规范》（GB 50325）的规定。 ▲4.5.11 设置通风换气装置或室内空气质量监测装置。符合以下任一项即为满足要求： 1 设置换气装置（或独立新风系统）时，新风量达到每人每小时40立方米； 2 设室内空气质量监测装置自动监测室内空气质量，具有报警提示功能。 公共建筑 ★5.5.3 采用集中空调的建筑，新风量符合国家标准《公共建筑节能设计标准》（GB 50189）的设计要求。 ★5.5.4 室内装饰装修材料污染物含量及室内游离甲醛、苯、氨、氡和 TVOC 等空气污染物浓度符合国家标准《民用建筑工程室内环境污染控制规范》（GB 50325）中的有关规定。 ◆5.5.14 设置室内空气质量监控系统，保证健康舒适的室内环境。
美国 LEED-NC 绿色建筑评估体系	IEQ C5：项目 室内化学品及污染源控制 1分 目的 最小化建筑用户暴露于有害颗粒物和化学污染。 要求 通过以下措施，最小化和控制外部污染物进入造成的使用空间的交叉污染： ● 在建筑的常用入口，安装永久性的颗粒或脏物收集系统，至少沿进入方向10英尺长。可接受的入口通道系统包括永久安装的格栅、条栅，且其可以清理底部。入口卷垫可以接受，但必须有专门合同单位按周更换。 ● 有害气体或化学品使用和出现的空间有充分的排风（例如：车房、保洁、洗衣、复印和打印房），当房门关闭时，与相邻空间之间要产生一个负空气压差。每个这样的房间要有顶和到顶的隔墙和自动关闭门。排风至少要达到每平方英尺每分钟0.5立方英尺，且无循环回风。房门关闭时，其负压差最低要达到平均5Pa，最小1Pa。 ● 机械通风建筑中，建筑入驻前，常用空间更换新的过滤介质，这些过滤器的最低效率报告值（MERV）至少是13或更高。过滤器要对回风和室外新风都进行处理。 ● 在水与化学品可能混合场所（如保洁、清洁、科学实验室）提供合适的有害废液收集装置（像可定期清运的容器，可安放在室外）。 技术措施和策略 对于清洁和维护设施设计独立的排风系统，与常用建筑空间保持物理隔离。安装永久性入口系统防止将污染物带入建筑中。空气处理装置配置高效过滤器处理新风和回风。确保这些空气处理装置有足够的过滤尺寸和合适的压力降。

续表

分析比较与专家评语	比较分析结果 LEED标准从防止外部污染物进入室内和排风方式等方式清除或淡化污染程度，条文考虑完整细致。 国内绿色标准使用已有规范规定，也有较具体的要求。条文中未对室内的化学品和污染物的控制进行相关的评价，把这部分笼统的归类到室内空气质量、室内空气污染的控制等项进行管理，有不足处。 深圳地方标准较为详实，有具体控制对象的表述；但每人每小时40立方米新风量过大，对节能不利； 专家意见 本项立意旨在通过多途径的化学污染源控制，使室内空气达标，不受交叉感染，保护人的健康舒适。 LEED标准对室内化学品及污染源控制问题从多个方面提出技术措施要求，定性定量相结合，清晰明了，易操作，能较准确地对室内防污染问题做出评价。 中国标准只有原则要求，细则条文依赖室内环境污染控制规范的做法不方便使用。

3.5.6 低排放材料（胶和密封材料）

中国国家标准	住房和城乡建设部《绿色建筑评价标准》 尚无此类规定。 《环境标志产品技术要求生态住宅（住区）》 尚无此类规定。
中国地方规范	《深圳市绿色建筑评价标准》 尚无此类规定。 《福建省环保住宅工程认定技术条件（试行）》 尚无此类规定。
美国LEED-NC绿色建筑评估体系	IEQ C4.1：低排放材料——胶和密封材 1分 目的 减少室内空气污染物数量，消除影响室内人员的气味、刺激和有害物质。 要求 建筑室内使用的所有黏结剂和密封材（包括现场施工的内防水系统材料），依照工程范围[1]必须符合以下要求： ● 胶、密封材及密封基料必须符合"南海岸空气质量管理区（SCAQMD）"条例#1168。下列挥发性有机物限值表反映于由2005年1月7日的新增条款，生效于2005年7月1日。

建筑中使用	VOC 限值 [g/L less water]	专业使用	VOC 限值 [g/L less water]
室内地毯胶	50	PVC 焊接	510
地毯垫胶	50	CPVC 焊接	490
木地板胶	100	ABS 焊接	325
橡胶地板胶	60	塑料粘接溶接	250
基层胶	50	塑料底胶	550
瓷砖胶	65	界面胶	80
VCT & Asphalt Adhesives	50	专用界面胶	250
干墙和壁板胶	50	木制结构件胶	140
Cove Base Adhesives	50	橡胶衬里片材施工	850
多功能施工胶	70	端部粘接	250
结构玻璃胶	100		

底层使用	VOC 限值 [g/L less water]	密封剂	VOC 限值 [g/L less water]
金属对金属	30	建筑用	250
塑料泡沫	50	非膜层屋面	300
空隙材料（除木材）	50	道路	250
木材	30	单层屋面膜	450
纤维玻璃	80	其他	420

密封剂底胶	VOC 限值 [g/L less water]
建筑，非多孔	250
建筑，多孔	775
其他	750

续表

美国 LEED-NC 绿色建筑评估体系	● 气溶胶：商业胶绿色标志标准[2] GS-36 的要求，生效于 2000 年 10 月 19 日。		
	气溶胶 Aerosol Adhesives：		VOC 重量 [g/L 不含水]
	通用雾喷 General purpose mist spray		65% VOCs（重量计）
	通用网喷 General purpose web spray		55% VOCs（重量计）
	专用气溶胶（所有型式）		70% VOCs（重量计）
	技术措施和策略 在工程文件中指定低 VOC 材料,确保在使用粘结材料和密封材料的部分,都清楚地说明 VOC 限值。通用产品的评估包括:通用施工胶、地板胶、防火密封材料、嵌缝材料、管道密封材、管道胶和角线胶。进行材料说明单、材料安全数据单（MSD）、厂家签署的有关 VOC 含量或符合标准的声明文件的评审。		
分析比较与专家评语	比较分析结果 国内绿色标准尚未对使用低排放的胶和密封材料做出规定。具体需要参考建材行业的相关规定，这种做法实际也是对绿色标准的放松，容易走过场。		
	专家意见 本项立意旨在通过立表方式，清晰的提供使用者。 中国绿色标准只提原则要求。建筑材料的安全性、污染控制标准有赖建材行业更专业的规范、规定。 胶和密封材是重要的污染物，LEED 标准此项较详细地就黏结剂和密封材料质量做定量的标准限定，是聪明简易的方式。		
备注	[1] 采用 VOC 预算法可以作为本项目达标方式。 [2] Green Seal Standard for Commercial Adhesives.		

3.5.7 低排放材料（油漆和涂料）

中国国家标准	住房和城乡建设部《绿色建筑评价标准》 尚无此类规定。
	《环境标志产品技术要求生态住宅（住区）》 尚无此类规定。
中国地方规范	《福建省环保住宅工程认定技术条件（试行）》 尚无此类规定。
	《深圳市绿色建筑评价标准》 尚无此类规定。
美国 LEED-NC 绿色建筑评估体系	IEQ C4.2：项目 低排放材料——油漆和涂料 1 分 目的 减少室内空气污染物数量，消除影响室内人员的气味、刺激和有害物质。 要求 建筑室内使用的油漆和涂料（包括现场施工的内防水系统材料），依照工程范围必须符合以下要求： ● 建筑内墙面和天花板的建筑涂料、涂层和基层应符合：其 VOC 含量不得超过《绿色标识标准 GS-II，涂料》（第一版，1993 年 5 月 20 日）中规定的内容。 ● 用于室内铁质物的防腐、防锈涂料：VOC 含量不得高于《绿色标识标准 GC-03》（第二版，1997 年 1 月 7 日）规定的 250 g/L。 ● 净木罩面层：净木涂层、地面涂层、楼梯等室内构件油漆，其 VOC 含量不得高于由"南海岸空气质量管理区（SCAQMD）"法规 1113 号"建筑涂层"的规定，该法规生效于 2004 年 1 月 1 日。 技术措施和策略 在施工文件中指定低 VOC 涂料和涂层，确保在所涉及之处清楚地标明 VOC 的限值，施工中跟踪所有内部涂料和涂层的 VOC 含量。
分析比较与专家评语	比较分析结果 国内绿色标准尚未对使用低排放的油漆和涂料材料做出规定。具体需要参考建材行业的相关规定，这种做法实际也是对绿色标准的放松，容易走过场。
	专家意见 本项立意旨在通过对污染源的量化控制，减少污染物的危害。 LEED 标准将油漆和涂料在室内装饰中的运用专列一项，提出具体要求，并要求施工跟踪，室内所用之处标明 VOC 的限值，能够发挥积极的规范促进作用。 中国标准仅要求符合另一部国家规范——《民用建筑室内环境污染控制规范》，没做详解有不完善的表现。

3.5.8 低排放材料（地板）

中国国家标准	住房和城乡建设部《绿色建筑评价标准》 尚无此类规定。
	《环境标志产品技术要求生态住宅（住区）》 尚无此类规定。
中国地方规范	《深圳市绿色建筑评价标准》 尚无此类规定。
	《福建省环保住宅工程认定技术条件（试行）》 尚无此类规定。
美国 LEED-NC 绿色建筑评估体系	IEQ C4.3：项目　低排放材料——地板系统　1 分 目的 减少室内空气污染物数量，消除影响室内人员的气味、刺激和有害物质。 要求 选项 1 按照工程适用范围，所有地面材料必须符合以下要求： ● 建筑内装的所有地毯必须满足地毯协会分值项目[1]的测试与产品要求。 ● 建筑内装的所有地毯垫都必须满足地毯协会绿色标识的要求。 ● 所有地毯胶必须满足 IEQ C4.1 的要求，其 VOC 成分限值为 50 g/L。 ● 所有硬质地面材料需由第三方机构认证，符合 FloorScore[2]（地面分值）标准（以现行版本或更严版本）。由 FloorScore 认证的产品包括乙烯树脂类、油毡、有机地砖、木地板、瓷砖、橡胶地板和墙基。 ● 另一个采用 FloorScore 的达标方式是：100% 的非地毯装修地面都必须有 FloorScore 认证，而且至少组成 25% 的地面面积。 ● 混凝土、木制、竹质和软木质地面的装修层必须满足 2004 年 1 月 1 日生效的南海岸空气质量管理地区（SCAQMD）条例 1113 "建筑饰面" 的要求。 ● 地板砖黏结胶和泥浆必须满足 2005 年 1 月 7 日补充、2005 年 7 月 1 日生效的南海岸空气质量管理地区（SCAQMD）条例 1168 "VOC 限值" 的要求。 选项 2 所有用于室内的地板材料，必须符合加州健康署关于各种来源 VOC 检测要求及产品要求，该测试是采用小型环境箱，由 2004 年的附录规定。 技术措施和策略 工程建设文件应清晰指明产品的测试和认证要求，选用有绿色标识分值认证产品，这些测试应由独立实验室按照规定的要求进行。
分析比较与专家评语	比较分析结果 国内绿色标准尚未对使用低排放的地面材料做出规定。具体需要参考建材行业的相关规定，这种做法实际也是对绿色标准的放松，容易走过场。 专家意见 本项立意旨在通过对污染源的量化控制，减少污染物的危害。 LEED 标准对地板系统低排放表述得很详细，并分别对不同材质，提出相应要求，有的要有绿色标识，或要求认证，或测试等。这项标准的颁布对相关产品生产具有一定促进作用。 中国标准只明确要求采用国标《民用建筑室内环境污染控制规范》进行严格控制，没详解是不方便的做法。
备注	[1] 有关地毯相关的每小时每平方米 VOC 排放毫克标准的绿色标识分数项目，和由地毯协会（CRI）联合加州公共卫生署、加州可持续建筑任务局制定的相关的测试与采样方法，描述在 "地毯可接受排放测试" 第 9 节，DHS 标准实践 CA/DHS/EHLB/R-174 (2004-07-15)，该文件登载在：http://www.dhs.ca.gov/ps/deodc/ehlb/iaq/VOCS/Section01350_7_152004FINALPLUSADDENDUM-2004-01.pdf。 [2] 地面分值（FloorScore）是自愿的独立认证活动，它是关于硬质地面与产品符合加州室内空气中 VOC 排放标准达标检测和认证。其采用小型测箱法检验 VOC 排放情况，由加州卫生局编制发布的 1350 条款。

3.5.9 低排放材料（复合木材和秸秆制品）

中国国家标准	住房和城乡建设部《绿色建筑评价标准》 尚无此类规定。
	《环境标志产品技术要求生态住宅（住区）》 尚无此类规定。
中国地方规范	福建省环保住宅工程 尚无此类规定。
	《深圳市绿色建筑评价标准》 尚无此类规定。
美国 LEED-NC 绿色建筑评估体系	IEQ C4.4：项目　低排放材料——复合木材和秸秆制品　1分 目的 减少室内空气污染物数量，消除影响室内人员的气味、刺激和有害物质。 要求 建筑室内使用的复合木材和秸秆制品（包括现场施工的内防水系统材料），不得含有游离的尿素甲醛树脂。现场预制层间胶和购置复合木材及秸秆产品也不得含游离甲醛树脂。 复合木材和秸秆制品构件是指木屑板、中密度纤维板、胶合板、麦秸板、刨花板、极板及门芯。有关器具、家具和设备（FF & E）不能被视为建筑基本构件。 技术措施和策略 指定使用不含游离尿素甲醛的木材及复合材制品，现场使用的黏结件和预制构件也不得含游离尿素甲醛，对于产品说明单、材料安全单、厂家关于其安全性所签署的文件进行评审。
分析比较与专家评语	比较分析结果 国内绿色标准尚未对使用低排放的复合木材和秸秆制品做出规定。具体需要参考建材行业的相关规定，这种做法实际也是对绿色标准的放松，容易走过场。 专家意见 本项立意旨在通过对污染源的量化控制，减少污染物的危害。 LEED 对工程上使用的复合木材和秸秆制品专列此项，提出排放要求，以进厂所附的质检单为据做评审，可操作性强。 中国标准没有详解，只要求引用相关规范作控制性条款执行。

3.5.10 室内空气质量管理（施工中）

中国国家标准	住房和城乡建设部《绿色建筑评价标准》 尚无此类规定。
	《环境标志产品技术要求生态住宅（住区）》 尚无此类规定。
中国地方规范	《福建省环保住宅工程认定技术条件（试行）》 尚无此类规定。
	《深圳市绿色建筑评价标准（征求意见稿）》 尚无此类规定。
美国 LEED-NC 绿色建筑评估体系	IEQ C3.1：施工室内空气质量管理——施工中　1分 目的 减少由于施工或改造造成的室内空气质量问题，为施工人员和建筑用户提供健康、舒适的环境 要求 根据以下要求，制定施工和入驻前阶段的室内空气质量管理方案： ● 施工中，达到或超过美国空调承包商协会(SMACNA)在"在用建筑施工中室内空气质量指南"中所建议的控制措施，2007年第2版，ANSI/SMACNA 008-2008（第3章）。 ● 对现场存放的、安装的可吸潮性材料进行保护，防止潮气破坏。 ● 如永久安装的空气处理装置在施工要使用，则每个回风过滤罩使用的过滤介质的最低效率报告值(MERV)必须达到8，符合ASHRAE 52.2-1999之规定。交工前必须全部更换。 技术措施和策略 施工中实施一个室内空气质量管理方案，来保护暖通空调系统，控制污染源、阻断污染路径。 安排安装程序防止吸收性材料的污染，如保温材料、地毯、吊顶板和石膏墙板。该项目应与IEQC3.2"施工室内空气质量管理——入驻前"和 IEQ C5"室内化学品和污染源控制"项目配合，选用适合的过滤介质规格和顺序。 如可能，施工中避免使用永久安装的空气处理装置，如必须使用，请参考LEED参考手册-2009中详细信息，以确保施工人员和用户的健康。
分析比较与专家评语	比较分析结果 LEED标准对施工中产生的空气污染从暖通空调系统，控制污染源、阻断污染路径等方面提出具体规定，全方位地控制环境的做法值得学习。 国内的绿色标准对室内空气质量的管理没有具体的分为施工中、使用前及使用中等阶段，表述方式比较杂乱，使用不便。如果室内空气质量出现问题，很难判断是在哪个阶段出现失误。 专家意见 本项立意从建筑全过程来控制对环境的污染影响，保证各种人员的健康，本节就是注重对施工人员的保护。 LEED标准从施工中和入驻前两个方面详说，是全方位思考的结果。 中国对建筑施工过程中室内的空气质量管理无明确标准，是缺项。 LEED标准对此有规范要求，体现了对人的关怀。也有利于建筑长久的室内环境建设。

3.5.11 室内空气质量管理（入住前）

中国国家标准	住房和城乡建设部《绿色建筑评价标准》 尚无此类规定。
	《环境标志产品技术要求生态住宅（住区）》 尚无此类规定。
中国地方规范	《福建省环保住宅工程认定技术条件（试行）》 尚无此类规定。
	《深圳市绿色建筑评价标准（征求意见稿）》 尚无此类规定。
美国 LEED-NC 绿色建筑评估体系	IEQ C3.2：项目 施工室内空气质量管理——入住前 1分 目的 减少由于施工或改造造成的室内空气质量问题，为施工人员和建筑用户提供健康、舒适的环境。 要求 制定一个室内控制质量管理方案，在工程所有安装结束后、入住前，对建筑进行彻底清理。 选项1. 吹洗[1] 方式1 工程完工后，在所有室内装修完成入住前，安装新的过滤介质对建筑实行吹洗，吹洗新风量要为每平方英尺楼板面积达到 14000 立方英尺，保持室内温度至少 60 ℉和相对湿度不高于 60%。 或者 方式2 如吹洗结束前要入住，要进入的区域每平方英尺楼板面积最少要完成 3500 立方吹洗风量。一旦这些区域入住，按照 IEQ P1 确定的风量或最低每平方英尺每分钟 0.30 立方英尺 (CFM) 进行通风，每天的吹洗期间，在使用前或使用中必须最少达到 3 小时。这些过程一直持续到总吹洗风量达到每平方英尺 14000 立方英尺的室外风量。 或者 选项2. 空气测试 按照 EPA 的室内污染物测定方法概要，以及 LEED-2009 参考手册的补充细节所给出的测试方法，工程结束后进行室内空气质量测试。 污染物浓度最高限值： 对于每个超标采样点，要再次进行新风吹洗并再次检测，直到达标为止。复测未达标区域时，同一位置进行所有取样，虽然这非必须要求。 取样按如下进行： ● 所有测试须在入住前，但要按照入住状态在正常使用时间内，通风系统运行正常启动，并达到最低通风率。 ● 所有室内装修需完成，包括但不限于：打磨、门、油漆、地毯、吸音板。可移动的家具如工作台与隔断也应布置到位（非必须）。 ● 检测点的数量取决于建筑的大小和通风系统的数量。对于各部分独立通风的情况，连续楼面时每 25000 平方英尺不得少于 1 点，应包含最低通风和假定有污染源的区域。 ● 空气取样高度应在 3~6 英尺之间，以反映用户的呼吸位置，并且覆盖至少 4 小时期间（工作时间）。 技术措施和策略 入住前，实行建筑吹洗或进行空气污染物检测，吹洗通常对于工程完工后不急于入驻的情况。 室内空气质量检测可降低时间的要求但费用较高。参照项目 IEQ C3.1 "施工室内空气质量管理—施工中"和 IEQ C5 "室内化学品及污染源控制"来确定适合的过滤介质规格和周期。 本项之目的是消除施工带来的室内控制质量问题，租户的建筑装饰装修对室内污染有重要的影响，在考虑本项目时必须予以量化纳入。
分析比较与专家评语	比较分析结果 LEED 标准对施工中产生的空气污染入住前，实行建筑吹洗或进行空气污染物检测，要求不急于入驻是全方位的控制环境的做法值得学习。 国内相关标准对室内空气质量的管理没有具体的分为施工中、入住前及使用中等阶段的做法，显得粗糙。
	专家意见 本项立意从建筑全过程来控制对环境的污染影响，保证各种人员的健康，本节就是注重施工人员的保护。 LEED 标准对建筑物因施工过程中造成的空气质量问题，要求在竣工交房前必须做技术处理，处理方式明确，并有定量指标要求，方便后期住户使用，保证空气质量。 中国标准没有专门针对建筑交付使用前，如何保障室内空气质量的技术处理要求。对室内空气质量的监测又非强制性，这些都为长久使用留有隐患。中国标准需要完善。
备注	[1] 吹洗之前所有的装修必须做完。

3.5.12 照明控制

中国国家标准	住房和城乡建设部《绿色建筑评价标准》 （★控制项，▲一般项，◆优选项） 公共建筑： ★5.5.7 建筑室内照明质量满足《建筑照明设计标准》GB50034中的一级要求。
	《环境标志产品技术要求生态住宅（住区）》 4 基本要求 室内环境质量——室内光环境——建筑室内采光系数值符合《建筑采光设计标准》（GB/T50033）中各光气候区的要求；建筑室内照明符合《建筑照明设计标准》（GB50034）的要求 5.4 室内环境质量要求 5.4.1 规划设计阶段 室内光环境（权重0.20） ——室内照明（权重0.40） ——房间内光源位置、照明方式合理（权重0.50） ——楼梯间、前室等公共部位照明采用红外或声、光控制措施（权重0.50）
中国地方规范	福建省环保住宅工程 3.2.3 光环境质量 3.2.3.3 绿色照明节能灯具应采用高效节能的光源及照明新技术。 3.2.3.4 住宅周围光污染控制 住宅应避免视线干扰，有效地保障私密性。 住宅周围应无霓虹灯、汽车引灯和强烈灯光广告干扰并能有效防止玻璃幕墙等产生的光污染。
	《深圳市绿色建筑评价标准》 （★控制项，▲一般项，◆优选项） 5.0 公共建筑 5.5 室内环境质量 ★5.5.6 建筑室内照度、统一眩光值、一般显色指数等指标满足国家标准《建筑照明设计标准》（GB 50034）中的有关要求。
美国LEED-NC 绿色建筑评估体系	IEQ C6.1：项目 系统可控性——照明 1分 目的 在共用多人员空间，为个人和人群提供高水平的个体照明控制（例如教室、会议室），营造健康，舒适的环境和促进工作效率。 要求 提供单个照明控制，可使至少90%以上建筑用户能够根据其工作需要调节照明，对于共用多人空间，提供照明控制实现满足团体需要的照明调节。 技术措施和策略 建筑设计时，为用户提供照明控制，其措施包括照明控制和工作灯。将照明系统的可控制性集成于照明设计中，在管理整个建筑用能的同时，提供环境照明和工作照明。
分析比较与专家评语	比较分析结果 LEED标准中提出照明控制分为环境照明和工作照明。着重点是控制设置到可个人随需要用电，达到舒适健康，同时能充分发挥电能效。 而国内绿色标准主要涉及采光标准和如何避免光污染的条文，对节电无特别设置。
	专家意见 本项立意通过用电个人控制设置，实现随需要用电，充分发挥用电效能。 LEED标准专门提出了单个照明控制以及辅助工作灯。 中国标准对建筑光环境问题是专注灯光照明照度，并分别不同的建筑类型制定具体的规范要求，照明规范有详细的照度标准值限定，基点是为总量控制，与实际用电及照度灵活控制相差较大。照明调控一般为"开关"调控。

3.5.13 温度控制

中国国家标准	住房和城乡建设部《绿色建筑评价标准》 （★控制项，▲一般项，◆优选项） 住宅建筑： ▲4.5.8 设采暖和（或）空调系统（设备）的住宅，运行时用户可根据需要对室温进行调控。 ▲4.5.9 采用可调节外遮阳，防止夏季太阳辐射透过窗户玻璃直接进入室内。 公共建筑： ★5.5.1 采用中央空调的建筑，房间内的温度、湿度、风速等参数满足设计要求。 ◆5.5.16 采用可调节遮阳，调控夏季太阳辐射。 《环境标志产品技术要求生态住宅（住区）》 尚无此类规定。
中国地方规范	《深圳市绿色建筑评价标准》 （★控制项，▲一般项，◆优选项） 住宅建筑 4.5 室内环境质量 ▲4.5.7 屋面、地面、外墙和外窗的内表面在室内温、湿度设计条件下无结露现象。 ▲4.5.9 设空调系统（设备）的住宅，运行时用户可根据需要对室温进行调控。 ▲4.5.10 采用可调节外遮阳，防止夏季太阳辐射透过窗户玻璃直接进入室内。 公共建筑 5.5 室内环境质量 ★5.5.1 采用集中空调的建筑，房间内的温度、湿度、风速等参数符合国家标准《公共建筑节能设计标准》（GB 50189）中的设计计算要求。 ▲5.5.8 室内采用调节方便、可提高人员舒适性的空调末端。建筑主要功能外区每18平方米区域内提供至少一个热舒适控制区，运行时用户可根据需要对室温进行调控，并符合以下任二项即为满足要求： 1 主要功能房间采用能独立开启的空调末端； 2 主要功能房间采用能进行温湿度调节的空调末端； 3 主要功能房间采用能独立湿度调节的空调末端。 《福建省环保住宅工程认定技术条件（试行）》 尚无此类规定
美国 LEED-NC 绿色建筑评估体系	IEQ C6.2：项目 系统可控性——热舒适度 1分 目的 设置高等级的热舒适度系统控制[1]，可由单个控制或多人空间的团体控制（如教室、会议室）、营造健康、舒适的环境和促进工作效率。 要求 为至少50%的建筑用户提供可调节的热舒适度单个控制装置，来满足个体要求。可开启窗可被视为用户的控制手段，凡距外墙20英尺内，距窗可开启部分10英尺以内的用户都算是。窗的可开启面积必须复合 ASHRAE 62.1-2007 第5.1款"自然通风"的要求。对多人使用的共用空间，提供舒适度系统控制，可根据其需要进行调节。 热舒适度条件由 ASHRAE 55-2004 确定，包括了空气温度、辐射温度和空气速度、湿度基本参数。 技术措施和策略 建筑系统设计时提供热舒适度控制系统，以使单体或共用空间的团体根据需要进行调节。标准 ASHRAE 55-2004 给出了热舒适度的参数和一个有关于建筑用户日常活动所设计适合热舒适度的处理过程。控制措施用于扩展这些舒适度范围，使得用户根据其需要进行调节。这些措施和结合可开启窗进行系统设计，混合系统集成了可开启窗和机械系统、或者只有机械系统。单个调节可以采用单个温度控制器、地板（桌面、顶部）散风装置、单个辐射板控制或其他集成在建筑系统、能源系统中的控制。设计者应评估由 ASHRAE 55-2004 给出的热舒适标准，和标准 ASHRAE 62.1-2007 所给出的室内空气质量要求的相互自用，无论是对机械通风，还是自然通风。
分析比较与专家评语	比较分析结果 LEED标准在热舒适度的温度、辐射温度、风速和湿度等四个方面要求可调节和单个控制，至少应当包含一个方面。这一项中规定指标清晰可查，分得比较详细； 国内绿色标准原则笼统，没有明确具体控制要素指标和措施要求。深圳地方标准提出对空调末端的可开启、温湿度、湿度等可独立控制的要求。 专家意见 本项立要对热舒适指标的空气温度、辐射温度和空气速度、湿度基本参数实施可调、可控的措施，达到健康舒适和工作效率。LEED标准专门设置可控装置，包括单个空间的温控器，热辐射控制，地板散风装置及系统集成控制等。LEED标准明确室内窗户的开启通风为一种控制手段，但是，它没有强调必须或加强自然通风的作用和手段，尚显不足。 中国标准对太阳辐射和采暖及空调系统的室温调控都有要求，但真正做到对室温能够调控，难度很大。对温度、湿度、辐射温度和空气流速的舒适度把握尚待时日。
备注	[1]本项目所称的舒适度控制是指至少包括一个以下基本参数的控制装置：空气温度、辐射温度、空气速度和湿度。

3.5.14 热舒适度（设计）

中国国家标准	住房和城乡建设部《绿色建筑评价标准》 （★控制项，▲一般项，◆优选项） 住宅建筑： ▲4.5.8 设采暖和（或）空调系统（设备）的住宅，运行时用户可根据需要对室温进行调控。 ▲4.5.9 采用可调节外遮阳，防止夏季太阳辐射透过窗户玻璃直接进入室内。 公共建筑： ★5.5.1 采用中央空调的建筑，房间内的温度、湿度、风速等参数满足设计要求。 ◆5.5.16 采用可调节遮阳，调控夏季太阳辐射。
	《环境标志产品技术要求生态住宅（住区）》 5.21 规划设计阶段 住区物理环境（0.40） 热环境（0.20） 室外日平均热岛强度≤2℃（0.40） 可满足行人室外热舒适要求（0.30） 设计中有改善室外热舒适的措施（0.30） 5.4.1 规划设计阶段 室内热环境（0.30） 严寒、寒冷地区 设置采暖系统，空气温度调节范围合理且控制方式适当（0.50） 外围护结构保温性能良好，防结露措施有效（0.50） 夏热冬冷地区和夏热冬暖北区 空气温度调节范围合理且控制方式适当（0.50） 外围护结构保温隔热性能和建筑构件热稳定性良好，遮阳措施得力，减少围护结构导致的不舒适感（0.50） 夏热冬暖南区 空气温度调节范围合理且控制方式适当（0.50） 外围护结构热工性能良好，遮阳措施得力，减少围护结构导致的不舒适感（0.50） 5.4.2 验收阶段 室内热环境（0.30） 严寒、寒冷地区 卧室、起居室（厅）、书房的冬季采暖室内温度为18~20℃，且温度均匀（0.20） 卧室、起居室（厅）、书房的冬季采暖热舒适度指标PMV值为-1~-0.5（0.40） 外围护结构热工性能良好，避免冬季外墙内表面产生结露（0.40） 夏热冬冷地区和夏热冬暖北区 卧室、起居室（厅）、书房的冬季采暖室内温度为16~20℃，且温度均匀（0.10） 卧室、起居室（厅）、书房的夏季空调室内温度为26~28℃，且温度均匀（0.10） 卧室、起居室（厅）、书房的冬季采暖热舒适度指标PMV值为-1~0（0.20） 卧室、起居室（厅）、书房的夏季空调热舒适度指标PMV值为0~1（0.20） 外围护结构热工性能良好，围护结构防潮措施有效，遮阳措施得力（0.40） 夏热冬暖地区南区 卧室、起居室（厅）、书房的夏季空调室内温度为26~28℃，且温度均匀（0.20） 卧室、起居室（厅）、书房的夏季空调热舒适度指标PMV值为0~1（0.40） 外围护结构热工性能良好，围护结构防潮措施有效，遮阳措施得力（0.40）
中国地方规范	《福建省环保住宅工程认定技术条件（试行）》 尚无此类规定。
	《深圳市绿色建筑评价标准（征求意见稿）》 住宅建筑 4.5 室内环境质量 ▲4.5.7 屋面、地面、外墙和外窗的内表面在室内温、湿度设计条件下无结露现象。 ▲4.5.9 设空调系统（设备）的住宅，运行时用户可根据需要对室温进行调控。 ▲4.5.10 采用可调节外遮阳，防止夏季太阳辐射透过窗户玻璃直接进入室内。 公共建筑 5.5 室内环境质量 ★5.5.1 采用集中空调的建筑，房间内的温度、湿度、风速等参数符合国家标准《公共建筑节能设计标准》（GB 50189）中的设计计算要求。 ▲5.5.8 室内采用调节方便、可提高人员舒适性的空调末端。建筑主要功能外区每18平方米区域内提供至少一个热舒适控制区，运行时用户可根据需要对室温进行调控，并符合以下任二项即为满足要求： 1 主要功能房间采用能独立开启的空调末端； 2 主要功能房间采用能进行温湿度调节的空调末端。

美国 LEED-NC 绿色建筑评估体系	IEQ C7.1：热舒适度——设计　1 分 提供热舒适环境，以促进建筑用户健康和工作效率。 要求 所设计的暖通空调系统和建筑围护结构要满足标准 ASHRAE 55-2004 "人类热舒适条件"的要求，说明设计符合标准第 6.1.1 节的说明要求。 技术措施和策略 根据标准 ASHRAE 55-2004 确立热舒适条件，通过建筑性能达到建筑用户的满意和需要的量值。围护结构和系统的设计可使得使用条件有能力达到这个标准。结合项目 IEQ P1 "最低室内空气品质"、IEQ C1 "室外新风监控"和项目 IEQ C2 "增加通风"中的参数，评估并综合表现出空气温度、辐射温度、空气速度和相对湿度。
分析比较与专家评语	比较分析结果 LEED 标准热舒适度从设计和验证两个方面控制，满足空气温度、辐射温度、空气速度和相对湿度要求。在空调系统、维护结构、新风监控等有要求。 国内绿色标准按不同气候区对建筑体系、保温隔热、遮阳做法以及空调和采暖系统运行等有要求。国家环境标志标准条文描述细致，指标清晰，并分规划设计阶段和竣工验收两个阶段考核。 专家意见 本项立意从热环境的要素着手提出舒适度的指标和控制措施，满足舒适健康和工作效率的提升。 LEED 标准明确提出热舒适概念，明确热舒适内涵，有空气温度，辐射温度，空气流动速度和相对湿度四个方面。标准要求建筑设计从结构体系到空调系统设计全面按照既有标准（ASHRAE55-2004 标准）执行，最后综合评价。 中国有多部规范涉及热环境问题，考核热环境需结合各个规范做综合分析、评定。但是作为国家绿色标准对舒适度的描述和具体技术措施描述不足。建筑体系、保温隔热和遮阳做法对舒适度构成产生影响，但不能替代对温度、湿度、空气流速的指标控制。

3.5.15　热舒适度（目的）

中国国家标准	住房和城乡建设部《绿色建筑评价标准》 尚无此类规定。 《环境标志产品技术要求生态住宅（住区）》 尚无此类规定。
中国地方规范	《福建省环保住宅工程认定技术条件（试行）》 尚无此类规定。 《深圳市绿色建筑评价标准（征求意见稿）》 尚无此类规定。
美国 LEED-NC 绿色建筑评估体系	IEQ C7.2：项目　热舒适度——验证 对于 IEQC7.1 项目的 1 分附加分 目的 为建筑用户提供持续的热舒适评估。 要求 实现项目 IEQ C7.1：热舒适度—设计。 安装有永久性的监控系统，确保建筑性能符合由项目 IEQ C7.1 "热舒适度—设计"所确定的要求。 同意在建筑入驻后 6～18 个月间，对建筑用户采取一个热舒适调查，该调查应采用匿名方式，收集用户对于建筑热舒适的反映，以及对持续满意和不满意所涉及的问题。 同意制定一个方案对出现 20% 建筑用户反映不满意的情况进行整改，该方案应包括在问题区域按照 ASHRAE55-2004 标准进行环境相关变量的测量。 居住建筑不适合该项目。 技术措施和策略 ASHRAE 55-2004 提供了建立热舒适的标准和达标说明方法，由于该标准不注重维护建筑热环境持续符合方面，标准只提供了监控和改善系统的设计依据。
分析比较与专家评语	比较分析结果 LEED 不仅对热舒适度设计进行了细致的规定，对后续的使用从监控系统、住后调研、及时整改等方面进行详细的评估。 国内的标准缺乏后续使用检查、整改、验证的条文。 专家意见 本项立意要注重对使用过程中的设计达标验证和使用效果调查，以保证持续的舒适度。 LEED 不仅有对热舒适度设计规定，对后续的使用也要求跟踪验证。LEED 标准明此项评估不适合居住建筑。对此，我们认为标准制定得还不够全面。居住建筑约占到社会总体建筑量的 60% 以上，它的"绿色"程度则更显重要。 中国标准只注重热舒适度的设计，对其使用结果验证，没有给出相应的评价标准，在制定新标准时应该研究，做相应的说明。

3.5.16 自然采光和通透视野（采光）

中国国家标准	**住房和城乡建设部《绿色建筑评价标准》** （★控制项，▲一般项，◆优选项） ★4.5.1 每套住宅至少有1个居住空间满足日照标准的要求。当有4个以上居住空间时，至少有2个居住空间满足日照标准的要求。 ★5.5.6 建筑室内采光满足《建筑采光设计标准》(GB T50033)的要求。 ★5.5.13 建筑75%以上的空间可根据需要实现自然采光。 **《环境标志产品技术要求生态住宅（住区）》** 建筑室内采光系数值符合《建筑采光设计标准》(GB/T50033)中各光气候区的要求；建筑室内照明符合《建筑照明设计标准》(GB50034)的要求 规划时 居住空间有良好的日照 1.00 日照（0.40） 设计自然采光强化和调控设施 0.30 自然采光（0.30） 采用自然眩光控制装置 0.30 公共部位有自然采光 0.40 验收时 自然采光（0.60） 室内主要居室采光系数满足要求 1.00 室内照明（0.40） 首层的楼梯间、走廊等公共部位照明采用声光控制措施 1.00
中国地方规范	**《福建省环保住宅工程认定技术条件（试行）》** 3.2.3 光环境质量 3.2.3.1 窗地比 住宅自然采光，应满足 GB50096-1999《住宅设计规范》、GB/T50033-2001《建筑采光设计标准》有关窗地比要求。 3.2.3.2 日照时数 住宅日照应符合 GB50180-93《城市居住区规划设计规范》关于住宅日照标准的规定。 **《深圳市绿色建筑评价标准》** （★控制项，▲一般项，◆优选项） 住宅建筑： ★4.5.1 每套住宅至少有1个居住空间满足《城市居住区规划设计规范》(GB 50180)中有关住宅建筑日照标准的要求。当有4个及4个以上居住空间时，至少有2个居住空间满足《城市居住区规划设计规范》(GB 50180)中有关住宅建筑日照标准的要求。 ★4.5.2 卧室、起居室（厅）、书房、厨房设置外窗，每套住宅至少有1个卫生间设有外窗。房间的采光系数不低于《建筑采光设计标准》(GB/T 50033)的规定。地下空间能自然采光，采光系数不小于0.5%的地下空间面积比例大于5%。 ▲4.5.6 居住空间开窗具有良好的视野，且避免户间居住空间的视线干扰。当1套住宅设有2个及2个以上卫生间时，至少有1个卫生间设有外窗。两栋住宅视觉卫生距离满足《深圳市城市规划标准与准则》的要求。 公共建筑： ▲5.5.11 办公、宾馆类建筑75%以上的主要功能空间室内采光系数满足国家标准《建筑采光设计标准》(GB/T 50033)的要求。 7.6 光环境 7.6.1 卧室、起居室（厅）、书房、厨房设置外窗，每套住宅至少有1个卫生间设有外窗。房间的采光系数不低于下表的要求。 居住建筑的采光系数标准值 	房间名称	侧面采光系数最低值 Cmin(%)	室内天然光临界照度(lx)
---	---	---
卧室、起居室（厅）、书房	1	50
厨房、卫生间、过厅、楼梯间、餐厅	0.5	25 | 7.6.2 地下空间应能自然采光，采光系数不小于0.5%的地下空间面积比例大于5%。 单纯开发地下空间，但不注意环境质量将无法发挥地下空间的节能效应。自然采光有利于提升地下空间的环境质量，且基本不增加成本，是经济适宜的技术，因此，地下空间自然采光也应该被大力提倡，使地下空间有充足的自然采光有条件时，宜采用先进的主动型自然光调控和采集措施，可改善地下室的自然采光效果；也可采用顶部采光窗、采光井采光，并避免眩光，采光井边长与采光半径可参考下表。 采光井边长与采光半径 | 正方形采光井边长(m)	1	2	3	4
---	---	---	---	---
采光半径(m)	4	7	9.5	11	 7.6.3 住区各环境区域对光干扰的限制值宜符合下表的规定：

续表

	限制光干扰的最大光度值				
照明光度指标	适用条件	环境区域			
		A	B	C	
窗户垂直照度 Er（lx）	夜景照明熄灭前：进入窗户的光线	5	10	25	
	夜景照明熄灭后：进入窗户的光线	1	5	10	
灯具输出的光强（kcd）	夜景照明熄灭前：适用于全部照明设备	50	100	100	
	夜景照明熄灭后：适用于全部照明设备	0.5	1.0	2.5	
上射光通量比最大值（%）	灯的上射光通量与全部光通量之比	5	15	25	
建筑物体表面亮度 L（cd/m²）	由照明设计的平均照度和反射比确定	5	10	25	

注：
A 类环境区域：环境亮度低的地区，如城市较小街道区域；
B 类环境区域：环境亮度中等的地区，如城市一般街道周边地区；
C 类环境区域：环境亮度高的地区，如一般住区与商业混合的城市街道；
住区光污染日趋严重，容易产生令人不舒服的眩光或导致光污染，甚至造成人身安全问题。因此光污染必须引起注意，为满足各环境区域对光干扰的限制，可采取以下措施：
1 优化照明设计方案，室外照明最强光照射在场地范围内；
2 使用全截光灯具控制室外照明中溢出场地和射向夜空的光束；
3 限制面向步行者的照明器具的光度；
4 照明分类及适宜用场所应符合下表的规定。

照明分类及适用场所

照明分类	适用场所	参考照度（lx）	安装高度（m）	注意事项
车行照明	居住区主次道路	10-20	4.0-6.0	1 灯具应选用全截光灯具与下照明式。 2 避免强光直射到住户屋内。 3 光线投射到路面上要均衡。 4 停车库入口车道照明设计应考虑过渡照明。
	自行车、汽车场	10-30	2.5-4.0	
人行照明	步行台阶（小径）	10-20	0.6-1.2	1 灯具应选用全截光灯具与下照明式，采用较低处照明。 2 光线宜柔和。
	园路、草坪	10-50	0.3-1.2	
场地照明	运动场	100-200	4.0-6.0	1 灯具应选用全截光灯具与下照明式。 2 灯具的选择应有艺术性。
	休闲广场	50-100	2.5-4.0	
	广场	150-300		
装饰照明	水下照明	150-400		1 水下照明应防水、防漏电，参与性较强的水池与泳池使用 12 伏安全电压。 2 应禁用霓虹灯和广告灯箱。
	树木绿化	150-300		
	花坛、围墙	30-50		
	标志、门灯	200-300		
安全照明	交通出入口（单元门）	50-70		1 灯具应设在醒目位置。 2 为了方便疏散，应急灯宜设在侧壁。
	疏散口	50-70		
特写照明	浮雕	100-200		1 采用侧光、投光和泛光等不应射向天空。 2 泛光不应直接射入室内。
	雕塑、小品	150-200		
	建筑立面	150-200		

◆ 5.5.15 采用合理措施改善室内或地下空间的自然采光效果：
1 采用反光板、散光板、集光导光设备等措施改善室内空间采光效果，75% 的室内空间采光系数 >2%，有防眩光措施；
2 采用采光井、反光板、集光导光设备等措施改善地下空间自然采光，采光系数不小于 0.5% 的地下空间面积比例大于 5%。

中国地方规范

续表

美国 LEED-NC 绿色建筑评估体系	IEQ C8.1：采光和视野——采光　1 分 目的 通过采光和视野引入建筑常用区域，为建筑用户提供一个室内与室外联系。 要求 通过四个选项之一，在以下区域实现采光： | 常用空间	得分
75%	1 | 选项 1：模拟 采用计算机模拟，说明常用空间 75% 以上，自然采光照度最低可达到 25 烛光英尺（fc）(269lux)，最高照度小于 500 烛光英尺（fc）(5380lux)，计算条件是 11 月 21 日上午 9 点至下午 3 点间，晴空天气。照度低于或高于这个范围的不能计入达标面积。 但是，如采取了保持视野的眩光遮阳自动控制装置，可以视为仅符合最低 25fc（269lux）的照度水平。 或者 选项 2：指标 结合侧光和/或顶光，实现总采光区域（地板面积满足以下要求），占所有常用空间的至少 75%。 对于侧光采光区域： ● 采光区域的可见光透射率（VLT）与窗地比（WFR）的乘积在 0.150～0.180 之间，窗面积的计算只能包括高于地面 30 英寸的部分。 $0.150 < VLT \times WFR < 0.180$ 　　・连线窗头与窗面平行面与楼板交线处，距离为 2 倍于窗头距地高度，垂直于窗面，要求吊顶部分不得与该连线有交叉。 ● 有阳光非直射，和/或眩光控制装置，确保采光质量。 对于天光采光区域： ● 天光下的采光区域以天光洞口投影边线，加上每个方向以下较小者： 　　・70% 的顶高； 或者 　　・到最近天光边界的 1/2 距离； 或者 　　・到任何固定型不透明物体的距离大于物体顶至少顶板距离 70% 的位置 ● 屋面天光洞口面积占屋面面积 3%～6%，并未可见光透射率在 0.5 及以上； ● 天光洞口间距不大于顶板高度的 1.4 倍； ● 如采用散光器，则按 ASTM D1003 标准，其检测雾化值大于 90%，避免天光散光器的直接视线。不能采用日光的工作区域面积除外。 或者 选项 3：测量 采用室内光测量记录，说明所有常用区域的 75% 面积能够有最低 25fc 的自然光。测量应对所有常用区域采用 10 英尺的网格，并记录在建筑平面图中。 只有符合照度要求的相关房间与空间面积才能被纳入计算。 选用这个选项的工程，自然采光非直射，和/或有眩光控制装置，以免产生高反差情况。不适宜自然采光下工作的区域面积除外。 或者 选项 4：混合 以上的各计算方法可以混合使用，以证明 75% 以上的所有常用空间复合最低采光照度。每个空间计算方法的不同必须清楚地记录在所有建筑平面中。 所有情形下，所有房间和空间的部分面积满足 75% 的采光，其总面积即可计入面积计算中。 所有情形下，应有眩光控制装置避免高反差光影响视力工作，但不利于日光工作的空间除外。 技术措施和策略 设计最大化自然采光，措施有建筑朝向、窄化建筑楼面、增加建筑周长、外部和内部固定遮阳装置、高性能玻璃、高反射顶面，另外，自动感光控制也能降低能耗。手工计算或计算机物理模型模拟，可预测采光因素，以评估照度水平和采光系数。
分析比较与专家评语	比较分析结果 LEED 标准将自然光和良好视野联系在一起，并通过平面位置、剖面干扰等角度保证良好的视线。LEED 并未对日照提出要求。 国内绿标标准根据建筑的类型、建筑内部房间性质以及窗的采光面积等具体项目对日照、自然光和视线提出规定。深圳地方标准规定更详细且明确。 专家意见 本项立意注意自然采光和视野的处理，提供与外界的联系。 LEED 标准对建筑采光和视野的要求很详细。要求比较高（建筑常用空间 90% 的面积在一定高度范围内有直接的室外景观）能有效提高建筑，特别是大型公共建筑对自然采光和视野的水平。 中国绿色标准以及其他相关设计规范对采光要求较具体，但视野没有涉及，因视野与景深、室外环境相关。中国建筑高度越来越高，密度越来越大，多数视野需通过规划手段实现。 LEED 无日照的描述，中国对日照要求高规定具体，执行严格。这与中国的国情有关，是保证健康的重要条件。

3.5.17 自然采光和通透视野（视野）

中国国家标准	住房和城乡建设部《绿色建筑评价标准》 尚无此类规定。
	《环境标志产品技术要求生态住宅（住区）》 尚无此类规定。
中国地方规范	《福建省环保住宅工程认定技术条件（试行）》 3.2.3 光环境质量 3.2.3.1 窗地比 住宅自然采光，应满足 GB50096-1999《住宅设计规范》、GB/T50033-2001《建筑采光设计标准》有关窗地比要求。
	《深圳市绿色建筑评价标准》 （★控制项，▲一般项，◆优选项） 住宅建筑： ▲ 4.5.6 居住空间开窗具有良好的视野，且避免户间居住空间的视线干扰。当1套住宅设有2个及2个以上卫生间时，至少有1个卫生间设有外窗。两栋住宅视觉卫生距离满足《深圳市城市规划标准与准则》的要求。 公共建筑：
美国 LEED-NC 绿色建筑评估体系	IEQ C8.2：自然光和视野——视野 1分 目的 通过采光和视野引入建筑常用区域，为建筑用户提供一个室内与室外联系。 要求 所有的常用区域有90%面积可以通过外窗，在30英寸~90英寸高度范围有直接的室外视野。面积的确定按以下标准，合计所有常用空间中有直接室外视景的空间面积。 ● 在平面图中，由周边外窗绘出包含在视野线内的区域； ● 在剖面图中，一条视线可以从该区域引至周边视景窗。 该视线可穿越室内玻璃，对于私人办公室，如果有75%以上的面积有直接外窗视线，则其全部面积可以纳入计算；对于多人共用空间，只能计算实际拥有周边景窗直接视线的面积。 技术措施和策略 技术措施和策略涉及最大化采光和视野的可能，措施可采用低矮隔断、室内遮阳装置、室内玻璃和感光控制。
分析比较与专家评语	比较分析结果 LEED 标准将自然光和良好视野联系在一起，并通过平面位置、剖面干扰等角度保证良好的视线。LEED 并未对日照提出要求。 国内绿色标准根据建筑的类型、建筑内部房间性质以及窗的采光面积等具体项目对日照、自然光和视线提出规定。深圳地方标准规定更详细且明确。
	专家意见 本项立意注意自然采光和视野的处理，提供与外界的联系。 LEED 标准对建筑采光和视野的要求很详细。要求比较高（建筑常用空间90%的面积在一定高度范围内有直接的室外景观）能有效促进提高建筑，特别是大型公共建筑对自然采光和视野的水平。 中国绿色标准以及其他相关设计规范对采光要求较具体，但视野没有涉及，因视野与景深、室外环境相关。中国建筑高度越来越高，密度越来越大，多数视野需通过规划手段实现。 LEED 无日照的描述，中国对日照要求高规定具体，执行严格。这与中国的国情有关，是保证健康的重要条件。

3.6 创新设计及地方优先

3.6.1 设计中创新

中国国家标准

住房和城乡建设部《绿色建筑评价标准》
绿色建筑评价技术细则（试行）
1.3 绿色建筑创新奖评审
1.3.1 进行绿色建筑创新奖评审，应先审查是否满足控制项的要求。参评的控制项全部满足要求，则通过初审。
1.3.2 为细分绿色建筑的相对差异，在控制项达标的情况下，按本细则的要求进行评分。根据设定的分值，按满足要求的情况评分，逐项评分并汇总各类指标的得分。
1.3.3 六类指标分别评分。每类指标一般项总分为 100 分，所有优选项合并设 100 分。存在不参评项时，总分不足 100 分，应按比例将总分调整至 100 分计算各指标的得分。
1.3.4 六类指标一般项和优选项的得分汇总成基本分。汇总基本分时，为体现六类指标之间的相对重要性，设权值如下表：

建筑分类 指标名称	住宅 权值	公建 权值
节地与室外环境	0.15	0.10
节能与能源利用	0.25	0.25
节水与水资源利用	0.15	0.15
节材与材料资源利用	0.15	0.15
室内环境质量	0.20	0.20
运营管理	0.10	0.15

基本分 = Σ 指标得分 × 相应指标的权值 + 优选项得分 × 0.20
1.3.5 进行绿色建筑创新奖和工程项目评审，应附加对项目的创新点、推广价值、综合效益的评价，分值设定如下表：

	评审要点	分值
基本分	见 1.3.3 和 1.3.4 条	120
创新点	创新内容、难易程度或复杂程度、成套设备与集成程度、标准化水平	10
推广价值	对推动行业技术进步的作用、引导绿色建筑发展的作用	10
综合效益	经济效益、社会效益、环境效益、发展前景及潜在效益	10

总得分 = 基本分 + 创新点项得分 + 推广价值项得分 + 综合效益

《环境标志产品技术要求生态住宅（住区）》
尚无此类规定。

中国地方规范

《福建省环保住宅工程认定技术条件（试行）》
尚无此类规定。

《深圳市绿色建筑评价标准（征求意见稿）》
4.7（住宅建筑）创新设计
4.7.1 在规划建设中进行了创新设计，并有效证明该创新设计可产生足够的环境改善或资源节约效应。创新项判断准则为某技术措施性能极大地超过某项指标的要求或本地区以前没有采用的新技术、新工艺和新材料。
创新项包括但不限于以下要求。
1. 绿地率不低于 50%。
2. 除机械设备、光伏发电板和采光天窗外 100% 的屋顶面积采用绿化屋顶。
3. 空调能耗不高于国家和深圳市建筑节能标准规定值的 60%。
4. 可再生能源的使用量占建筑总能耗的比例大于 20%。
5. 节水率 30% 以上。
6. 非传统水源利用率不低于 50%。
7. 可再利用建筑材料的使用率大于 10%。
8. 在项目 500km 以内生产的建筑材料占所有材料的重量比例不低于 95%。
9. 场地及建筑所有部位满足无障碍通行要求，通行设施满足盲人、失聪者等行动不便者的特殊通行要求。
5.7（公共建筑）创新设计
5.7.1 在规划建设中进行了创新设计，并有效证明该创新设计可产生足够的环境改善或资源节约效应。创新项判断准则为某技术措施性能极大地超过某项指标的要求或本地区以前没有采用的新技术、新工艺和新材料。

续表

中国地方规范	创新项包括但不限于以下要求。 1 性能极大地超过某项指标的要求； 2 本地区以前没有采用的新技术、新工艺和新材料。 创新项包括但不限于以下要求。 1 绿地率不低于50%。 2 除机械设备、光伏发电板和采光天窗外100%的屋顶面积采用绿化屋顶。 3 空调能耗不高于国家和深圳市建筑节能标准规定值的60%。 4 可再生能源的使用量占建筑总能耗的比例大于20%。 5 节水率30%以上。 6 非传统水源利用率不低于50%。 7 可再利用建筑材料的使用率大于10%。 8 在项目500km以内生产的建筑材料占所有材料的重量比例不低于95%。 9 办公、宾馆类建筑95%以上的主要功能空间室内采光系数为2%以上。 10 场地及建筑所有部位满足无障碍通行要求，通行设施满足盲人、失聪者等行动不便者的特殊通行要求。
美国LEED-NC 绿色建筑评估体系	ID C1：项目　设计创新　1-5分 目的 为设计人员和工程提供机会，以便他们因实现高于LEED的规定和实现LEED中尚未具体涵盖的绿色建筑创新性能而获得奖励分。 要求 方式1．设计创新（1-5分） 在LEED-2009绿色建筑评估体系范畴之外，实现重大的、可测量的新环保性能。 每个创新可获得1分，但创新总分IDCI的总分不超过5分。 确定进行以下陈述： ● 建议创新项之目的； ● 实现的建议要求； ● 建议的提交资料和说明符合的文件； ● 设计途径（措施），用以满足要求。 方式2．杰出性能（1-3分） 以LEED2009评估体系所针对的必要项和得分项要求，实现杰出的性能。一般杰出性能超过LEED项目要求性能的一倍可得到1分，或实现LEED项目的更高一级的百分进阶。 一个项目只能有一个创新分，在本方法中最高可得到3个杰出性能分。 技术措施和策略 确实超越LEED-2009评估体系的项目要求，例如能源性能或节水性能。采用这些措施或方式来量化说明其具有环境和健康效益的综合方式。
分析比较与专家评语	比较分析结果 LEED不仅有"设计创新"的评分标准，还有"杰出性能"的评分标准。规定比较严格。 国内绿色标准也有规定，但缺少具体量化指标。深圳地方标准规定指标翔实可执行度较强，更靠近LEED的做法，是很好的本土化的范例。 专家意见 本项立意鼓励设计创新通过创新做法带动绿色建筑的发展，是精明增长的表现。 LEED标准对"创新"有说明，并要求其"可测量"或"有量化"指标，方便操作，要求高具体可行。 中国绿色标准要求创新从创新点、推广价值、综合效益三方面作评定，并划分了权重。但具体操作时，因缺少"量化""测定"要求，很难统一评定尺度，不能完全科学、真实反映水平。 深圳的做法开创了绿色建筑本土化的先例，可资楷模。

3.6.2　专家认证

中国国家标准	住房和城乡建设部《绿色建筑评价标准》 尚无此类规定。
	《环境标志产品技术要求生态住宅（住区）》 尚无此类规定。

续表

中国地方规范	《福建省环保住宅工程认定技术条件（试行）》 尚无此类规定。
	《深圳市绿色建筑评价标准（征求意见稿）》 尚无此类规定。
美国 LEED-NC 绿色建筑评估体系	ID C2：项目　LEED 认可的专家　1分 目的 在申报和认证过程中，支持和鼓励 LEED 所要求的集成设计。 要求 工程团队中至少有1名 LEED 认可专家，LEED-AP。 技术措施和策略 在工程早期阶段，教育团队成员关于绿色设计和施工、LEED 要求和申请过程，考虑引入 LEED-AP 简化集成设计和施工。
分析比较与专家评语	比较分析结果 LEED 标准要求有资质的认可专家参与全过程认证。并从早期就进入指导，引入 LEED 规范要求。实现专家认证，强化权威性和影响力，国内在此方面无特别对专家的资质认定，但有对专家认定的管理办法。
	专家意见 本项立意要对认定专家资质认定，并规范认证工作的规范化，是保证项目的水平的重要方面。 "专家认可"问题与国家管理体制有关。LEED 专家非政府指认。通过专家认证，强化 LEED 标准的权威性和影响力，LEED 专家逐步得到行业认同。 中国实行的是分专业分等级考核，认定个人的技术水平政府颁发证书。这已经得到了相应认可。中国评价一具体项目，组织团队（各相关专业高水平人士参与）协同作战，理论上应该能够看得更准、更全、更深、更有影响力。中国标准没涉及专家资质认可问题。

3.6.3　地方优先

中国国家标准	住房和城乡建设部《绿色建筑评价标准》 尚无此类规定。
	《环境标志产品技术要求生态住宅（住区）》 尚无此类规定。
中国地方规范	《福建省环保住宅工程认定技术条件（试行）》 尚无此类规定。
	《深圳市绿色建筑评价标准（征求意见稿）》 尚无此类规定。
美国 LEED-NC 绿色建筑评估体系	RP C1：项目　地方优先　1-4分 目的 对体现特定地理条件下，优先环境关注点，提供一个促进机制。 要求 对于由 USGBC 的区域委员会和部门确定的6个地方环境重要优先点，为这些区域的工程设定了1～4个鼓励分。从 USGBC 网站上可查询有关地方优先性的数据库和适用地理条件。 实现一个地方优先措施可奖励1分，最高可得4分。美国以外的工程不适用地方优先得分。 技术措施和策略 跟踪和确定工程所在地，从而判定地方优先点。
分析比较与专家评语	比较分析结果 LEED 鼓励地方针对不同的地源、气候、人文、经济选择采用绿色方针和执行举措。通过奖励机制肯定地方优先做法。 国内标准也在鼓励各地编制地方绿色标准，但是有起色的标准并不多，像深圳地方标准有地方优先特点的评价标准少之又少。
	专家意见 本项立意鼓励地方不要局限，要针对不同的地域条件创新做法，以增加绿色建筑实业的发展。 LEED 通过奖励机制，鼓励关注特定地理环境下，优先环境关注点优先工作机制。 中国强调因地制宜，这是做事、做任何工程（包括房屋建造工程）的一项基本原则。如何保证这一原则能得到全面、深入的贯彻，激励机制的建立必不可少。中国绿色建筑标准若增加这方面奖惩条款，一定能有促进作用。

第四部分
可持续发展绿色住区建设导则

4.1 《建设导则》概述
4.2 《建设导则》条文
4.3 导则评价方法与分值总览

4.1 《建设导则》概述

　　人类住区生态环境及可持续发展是全人类和国际社会共同关注的热点问题。城市住区不可取代的作用，深刻影响着居民的生理、心理、生活方式和居住行为，并直接影响城市居民的生活质量。在大力倡导低碳生活、建设资源节约型与环境友好型社会方面，城市住区更是具有无可替代的地位和作用。因此，加强绿色住区建设并开展评估工作是城乡人居环境建设与可持续发展的重要内容。

　　中国经历了改革开放三十多年来的快速发展，城市化水平大幅提升，未来十到二十年，仍将持续快速发展，但是将会面对更加严峻的资源、环境、人口老龄化等方面的挑战，与此同时人们还将对居住环境和城市生活质量提出更高的要求。转变发展方式，特别是改变我国城市持续性粗放型发展模式，建设绿色住区，创建低碳城市，正在成为时代发展的主旋律。

　　2003年以来，中国房地产研究会人居环境委员会发起"中国人居环境与新城镇发展推进工程"，在全国各地致力于开展人居环境金牌住区的示范项目，取得丰硕成果：开创了规模住区人居环境建设七大目标和城镇人居环境建设九大体系指导标准，创造性地提出了从住区起步、向上促进城市发展，向下带动绿色建筑发展的推进模式。在不断进行理论探索和广泛进行试点研究的基础上，以住建部课题项目《中美绿色建筑标准比较研究》为基础，结合中国房地产开发的实际情况，提出了《可持续发展绿色住区建设导则》。实现了国际化绿色住区目标与中国量化指标体系的对接。

　　《建设导则》是人居委在全国范围内推行《中国人居环境与新城镇推进工程》的扩展，是总结人居环境金牌住区建设试点项目实践的重要经验成果，是在人居委推行的为项目拓展和升级做出的努力。

　　研究成果既融合了本土化的特色，又保证了绿色建筑国际化水准；

　　研究成果突出了住区建设精明增长的原则；

　　研究成果突破传统研究编制方式，更加突出了可实施性、可量化性和可检查性；

　　研究成果采用实用型标准直接与城市住区开发项目对接的路线。

　　具体重点目标内容创新点是：

　　（1）强调场地选址的可持续性，突出资源利用和生态环境的保护；注重城市对现有基础设施的利用和对土地资源防治和综合利用。

　　（2）强调新建住区及城市更新项目与城市现有格局的融合以及对现有城市设施的利用，突出新项目对城市功能的完善和提升，注重以新建住区为城市创造新的就业岗位，并提升该区域价值。

　　（3）注重住区绿色交通效能，以建设紧凑城市的理念营造舒适的步行环境，减少对小汽车的依赖，促进低碳发展。

　　（4）营造人文和谐住区，注重住区的开放性和适宜的开发强度，强调使不同经济能力和不同年龄组的居民混合居住，并提供完整便捷的社区服务，以应对日益严峻的人口老龄化。

（5）强调资源能源最大化效用，突出可再生能源技术应用；倡导节能、节水和材料的回收、复用和再生的循环环节；注重建设垃圾减量化和既有建筑改造和利用。

（6）注重健康舒适生活环境营造，优化住区环境及住宅室内功能性能，降低建筑材料和室内装饰材料的污染。

（7）注重全寿命住区建设与管理，保证工程质量，促进城市精明增长。

国际绿色建筑运动起源于上世纪七十年代。世界能源危机使人们充分认识到节能与环保对人类生存的重要性，也对建筑理念产生了深刻影响。节约能源，保护环境逐渐成为建筑与城市发展的重要思想与可持续发展的基石。绿色建筑应运而生。

美国绿色建筑协会（USGBC）成立于1993年。成立后的一项重要工作就是建立并推行了《绿色建筑评估体系》（Leadership in Energy & Environmental Design Building Rating System），国际上简称LEED。主要目的是对绿色建筑的概念加以规范和引导，为建造绿色建筑提供一套可实施的技术路线。目前该体系在世界各国的建筑环保评估、绿色建筑评估以及建筑可持续性评估标准中被认为是最完善、最可量化、最可实施、最有影响力的评估标准。

中国的绿色建筑起步于本世纪初。2003年，中国房地产研究会人居环境委员会发起"中国人居环境与新城镇发展推进工程"，2004年研究完成了《规模住区人居环境评估指标体系》并在全国开展金牌住区试点，从住区层面推动绿色建筑发展。2004年在"第二届中国人居环境高峰论坛"上，提出了"科技引领人居未来"理念，引领房地产开发走绿色发展之路。2005住房和城乡建设部召开了首届全国绿色建筑节能大会，标志政府对绿色建筑的支持力。2006年，国家住建部推出中国《绿色建筑评估标准》（DBJ/T01-101-2005）。该标准从节能、节地、节水、节材和保护环境（四节一环保）对绿色建筑做了全面的描述，成为开展绿色建筑的第一部全国性标准。

4.1.1 《建设导则》的编制

《建设导则》研编委员会核心成员，由人居委专家委员会专家和美国绿色建筑协会（USGBC）、美国自然保护协会（CNRDC）的北京代表组成。《建设导则》参考了LEED-ND的主体框架和原则精神，并引用了已在近百个开发项目中实践多年的《推进工程》中人居环境金牌住区七条标准的经验编制完成，希望通过成功经验的借鉴，能充分体现绿色住区实质内涵和国际化水准，最终实现项目的综合效益。

本《建设导则》将在以后的实证建设的范例项目中，不断总结经验、广泛征求意见，在实践中不断修编完善和提高，开展包括与美国等国家在内的国际合作及绿色建筑专家的交流活动，获得房地产各界的鼎力支持和帮助。

在《建设导则》试行阶段，将尽可能选择在不同地区的新城新镇和绿色住区的项目中进行推广应用，开展评估和认证，以检测《建设导则》的实效性。试点工程将报人居委备案并得到绿色住区专家组织的全程指导。

4.1.2 《建设导则》的实施

《建设导则》研编专家委员会提议，实证开发评估发证分为规划设计和项目完成后两个阶段进行。把对规划设计的认定以项目批准的方式来进行，对项目施工阶段主要提供技术咨询协助和现场指导。而项目开发建成后一年的回访、调查认定作为最终的认定。这是充分考虑了中国的开发实际来设定的。对试点的帮助和评估测试，包括了对试点项目监督和取证工作，并且加强了开发项目的宣传和市场协助，这对中国的开发商是十分重要的。

关于评定的分值和权重组合将在实践后根据具体状况逐步建立，本建设导则试行本提出的分值和权重组合仅作为最后修编的基础。

4.1.3 《建设导则》的说明

本《建设导则》为2011年版本，以后将按修改的年期不同显示不同版本。

《建设导则》主体内容有七个方面：可持续建设场地、城市区域价值、住区交通效能、人文和谐住区、资源能源效用、健康舒适环境、全寿命住区建设。

《建设导则》以评估得分的方式评估检查项目的运作状况。附件中列出的"分值总览表"将得分和项目之间的对应关系放在一起，同时将《建设导则》认证的不同等级所需之得分一并体现出来。

评估检查结果以"A级认证"的形式表达，发给证书。

《建设导则》今后需要完成的参考指南中将包括技术细则、技术做法、参考指标、设计方法、策略和平衡和"案例学习"等方面内容。这要看工程实践的具体需求陆续编制。

4.2 《建设导则》条文

4.2.1 可持续建设场地

必要项1.1 保护农田
目的：避免在基本农田和特殊农田中开发，保护不可替代的农业资源。
规定：场地选择应遵循下列要求：
　　1）场址选择遵循不占用国土局界定的18亿亩优质耕地的原则。

2）场址占用基本农田应按照"占多少，垦多少"的原则进行等质等量的置换。保证这些土地永久免于开发，并用于农业。同时这些土地必须是在项目同一行政区域内。

注：此项制定原则参照《中华人民共和国土地管理法》第三十一条　国家保护耕地，严格控制耕地转为非耕地

必要项 1.2　保护自然栖息地和公共环境用地

目的：避免将建筑建在不适宜建设的保护性场地，以保护自然栖息地，湿地和绿地，减少住区开发对自然环境的影响。

规定：不得在下列场地进行建筑，道路和停车场开发：

1）各地规划水利部门界定的百年（或 50 年）一遇划定的洪水水位场地。

2）国家或地方列出的受保护濒危物种的栖息地，森林覆盖地和文物保护地。

3）国家环境保护部门界定的，包括湿地在内的水域及其 100 米内的保护带。

4）由控制规划确定的城市公园，绿地和绿化保护带。

必要项 1.3　水和雨洪基础设施的规划效能

目的：住区配套基础设施利用原城市基础设施，避免基础设施建设再建造成的自然资源破坏。

规定：住区选址应遵循以下原则

1）住区选址建造在已有城市基础给水及排水设施的区域内。（对既有设施进行更新或改进，可以被认为是"既有的"）。

2）住区选址建造在城市给排水规划的区域内。（项目提供新建基础设施规划证明）。

得分项 1.1　场地整合（选址）

项目 1.1.1　住区开发强度合理

目的：开发强度合理，紧凑规划，最大限度利用原有城市基础设施，保护自然资源。

规定：按城市等级控制开发强度的最高值和最低值：

1）通过城市功能分区确定开发强度，控制最低值容积率。提高城市区域中心建筑密度以达到紧凑城市的目标。住区开发符合城市核心区最低容积率并不小于 2.5（城市中心区住区）。

2）住区开发用地应按城市发展规划紧凑型开发，留足城市住区绿地和必要城市空间。

项目 1.1.2　合理利用已开发的场地

目的：减少住区开发用地和盲目扩张引起的多重环境破坏。

规定：住区选址按城市控制性详细规划选定，合理采用综合类住区形式并与周边项目共享，配套设施方面在形式与业态上互补，考虑下列要素：

1）住区场址位于成熟社区内或与在建社区紧邻。

2）住区场址位于前期已开发的地区，充分利用既有居住区和土地综合利用的有利条件。

3）提倡旧区改造，减少随意扩张对环境造成的多重破坏，改造过程严禁破坏历史文化街区和历史建筑。

项目 1.1.3　污染土地再开发

目的：鼓励对污染破坏的土地进行可居住性的开发，降低对未开发土地所承受的开发压力。

规定：项目开发用地位于以下位置：

1）开发用地被评估为污染地或已被地方政府划定的污染地，通过采用相关主管部门批准的治理措施，对污染物的清理处置后，经检验证明该场地再利用是安全、有效和适合的。

2）鼓励清理较复杂或较困难的污染场址。费用超大的项目申请由政府提供相应治理环境污染政策性补贴。

得分项 1.2　场地生态保护

项目 1.2.1　保护湿地和水体

目的：通过水体和湿地保护来维护水质、自然水文和生物栖息地。

规定：1）住区开发场地内存在湿地、河岸地、水体等被相关管理部门划定的保护区域，应在距离保护区域 30 米以外进行开发建设。

2）住区开发过程采取恢复和建立保护湿地、河岸地、水体的措施，住区场地允许对湿地、中小盆地范围或 30 米缓冲地带轻度开发。轻度开发被定义为不在保护区的 90% 的范围内建设或动土。

项目 1.2.2　降低施工对场址的生态影响

目的：保护现有自然地域内的植物和树木，提供生物栖息场所，促进生物多样性。

规定：1）住区在自然绿地范围内开发建设，场地形态扰动（包括土方工程和植被清除）应限制在：距离建筑外围 12 米内；距道路和管道沟建设边线 3 米之内；距人工铺设的可渗透地面（如可渗透铺装、雨水收集设施、操场）场地外围 8 米之内。

2）减少施工影响（包括全部建筑用地、道路、广场及停车场），尽可能减少施工用地，以降低对场址的干扰。

3）限制施工活动对土地的碾压，尽量利用已有的道路进行施工运输。

4）采取住区内土方挖填平衡的方式，减少土、石方运输工程量。

项目 1.2.3　自然陡坡维护

目的：保护陡峭斜坡使其处于自然状态，保护动植物栖息地受到最小的侵蚀，减少对自然水环境的压力。

规定：1）场址中，坡地超过 45% 的地域，禁止作为建筑用地。以坡底与 45% 的斜坡有明显折点为界做出限定。

2）先前已开发的超过 45% 斜坡的场址，按照下述的要求对场址中已建设和规划建设部分进行调整，同时通过栽种适宜的植物或地方植物恢复坡地自然生态。

  a. 对于坡度 25%~45% 的坡地，开发用地比例限于 45% 以内；对于坡度 15%~25% 的坡地，开发用地比例限于 60% 以内。

  b. 当居住区内的地面坡度超过 8% 时，地面水对地表土壤及植被的冲刷就严重加剧，行人上下步行也产生困难，就必须整理地形，通过阶梯的方式来缓解上述矛盾。无论是坡地式还是阶梯式，建筑物的布局、道路和管线的设计都应做好相应的工程处理。

得分项 1.3　场地可持续性开发

项目 1.3.1　建设场地环境保护

目的：减少建设活动对土地及环境的影响。

规定：编制施工场地沉积和侵蚀控制执行计划，遵照当地的侵蚀和沉积控制标准和施工规范规定执行。须符合以下目标：

  1）防止建设过程中由于雨水和地表径流冲刷／或风化引起的水土流失，采用表层土堆储存及再利用措施；

  2）防止由于雨水排放或冲积使土壤受到破坏造成侵蚀；

  3）防止施工扬尘和颗粒物悬浮造成大气污染。

项目 1.3.2　雨洪流率管理和雨水防污处理

目的：通过住区内及周边雨洪径流管理，降低雨水冲刷造成的环境破坏和水土流失。

规定：1）透水率小于或等于 50% 的地面应实施雨水管理措施。要求工程完工后 1.5 年中的 24 小时高峰径流泄流率，不超过工程完工前 1.5 年中的 24 小时高峰径流泄流率。

  2）通过雨洪径流管理，降低雨洪水自然流淌造成的环境破坏和污染。

  3）通过雨水径流管理，将年降雨量的 90% 收集进行处理，降低地面流经的雨水直接进入地表水系统，造成对地表水的污染。场址的雨水处理系统设计指标：工程后消除年平均雨水中 80% 的总固体悬浮物和 40% 的总磷化物。

  4）因地制宜地采取有效的雨水渗透措施，采用最佳管理措施达到消除收集雨水中 80% 的悬浮颗粒物，或采用符合地方雨水收集处理的标准规定。

4.2.2　城市区域价值

必要项 2.1：住区多样性

目的：促进住区可居住性、交通便利和方便步行。

规定：1）住区独立生活组团建设用地小于 3.0 公顷；零散建设不计。

2）住区内50%的住宅套型设计使用功能不重复或户型不同。
3）距住区边界500米范围内，至少有4个配套设施（见下注）。
4）距离住区边界800米范围内，至少有6个配套设施（见下注）。
注：配套设施包括派出所、消防站、邮局、银行、医疗诊所、药店、餐馆、超市、中心会所、公园、图书馆、幼儿园、学校、宗教设施。市政服务机构设施如居委会、街道办事处、办公建筑、公共服务中心、地铁站、公交车站。（同一用途建筑物不能同时被统计成两种类型，例如，办公建筑只能算一种类型，任何一种商店也只能算一类设施。但是一个综合性混合用途的建筑容纳多种截然不同的公共设施，可以分类统计。）

得分项 2.1　城市设施利用

项目 2.1.1　接入公共空间

目的：住区规划设计要使住区与城市公共空间相连接，提高住区与城市的融合性。

规定：住区规划要满足住区与至少一个城市公共场所的出入口的距离保持在800米范围内。公共场所指：城市公园、广场、商业中心、城市绿地等。

项目 2.1.2　邻近中小学校

目的：提供步行上学的安全保障，促进孩子身心健康，建立和谐住区。

规定：1）住区开发位于居住功能齐全的区域内，九年制以下学校学生步行上学基本保证不穿越城市次干道[1]路，保障安全。
2）住区规划中设计有将兴建的小学校，或临近一座划归本片区的既有小学校（学校师生比例合理，可容纳的新住区学生），至少有半数居民住在距该小学校800米步行距离内。

得分项 2.2　街区设置

项目 2.2.1　街区周界

目的：住区内街区边界设置有利管理，同时促进沟通，方便出行。

规定：对住区内的街区边界进行界定，平均街区边界限定如下：

平均街区边界	适合得分
500~600米	2
400~500米	4
300~400米	6
250~300米	8

每个街区的边界包括人行道或用于步行的间隔所提供所围合的用地，不包括人行道本身。

---

[1] 次干道：又叫区干道，为联系主要道路之间的辅助交通路线，一般红线宽度为25~40米。

项目 2.2.2　步行街道设置

目的：鼓励街道以步行为主。

规定：1）住区中的每个建筑的主要面和主入口要朝向一个公共空间，如绿地、街道、广场等。

2）80% 的住宅建筑主出入口距地界红线不超过 8 米，或 50% 的建筑正立面距地界红线不超过 6 米；住区中大多数综合性建筑和商业建筑应沿街布置。

3）沿商业街道平均每 30 米间隔应保证有建筑人流主出入口。

4）所有非居住建筑的首层的至少 1/3 立面，应有面向公共空间的透明玻璃；沿街道不得有没有窗户的超长的商店墙面（没有门窗，但公共艺术墙面除外）；沿街商铺和公共设施首层晚间不得遮蔽。

注：本条基于开放式街区而言

项目 2.2.3　创造工作机会

目的：鼓励住区功能综合多样性和平衡协调就业机会的。

规定：1）对于有居住功能的项目，在距项目 800 米范围内，其已开发的就业数量不小于新建项目 10% 的住宅套数量。

2）对于建在已开发场址或先期开发场址中的没有居住功能的项目，应安排建在 800 米范围内，所创造的新的工作机会满足不小于 10% 现有住宅套数量的要求。

得分项 2.3　区域价值

项目 2.3.1　地方传统建筑经验推广

目的：采用适合地方气候的建筑形式和建造经验，延长建筑和材料寿命。

规定：1）得到规划管理部门、地方设计评审机构、地方古建筑保护主管部门认可。项目能符合以下要求：在初期设计阶段，确认住区开发建筑设计方案对地方的社区继承历史文化传统和文物保护进行过分析并认可。

2）住区的街区布局、建筑朝向，主导风向、建筑布局，街道规划、材料运用、墙面处理、屋面形式、园林绿化、门廊、梁雕细节的综合应用和处理，使住区规划建筑方案具有地方特色，或体现对地方建筑文化特色。

项目 2.3.2　地方建筑再利用

目的：鼓励对地方原有建筑再利用，以保持其原有地方文化传承。

规定：1）项目中包含一个或一个以上确定的需要设计改造的已有建筑，是由地方政府或古建筑保护组织认定的古建筑。

2）在本地主管部门注册或者国家历史建筑注册的具有历史文化价值的建筑，或被当地认定为历史标志性建筑或国家重大建筑物。

3）地方原有建筑复原需要按照地方或国家复原标准，并得到当局主管部门确定，符合地方建筑复原标准要求。

4）符合当地规划部门的指定建筑复原任务要求。

项目 2.3.3　地方文脉传承

目的：传承城市文化情结，保护传承既有传统建筑文化特色，营造能满足现代人文生活需要的时代住区。

规定：1）住区及周边古迹文物、历史文化遗产保护。包括对住区内的历史文物和原场址中的古迹和标志物采用积极保护方式，坚持修复和利用并举、文物和景观结合。

2）重视场地历史沿革，通过对古迹、标志物与住区建筑高度和密度做有效控制和协调，营造文物视觉景观。

3）住区建筑风格和造型、色彩等方面与周围已形成的城市空间文化景观特色协调。

4）对古迹和地方标志物保护措施列入规划、设计和施工的全过程。

4.2.3　住区交通效能

必要项 3.1：交通效能[1]

目的：鼓励在能够减少对私家车依赖性的区域位置开发新住区，住区出行规划中合理设计步行道路，减少因使用私家车带来的空气污染，能源消耗以及温室气体排放。

规定：1）将项目建在已建成区域内，或者早期已有开发的场地附近。

2）将项目建在现有的或已经规划的公共交通干线周边，或适合的公共交通服务设施附近。

3）将项目建在已有或已规划的社区中心，或配套服务设施方便的地区。

得分项 3.1　步行交通

项目 3.1.1　步行街道路网

目的：为实现住区开放性，有利于社区中心共享，加密街道路网密度。为步行者和骑车人提供去往附近中心的直达、安全、舒适的交通线路。

规定：1）新开发住区每平方公里内应至少提供 60 个主、次交通道交汇点。同时，为新建的社区建造至少一个步行街。

2）项目每 300 米至少有一条直通路线，这不包括由于自然原因而修建的道路。例如：湿地、河流、地形上的末端、天然气线路、供水线路、高速路、主干线路和其他限制通行的道路。

3）项目中沿道路设置的人行道，人行道净宽度不得低于 1.2 米。对于设计行车时速低于 15 公里的街道，人行道不必两边都配置。

4）新街道 80% 有街边自行车停车位（场）。

5）项目内新建或既有的街道应设计成为居住可达的基本道路，骑车最大时速 15 公里，基本商业街道可达最大骑车时速 30 公里。

---

[1] 住区空间布局时还是要倡导人车分行的原则（不管是平面的还是空间主体的），确保以人行优先的理念。

6）人行便道和汽车道间应至少间隔 1.2 米绿化带。

7）确保多数住宅底层地面与便道的高差不大于 30 公分。

项目 3.1.2　舒适步行交通环境

目的：提供舒适的步行街道环境，促进步行运动。[1]

规定：1）住区内的商业或综合建筑，至少 50% 设有底层零售店；所有商业和其他社区设施的底层，由通向公共空间（街道、广场等）的道路直接相连。

2）街道种植树木，成树树冠成荫面积需占总街道面积的一半，遮荫长度为街道总长的一半。树冠的直径可用来计算遮荫面积（太阳直射条件下阴影的宽度）。

得分项 3.2　替代交通

项目 3.2.1　公共交通方便宜人

目的：鼓励采用公共交通，减少使用小汽车的总能耗和污染。

规定：住区建筑与交通站点的距离应满足：

1）接近轨道交通站点。建筑主入口距现有或规划的轻轨、地铁停车站在 800 米的步行距离范围以内。

2）接近公交车辆站点。建筑主入口距一个或多个公共汽车或其他公交方式停车站点在 500 米的步行距离范围以内。

交通设施应满足：

1）公交站点应有遮阳棚盖可以避风雨，部分有围挡并设置有登车站台。等候亭子内设告示牌及交通信息：包括沿途公交站点、路线图和运行时间表。

2）为残障者、老年人提供坐凳和乘车方便的无障碍设施。

项目 3.2.2　减少依赖小汽车

目的：鼓励在具有多种公共交通方式的区域开发，以减少对小汽车的依赖。

规定：1）项目所建场址具有优良公共交通服务。每天至少有 60 次或更多可乘车次数。

下表是随着公共车次增加相对应的分值。

每工作日车次数	得分
60~124	2
125~249	3
250~499	4
500~999	5

对可用的公共车次的定义是住区 80% 的住户及商业人口处在 500 米的范围内汽车停车站的汽车发车数量；和处在 800 米范围内的轻轨，火车及渡轮停靠

---

[1] 步行系统与商业服务及绿化结合，创造方便舒适的交通环境。

站的发车数量。[1]

2）住区使用公共交通方式建在有绿色交通简约理念表现突出的场址上。即项目所在交通区内，家庭的车辆行驶里程（VMT）或驾车比例至少不超过大城市地区整体的平均水平的80%。提高执行水平可以获得额外分数，见下表：

本地平均 VMT 比例	得分
71%~80%	2
61%~70%	3
51%~60%	4
41%~50%	5
40% 以下	6

得分项 3.3　低碳交通

项目 3.3.1　停车位数量

目的：降低设置路面专用车位而带来的土地开发建设，减少对环境造成的负面影响。

规定：1）停车位的设置规模应满足需要但不宜超过当地规定，并为 5%~10% 的社区用户提供合用或共用车辆的优先停车位。

2）在改扩建项目中不宜新增地面停车位，并为 5%~10% 的建筑用户提供合用或共用车辆的优先停车位。

项目 3.3.2　自行车存放车位设施

目的：方便自行车用户，减少机动车使用频率。

规定：1）距商业或公共建筑主入口 180 米范围内，设有自行车公共停车场，数量是人流量的 5%~10%。

2）居住建筑为至少 30%~50% 的住户提供平均 1~2 个/户自行车停放车位设施。

4.2.4　人文和谐住区

必要项 4.1：社区开放性

目的：与周边社区和周围环境相协调，建立超越社区范畴，能够提供一定城市区域功能的开放性社区。

规定：确保住区项目内的街道、人行道，和公共空间能为社区内的公众直接利用，避免出现被围墙，社区大门等围合起来的现象。

必要项 4.2：开发强度

目的：节省土地，保护环境，调控可居住性和提高交通效能。

---

[1] 轻轨和火车可用的车数应该是每列车辆乘以车厢数。渡轮的乘车数量应乘以3倍。

规定：项目中适合住区开发建设的土地，住区容积率应按下列指标控制：

低层≤ 0.6~0.8；多层≤ 1.3~1.6；高层≤ 3.0；综合≤ 2.5。

住区建筑密度控制指标：

低层≤ 30%；多层≤ 25%；高层≤ 20%。

住区内自成系统的商业配套建筑容积率应控制在 0.8~1.0 以内。

得分项 4.1　住区空间

项目 4.1.1　住区空间布局

目的：通过合理规划，创造舒适、安全、健康的居住空间。

规定：1）住区功能结构合理，建筑布置有序，空间层次清晰，景观环境均好性强。

2）路网格局因地制宜，构架清晰、顺畅、便捷、可达性强。人流、车流组织合理，互不干扰，与景观环境有机结合。

3）停车位数量较充足，静态交通组织合理，停车方式得当，布局合理，方便使用。

4）与外部交通有机联系，公共交通站点距住区主出入口不超过 500 米，公共交通便利。住区出入口的位置以及数量设置合理。

5）市政管线、管盖布置合理，无明显的和潜在的障碍问题。

项目 4.1.2　合理利用土地和地下空间

目的：充分利用土地、增加土地利用价值，方便使用。

规定：住区建设进行立体空间开发与综合利用。

1）地下空间分层分区、综合利用；制定公共优先、分期建设方案。

2）新建建筑地下空间与相邻建筑地下空间相连通或整体开发利用。

3）地下空间与地面交通系统有效连接，避免干扰住户和产生安全隐患。

4）城市中心地区利用地下空间作为停车场、设备用房等，可考虑和周边住区地下空间联建。

5）地面空间用地狭窄且紧邻拥挤的街道出入口的建筑做架空处理，使之与街道空间连为一体。既能提高土地的流通效率，又可作为公共活动空间。

项目 4.1.3　人文景观再创造

目的：在城市氛围中营造一个环境宜人、生活便捷、归属感强的全新社区文化生活模式。

规定：1）社区规划机制清晰、城市风貌有个性特色，文化气息浓烈。

2）公共空间便于公众参与文化活动，绿地树木面积达到场地面积的 2/3。

3）街道清洁卫生，标牌标识明显规范，大小广告有序，城市小品及雕塑具有品位。

4）公园绿地水系亲切宜人，自然亲和性强，水系清洁无污染。

5）社区商业设施形式具有大众性、文化性，有较好的生活品位。

6）住区建筑立面造型丰富，门头、阳台、外沿装饰体现生活气息，标识清晰。

项目 4.1.4　保护活动场地

目的：减少庭院雨水径流，鼓励增设住区范围内的活动场所和步行交通，以促进居民运动提高健康。

规定：1）确保建筑组合的空间留有居民交往休闲场地，不被侵犯占用。

2）建筑组合与街道间设置不超过一个的平行、斜置、垂直停车位场地。

3）住宅或商业用停车地面用地不得超过项目 20% 的土地设置。如果数量不足可设置地下停车或多层停车设施。

项目 4.1.5　坡地开发[1]

目的：减少施工土方量，在保证场地使用功能和安全的前提下，创造住区自然地形环境。

要求：1. 住宅小区可选择自然坡度在 25% 以内的地段合理布置居住建筑。

2. 用地坡度如下表指标：

场地名称	适用坡度（%）
密实性地面和广场	0.3~3.0
广场兼停车场	0.2~0.5
室外场地	
1 儿童游戏场	0.3~2.5
2 运动场	0.3~2.5
3 杂用场地	0.2~0.5
绿地	
1 草皮坡度	0.3~45
2 乔木绿化种植	0.3~30
3 草坪修剪机作业	0.3~15
道路	
1 普通道路	0.3~8
2 自行车专用道	0.3~3
3 轮椅专用道	0.3~5
4 轮椅园路	0.3~5
5 路面排水	0.3~2

得分项 4.2　住区公众性

项目 4.2.1　混合居住社区

目的：使不同经济能力和不同年龄组的居民能够生活在同一社区。

---

[1] 本项目属于土地开发利用，是在生态保护的指导下完成，做到尽量不对地貌的改变和破坏。

规定：1）住区中住宅的类型和户型多样，使不同收入人口住户有选择性。要求项目内或距项目400米的范围内，其非重复多样性指标至少为50%。

2）项目中部分出租住宅的价格可供低于中等收入地区的家庭承租，至少20%的出租住宅能供50%的中等收入家庭承租，或者至少40%的出租住宅能供80%以上中等收入家庭承租。

3）项目中部分住宅价格可供中等或略高收入家庭购置：如至少10%出售住房的定价向中等收入家庭定向，或者至少20%出售住房的定价向相当于1.2倍中等收入的家庭定向。

项目4.2.2 住区服务配套

目的：促进住区的宜居性、生活便利和交通方便。

规定：项目中居住建筑部分或者项目中多数居住建筑的设计和布置，在200米内至少包含两个下列非居住建筑的配套项目：

零售店、社区文体用房、住区卫生所、物业中心、买花房、公共社区花园。

项目4.2.3 住区开放规划

目的：鼓励开发社区规划设计开放性，居民参与决定社区规划目标定位、环境品质提高与管理。

规定：1）与准住户和住区街道工作人员沟通，在项目立项策划与设计阶段征询对项目的建议。

2）在项目构思设计阶段，举行公开的社区会议征询意见。

3）根据社区意见改善工程设计，如未予采纳需解释相关的理由。

4）与社区街道组织相关管理机构沟通，听取相关管理机构对工程设计意见，并获得他们的支持。

5）在设计和建设过程中，建立起开发商与社区的沟通机制。

4.2.5 资源能源效用

必要项 5.1 最低能效性能

目的：建立并规定节能建筑和设备系统节能的最低基准。

规定：确定建筑设计的节能设计和设备设计的整体设计、综合协调的原则工作，应符合国家标准《公共建筑节能设计标准》的有关规定值。

得分项5.1 能源与环境保护

项目5.1.1 防止破坏臭氧层

目的：减少臭氧损耗和鼓励实现二氧化碳排放减量的目标，支持并尽早满足国家国际协定中的相关规定。

规定：建筑中安装的暖通设备，空调、制冷系统和灭火系统中不使用氢氯氟烃（HCFC）和哈龙（Halon）。

项目 5.1.2　优化能源供应规划
目的：鼓励区域利用当地能源，最直接节省能源。
规定：规划中采用当地能源形式，提高能效和控制能耗总量。

　　　1）能源规划中，首先应尽可能采用清洁的能源，在有集中供热条件的地区应首先采用集中供热；
　　　2）在无集中供热地区，对锅炉房供热还是燃气分散供热或其他供热方式，应做多方案技术经济比较；
　　　3）在住区用能规划中采用最节约、减排的当地能源。

项目 5.1.3　就地可再生能源利用
目的：通过提高建设现场或住区可再生能源利用率，减少因使用燃料能源产生的对环境影响。
规定：1）通过设计将无污染可再生能源生产技术纳入工程建设现场和住区能源规划中，使可再生能源的利用率达到供应所有建筑物和工程建设设施使用总能源的 10% 以上。可再生能源指：太阳能、风能、地热能源、低影响水电和生物能源。
　　　2）通过签订绿色电力或绿色热力合同，保证使用绿色能源中心的电源或热源，鼓励在零污染基础上开发和利用可再生能源技术。指标须达到至少 10%~20% 的建筑用电（热）来自可再生能源发电；
　　　3）根据地方条件，合理规划住区建筑物体型朝向，使住宅获得良好的日照，通风和采光，达到可再生能源的直接利用目的，降低供热、制冷、新风设备的运行时间。

项目 5.1.4　优化系统能效性能
目的：认识系统节能的关键点，提高总能效性能水平，减少过度使用能源对环境造成的影响。
规定：1）采用计算机模拟手段，进行建筑模拟，说明目标建筑相对基准建筑能效提高的比例程度。
　　　2）建筑围护结构和系统要满足基准建筑的要求，采用计算机模拟方式评估能耗性能，并确定最大经济性节能措施。
　　　3）对照基准建筑量化能耗性能，注重建筑整体能源系统的节能设计协调，使建筑设计的能耗低于常规建筑的耗能成本预算。耗能系统包括采暖、空调、通风、泵、热水、室内照明。非指定的系统包括即插设备、室外照明、车库通风及电梯（垂直升降梯）。
　　　4）区分基准耗能和系统能耗，可用基准和目标耗能系统的能耗推算各种燃料的消费比例；或者，在能耗模拟计算中为基准和目标耗能系统建立各自的计量统计系统。

项目 5.1.5　检验和查核
目的：确保正在运行的建筑设备能效性能随时间推移始终是可靠和最优的。

规定：为以下终端安装连续计量设备，以核查以下设施能效：
1）照明和控制系统。
2）恒负荷和变负荷电机。
3）变频驱动操作（VFD）。
4）变负荷下制冷机（千瓦/吨）。
5）制冷负荷。
6）空气利用器、节水器和热回收循环。
7）配送空气静压和通风量。
8）锅炉效率。
9）建筑相关过程能源系统和设备。
10）室内供水压力和室外浇灌系统。

得分项 5.2　水资源和节水

项目 5.2.1　降低用水量

目的：在住区内，统筹综合利用各种水源，最大限度地提高用水效率，以减少市政给排水的负担。

规定：1）采取相应措施使建筑的总用水量（不包括浇灌）比城市平均建筑基准用水量减少 20%~30%。

节水比例	得分
20%	2
25%	3
30%	4

2）按以下基数计算居住建筑、商业建筑的基准用水量。计算基于用户使用的估算，但只能包括这些用水器具：冲水便器、小便器、面盆水嘴、淋浴、厨房水槽龙头、冲洗喷洒龙头。

住宅给水设备	当前基准
住宅用便器	3L/6L
住宅用洗盆（卫生间）水嘴	0.15L/s　最低工作压力 0.05MPa
住宅厨房水嘴	0.15L/s　最低工作压力 0.05MPa
住宅淋浴头	0.15L/s　最低工作压力 0.05~0.100MPa

商业给水设备	当前基准
商用便器	1.2L/s　0.1~0.15MPa
商用小便器	0.1L/s　0.02MPa
商用洗盆（卫生间）水嘴	0.10L/s　0.02MPa
商用冲洗水嘴（食品服务业）	0.2L/s　0.05MPa

3）公用和公共绿化区，除了种树的初始灌溉与地方植物选种需要，应减少对自来水的应用依赖，时间限制在一年内拆除的不予考量。确保正常使用期间内，要求与高节约灌溉技术、雨水集蓄和/或中水系统常规方式相比，用于灌溉的自来水消耗量至少减量50%。

项目5.2.2　中水和雨水再利用

目的：节约自来水，增加生态水含量；

规定：1）设计、建造相关公用和公共地域，设计建造雨水收集系统或渗透路面、硬地广场构造，雨水的回用率至少达到50%~70%。

2）中水的利用和处理量应达到30%~50%住区总用水量。其中10%~20%的总用水量达到补充使用到卫生洁具的冲厕用水量要求。

3）中水和雨水、再生水的水质应采用再生处理工艺，消毒处理环节，满足安全卫生品质要求。

4）首先使用住区所在区域内集中处理供应的中水、废水，并要求住区的水网管道与城市水网联网对接。

项目5.2.3　废水管理

目的：减少废水的污染、回收再利用废水中的有机废物等相关部分。

规定：1）设计和建筑共用基础设施作为工程建设的一部分，以便把本工程建设和建筑受用中产生的至少50%的有机废物再加工为有用的有机物肥料。

2）处理和收集这些有机废料应有废物隔离措施，防止有害毒素进入中水雨水的再生水中。

得分项5.3　材料资源和再生

项目5.3.1　材料再利用

目的：提高建筑部品和材料再利用率，减少对原材料的需求和浪费，降低对原生资源的开采和加工造成的环境影响。

规定：1）新建的公用基础设施，如人行道、道路、路基、地面铺装、路牙和排水沟渠等，至少使用5%的回收材料、复用材料。

2）公共和公用基础设施，例如人行道、道路、路基、地面铺装、路牙和排水沟渠等，使用再循环材料和工业循环材料，其总含量至少达到材料总价值的5%，或至少达到总材料总价值的10%。

项目5.3.2　地方材料

目的：推进选用地方适用材料和资源，促进地方经济和降低固化能源。

规定：公共基础设施，如便道、道路、路基、步道、路牙和排水沟渠等的建设，至少有20%的材料由距项目200公里的半径范围内地区生产、加工、供应或组装的材料。

项目5.3.3　再生材料含量

目的：提高对含有再生成分的建筑部品及材料的用量，从而降低对原材料的开采和加工造成的对环境影响。

规定：使用含有再生成分的部品及材料，工程中再生消耗品含量和使用工业废弃物的总和，至少构成工程用全部材料总价值的 5%~10%。其中工业废弃物的比率不应超过再生消耗品的一半。

项目 5.3.4　建筑垃圾减量和收集

目的：减少由施工或用户在工程中产生的需运往填埋场处理的建筑废弃物数量。

规定：1）采用工业化的生产工艺和集成化的施工安装模式。湿作业和现场建材加工的施工工艺占到全部施工量的 20%~30%，建筑垃圾总量比传统工艺减少 50%~60%。

2）专门设置一个方便使用的回收物品集散地。实施整幢建筑施工期间废弃物分类收集和可回收物品储存，明确标识区分可回收物：废纸、木材、板类、玻璃、塑料和金属，以及不可回收物。

项目 5.3.5　社区综合废物管理

目的：促进安全和高效的废物处理，或用户产生废物的再利用。

规定：设置项目包含以下内容：

1）社区至少有一个适用于社区家庭或商业用户汇集有害物质的集散处，可回收：油漆、溶剂、油类、废电池等废弃物；或另有市政提供的回收服务地点。

2）社区设置垃圾分类收集站点。至少设置一处适用于居民再循环或再利用废物的回收服务站点，可对纸张、纸板、玻璃、塑料和金属的分类、回收、收集。

3）至少有一个适用于居民集中收集并处理食物垃圾的生化处理制肥站。

项目 5.3.6　既有建筑物再利用

目的：延长既有建筑的使用周期，节约资源，保护文化古迹，减少废弃物，降低由于再建设对建筑材料的使用和材料运输对环境造成的影响。

规定：1）至少保留既有建筑 75% 的建筑结构和围护结构（外墙和框架，屋顶；但不包括窗户和非结构屋面材料）；

2）保留既有建筑 100% 的建筑结构和围护结构（外墙和框架、屋顶，但不包括窗户和非结构屋面材料），至少保留 50% 非外墙构件（内墙、门、地板覆盖物和天花板）。

4.2.6　健康舒适环境

得分项 6.1　住区环境舒适保证

项目 6.1.1　降低热岛效应

目的：减少热岛效应（开发与非开发区域间的温度梯度差）对住区环境和周边生态环境的影响，减少热辐射降低空调能耗。

规定：1）在 50% 的场址硬质铺装地面（包括道路、步道、院落、停车位等），组合实施以下措施：

①停车场、人行道、广场等地面应种树或提供绿化绿茵。降低温度和减少地面的反射，至少对30%的地面面积不用水泥，沥青覆盖，尽量保留土地和遮阳（荫）式绿化。

②将至少50%的停车场放在地下，50%的地面停车面积有遮阳设施覆盖，或者不少于50%的地面停车场使用渗透路面系统铺设（透水率高于50%）。

③非共享空间部分利用建筑装置或构件进行遮阳达1年以上；所有用于遮盖停车空间的屋面或遮盖物，其太阳反射系数（SRI）必须在0.3以上，或者采用种植屋面或太阳能发电板遮盖。

2）住区中的所有建筑屋面至少75%面积符合使用低吸热率材料；或者建筑屋面的50%设置"绿色"（种植）屋顶；全部建筑屋面种植屋顶和低吸热率材料屋顶覆盖率的总和不得低于屋面面积的75%。并且开发建设各个阶段都要满足屋顶防范热岛效应的要求。

项目6.1.2 公共设施系统可控

目的：在公共活动区域（健身房或会所）采用可为用户或某一特定人群提供可操控的热工、通风和照明控制系统，提高用户的工作效率、舒适度和健康程度。

规定：设备设施可控措施如下：

1）提供单个照明控制，可使至少90%以上的建筑用户能够根据其工作需要调节照明，对于多人共用空间，照明控制实现满足团体需要的照明调节。

2）为至少50%建筑用户的提供可调节温度，新风的控制器；安装永久的温湿度监测系统，使操作人员能够控制热舒适度，提高建筑加湿、除湿系统的有效性。使单个控制装置满足个体要求，热舒适度条件：空气温度18℃~26℃、相对湿度30%~70%、空气速度0.3m/s和新风量30m^3/（h·p）

项目6.1.3 住区噪声控制与指标

目的：提高住区降噪技术水平，改善声环境质量。

规定：控制噪声源，对噪音实施有效的控制，使噪声控制在健康允许范围内。

1）基地周边噪声要求：住区室外等效噪声级，白天≤55dB，夜间≤45dB，夜间偶然噪声级≤60dB；

2）住区周边沿街建筑噪音的防治措施包括：使用密闭换新风双玻窗、隔声屏墙，防护树林间距≥30米，防振（噪音）沟≥2米深。

得分项6.2 室内环境品质评估

项目6.2.1 室内噪声控制与指标

1）室内噪声防治允许噪音标准：白天≤45dB，夜间≥35dB；严格做好分户墙和楼板的隔声处理，以及户内给排水管道和卫生洁具等所产生的噪音防治。

2）常规使用空间划分不与电梯间、空调机房等设备用房相邻，减少对有安静要求的房间的噪声干扰；管道穿过墙体或楼板时应设减振套管或套框，套管或套框内径大于管道外径至少50mm。

3）采取有效减振、减噪、消声措施，选用低噪声设备机电系统；设备、管道采用有效的减振、隔振、消声措施。对产生振动的设备应采取隔振措施。

项目6.2.2 室内热舒适度

目的：设置热舒适度系统包括空气温度、辐射温度和空气速度、湿度基本参数的控制，促进健康、舒适和工作效率。

规定：建筑设计提供外围护结构和设备热舒适度控制系统进行调整整合，以使单个或共用空间适合热舒适度的处理过程。

1）窗和遮阳设计，通过可开启和密闭窗混合系统设计，集成窗的密闭和自然风的应用达到热辐射控制的最大化。

2）单个调节采用温度控制器、地板（桌面、顶部）新风装置、柔和辐射板控制或其他集成系统和能源系统中的控制，实现高舒适度和低能耗投入。热舒适标准如下表：

室内舒适度指标参数

参数	单位	标准值	备注
温度	℃	24~28	夏季制冷
		18~22	冬季采暖
相对湿度	%	40~70	夏季制冷
		30~60	冬季采暖
空气流速	m/s	0.3	夏季制冷
		0.2	冬季采暖
新风量	$m^3/(h \cdot p)$	30	制冷和采暖

3）可开启窗被视为用户的直接控制手段。凡距外墙5米内，距窗可开启部分2.5米高以内的房间都算是。窗的可开启面积符合房间地板面积的如下指标以达到"自然通风"的要求：厨房及$6m^2$以下房间为1/10；卧室、起居室（厅）、明卫生间为1/20。对多人使用的共用空间，可根据需要提供舒适度系统调节控制。

项目6.2.3 自然光和视野

目的：通过将自然光和户外视野引入建筑空间，为用户提供室内和室外良好环境空间。

规定：采用自然采光和扩大视野设计措施和构造处置，增加与外界自然的接触。

1）对于75%采光空间，规定采光系数至少为2%（直射日光除外）。

2）90%的建筑采光空间有直接视野。

项目 6.2.4　室内采光日照时效

目的：建立住宅日照的检查方法，同时照顾好用地、环境等要素的利用关系。

规定：合理规划建筑设计，在兼顾用地的同时满足规定的日照时效：

　　1）通过计算机日照分析，科学合理安排建筑位置，确保每个居住单位至少有一个常规使用空间获得日照，日照时段符合国家日照标准规定。

住宅日照标准

建筑气候区号和城市类型	Ⅰ、Ⅱ、Ⅲ、Ⅶ气候区		Ⅳ气候区		Ⅴ与Ⅵ气候区
	大城市	中小城市	大城市	中小城市	
日照标准日	大寒日				冬至日
日照时数（h）	≥2		≥3		≥1
有效日照时间带（h）	8-16				9-15
计算起点	住宅底层窗台面				

　　2）利用最佳建筑朝向或设置庭院，天井及中庭的手法，使建筑物获得良好的采光或间接采光，使每个常规使用空间均有自然采光或间接采光，以利节约照明能耗。室内采光系数最低值为 0.5%～1%（光气候Ⅲ区），窗地面积比：常规使用空间≥1/7；厨房等为 1/7，50%卫生间能直接采光；住宅室内采光标准应符合下表的规定。

住宅室内采光标准

房间名称	侧面采光	
	采光系数最低值（%）	窗地面积比值（Ac/Ad）
起居室（厅）、卧室、书房、厨房	1	1/7
楼梯间	0.50	1/12

　　3）室内照明光源位置合理，照度适宜，公共部位保证最低照度标准。室内交通疏散部位设置夜间指示灯。

　　4）设置不同电路以便在不同时段控制不同的系统，达到既方便用电又节电的目的。

项目 6.2.5　减少光污染

目的：控制建筑和场址中灯光外泄，减少天空眩光，提高天空可见和透视率，改善夜空环境，减少对夜空环境的影响。

规定：1）住区室外照明包括道路、广场、绿地、标志、建筑小品等的照明，其光线不得射入住宅室内，在住宅窗户上产生的垂直照度不得超过4lx。

2）避免眩光干扰。采用防眩光装置，如采用遮阳百页、遮光幕等，有效避免光污染，景观灯位置和高度尺寸适宜。

3）住宅楼内的公共照明（入口、走廊、楼梯等）应满足居住者行走的安全要求和心理要求。楼外夜间照明应满足人行、车行的安全要求和住区的安全防范要求。

4）减少对玻璃幕墙和浅色金属板面砖的使用，防止光污染；禁止安置产生光污染影响住户的广告灯箱等光源；住区中汽车照明污染可从道路布局，住宅朝向等方面避免或设置以树木绿化等来遮挡。

各环境区域对光污染的限制值表

限制光干扰的最大光度值照明光度指标	适用条件	环境区域		
		A	B	C
窗户垂直照度（lx）	夜景照明熄灭前：进入窗户的光线	5	10	25
	夜景照明熄灭后：进入窗户的光线	1	5	10
灯具输出的光强（cd）	夜景照明熄灭前：适用于全部照明设备	50	100	100
	夜景照明熄灭后：适用于全部照明设备	0.5	1.0	2.5
上射光通量比最大值（%）	灯的上射光通量与全部光通量之比	5	15	25
建筑物体表面亮度（cd/m²）	由照明设计的平均照度和反射比确定	5	10	25

项目6.2.6　室内自然风

目的：通过建筑设计组织自然风，保证用户室内舒适和健康的最低空气品质，达到节省能源消耗和减少碳排量。

规定：居住空间应能自然通风，并注意凹口部位的通风问题。

1）提高非空调和采暖季节的自然通风效率，如采用可开启窗扇自然对流通风、竖向拔风自流通风等；常规使用房间可开启面积不应小于该房间地板面积的10%，并不得小于0.60m²。

2）合理设置风口位置，有效组织气流，采取有效措施防止串气、泛味，采用全部和局部换气相结合，避免厨房、卫生间、吸烟室等处的空气循环交叉污染。

3）自然通风区域安装CO_2浓度监控装置，探头高度必须距地1~2米之间。当非密集区域可以只设置一个探头，但不得受到建筑用户干扰。

项目6.2.7　新风补充

目的：确立室内空气质量的最低品质规定，防止室内空气质量不达标，为用户提供有保障的舒适健康环境。

规定：1）采暖制冷期间，在外窗密闭的情况下宜有可以调节的换气装置，补充新鲜空气，并预防和控制生物、化学、放射性等有害物的污染。
室内新风量标准应符合下表的规定。

室内新风量标准

参数	单位	标准值
人均新风量	$m^3/(h·p)$	≥ 30
换气次数	次/h	1

2）消除冷、热桥和采用保温隔热等有效措施防止结露和滋生霉菌。

项目 6.2.8　空气污染物

目的：加强空气流通和交换，保证室内空气污染物保持在健康可控的范围内。

规定：室内空气中的氡、甲醛、苯、氨和TVOC等空气污染物浓度符合下表的要求：

室内空气污染物浓度表

污染物	居住类建筑室内	公共类建筑室内
氡（Bq/m^3）	≤ 200	≤ 400
游离甲醛（mg/m^3）	≤ 0.08	≤ 0.12
苯（mg/m^3）	≤ 0.09	≤ 0.09
氨（mg/m^3）	≤ 0.2	≤ 0.5
TVOC（mg/m^3）	≤ 0.5	≤ 0.6

项目 6.2.9　住宅室内功能和设施设备

目的：通过平面功能空间组织及管网设备的安排，最大化面积利用率。

规定：1）各功能空间布局紧凑，居住活动流线顺畅，动静分区，公私分离，洁污分开；建筑布局采用大空间结构，具备可改造性、灵活性的方便条件。

2）住宅套内厨房、卫生间等基本空间完备，定制化水准高并配置完善水电气暖等管道设备系统，实施同层排水的技术措施。

3）住宅管井管网布置紧凑有序，管道接口定位准确，设备管道设置考虑可改造和可更换的方便接口。

4）公共管道的阀门、电气设备和用于总设备系统调节和检修的部件均不应布置在住宅套内。用于各户冷、热水表，电耗表和燃气表的设置方便管理。

项目 6.2.10　吸烟环境控制（ETS）

目的：防止建筑室内用户和系统遭受烟草的烟雾侵扰。

规定：通过以下手段之一防止被动吸烟：

1）建筑室内禁止吸烟，设置的室外吸烟区远离建筑入口和有可开启的窗户。

2）设计指定的吸烟室，能有效地留存烟雾并将烟雾排到建筑外。

吸烟室气体必须直接排放室外，含有烟雾的气体不得再循环渗透至非吸烟区。

吸烟室的性能须经过标准规定的气体示踪法检测，相邻非吸烟区示踪气体浓度须低于吸烟室浓度的 1%。

得分项 6.3　装修材料污染控制

项目 6.3.1　低排放材料

目的：减少室内有异味、有潜在刺激作用或有害的空气污染物，保证施工人员和用户的舒适和健康。

规定：1）推行住宅装修一次到位。

2）严格控制装修污染。室内装修材料有害物指标限量应符合下表的规定。室内装饰涂料安全性评价指标应符合下表的规定。

室内装修材料有害物指标限量

材料	分类	指标限量	
		A 类	B 类
无机非金属装修材料	内照射指数（IRa）	≤ 1.0	≤ 1.3
	外照射指数（Ir）	≤ 1.3	≤ 1.9
人造木板、饰面人造板		E_1	E_2
	游离甲醛含量（mg/100g）	≤ 9.0	> 9.0，≤ 30.0
	游离甲醛释放量（mg/L）	≤ 1.5	> 1.5，≤ 5.0
涂料		溶剂型	水基型
	总挥发性有机化合物（g/L）	≤ 270-750	≤ 200
	游离甲醛（g/kg）		≤ 0.1
	苯（g/kg）	≤ 5	不得检出
胶粘剂		溶剂型	水基型
	总挥发性有机化合物（g/L）	≤ 750	≤ 50
	游离甲醛（g/kg）		≤ 1.0
	苯（g/kg）	≤ 5	

注 1. 室内溶剂型涂料中总挥发性有机化合物指标限量（g/L）：醇酸漆 ≤ 550，硝基清漆 ≤ 750，聚氨酯漆 ≤ 700，酚醛清漆 ≤ 500，酚醛磁漆 ≤ 380，酚醛防锈漆 ≤ 270，其他溶剂型涂料 ≤ 600。

2. 溶剂型涂料不准用苯作为涂料溶剂。

3. 聚氨酯漆和聚氨酯胶粘剂都含有毒性较大的甲苯二异氰酸酯，前者不应大于 7g/kg，后者不应大于 10g/kg。

室内装饰涂料安全性评价指标	
项目	安全性指标
急性吸入毒性	实际无毒
急性皮肤刺激	无刺激
急性眼结膜刺激	无刺激
致突变性（Ames试验、睾丸染色体试验）	阴性

项目 6.3.2　化学物与污染源控制

目的：避免建筑用户接触潜在有害化学物质。

规定：项目设计要尽量降低和减少日常使用功能空间受到交叉污染：

1）采用常备的建筑通风口系统（栅栏、隔栅等），以捕集灰尘、颗粒，但需避免设置在高密集建筑人流入口处。

2）对有化学物的区域（包括保洁物品室和复印室），应采用通顶隔断墙，独立外排风，排风率至少要达到每平方米 0.7 立方米/分钟，且无循环回风。房门关闭时，其负压差最低要达到平均 5Pa、最小 1Pa。

3）在水和化学物容易混合的地方，其排水装置应对液体废弃物进行必要的处理。

4.2.7　全寿命住区建设

必要项 7.1　住区节能系统试运行调试

目的：核查并确保主要建筑部位和设备系统节能设计是根据综合协调、整体设计的原则进行；按照有关节能规范设计、安装和验收的。

规定：实施或以合同委托以下基本系统优化最佳状态的程序：

1）委托建筑或设备系统优化专家验收小组承担责职。其中试运行人员不得包括项目设计或施工管理负责人员。

2）评审设计意向书和设计依据的技术文件。

3）将节能建筑及设备系统优化规定列入工程文件计划书。

4）检查制订并落实节能建筑及设备系统优化计划。

5）核查安装、功能性能、培训、运行及维护文件。

6）完成节能建筑及设备系统整体优化设计报告书。

得分项 7.1　全寿命质量管理

项目 7.1.1　全寿命适应性设计

目的：提高全寿命建筑的设计技术水准，使建筑使用寿命接近结构使用寿命，最大保护住户产权的保值和增值，达到为社会积累财富减少浪费和环境保护。

规定：1）实施可灵活布局的空间设计，建筑平面可根据需要功能转换布局；50%为可拆装改装的轻质墙体。

2）实施承重结构支撑体和内装建筑部品和设备分离的集成化安装体系（SI）；湿作业的部位和工程量控制在10%~20%之间。

3）室内部品采用集成化的设计选型达到60%~70%，包括轻质隔墙、门窗部品、厨卫系列、阳台部件、天棚等在内建筑部品。

4）室内管道实施同层排布；公共管道集中且不进私人居住单元。各种管道系统集成施工、管道隐蔽暗藏，且无安全隐患。

项目7.1.2　建筑使用中的经济性

目的：消除使用过程中的后顾之忧，减低使用、维修和改造的费用，提高使用的放心程度。

规定：1）建筑性能、工程质量、设备运行纳入了相应保险体系，有相应的保险法规保证。

2）建筑维修、设备更新、公共管道替换等费用有公共维修金和社会基金的保证，有定期维修的制度规定。

3）因为建筑性能质量的完善，用于电器、能耗、维修的日常开销比常规的同类建筑明显降低。

4）建筑使用过程中碳排放、溴化银的排放量达到规定标准。

项目7.1.3　综合验收报告

目的：核查并保证整个住区的设计、施工和调试符合规定。

规定：除必要条件中规定的基本建筑系统优化，还应包括下列系统优化项目：

1）运行调试机构属于独立于设计单位之外，实施对设计过程和施工文件阶段的评审。

2）独立的运行调试机构须在施工文件接近完成时或签订施工合同文件前对施工文件进行先期评审。

3）独立的运行调试机构须对承包商提交的有关系统试运行的文件进行评审。

4）向业主提供一本关于建筑系统重新试运行所需的信息手册。

5）签订一份与运行维护人员共同评审建筑运行维护的合同，含一套在建筑竣工后一年中有关试运行问题的解决方案。

得分项7.2　住区建设质量管理保证

项目7.2.1　建筑工程质量保证

目的：工程质量保证明晰化，使住户无工程质量担忧，保护住户的利益。

规定：1）建筑隐蔽工程记录完整，档案存放有案可查。

2）建筑无明显结构裂缝，不构成隐蔽危害。

3）管道和设施布放的空间无跑冒滴漏的迹象；管道容易维修和保养良好，无安全隐患。

4）全装修成品房交活，工程施工精良保质期定为二年。

项目 7.2.2　文明建设管理

目的：保证施工期间的文明管理，减少施工对居民生活环境的干扰和环境污染。

规定：1）施工场地文明整洁，各种材料堆放整齐，场地各种标志清楚，消防逃生无安全隐患。

　　　2）挖土坑、土方堆土、易挥发材料工序期间有苫盖和防尘的措施；防尘扬土符合施工规范的要求。

　　　3）居民区密集区禁止夜间作业，日常场地噪音≥60dB，夜间作业≤45dB；

项目 7.2.3　专业团队的认可

目的：建设有保障的建设管理团队，开展全寿命住宅技术的创新，促进项目的正常进行；

规定：1）设计、经纪、施工和物业有相应的专业资质认可的证书。

　　　2）担任主创人员有相应技术职称，有绿色建筑技术创新的精神和应用技术的能力；获得中国房地产研究会人居委专家委员会的认可。

　　　3）项目自愿接受中国房地产研究会人居委专家委员会的指导。

4.3　导则评价方法与分值总览

4.3.1　导则评价方法

1）评估模式

《建设导则》适用于住区建设的各个阶段，在项目的策划、设计阶段可根据《建设导则》的内容进行控制，在施工的过程中仍可按照本建设导则的各项技术指标进行监管。对于已建好的试点项目也可以利用本建设导则评估。

本建设导则还适合于分期开发的项目，如分期开发一期建成后的评估也可被看做最终的认定，但要具有一定的规模，或有相对的独立性。理由是规模住区开发大都需要较长的时间，多数是分期完成的，而后期产品的品质一般均比前期要好。

2）使用方法

可持续发展绿色住区建设导则是通过评分的办法来衡量绿色住区的品质，并以权重分值确定七大要素的重要程度。建设导则由"必要项目"和"加分项目"两部分组成。必要项目是指绿色住区建设必须完成的内容，也是强制性内容。表中将必要项目和评估项目得分分值之间的对应关系放在一起，置于建设导则主体正文的附件2中，以便参考。列表一目了然地表达必要项目的内容和重要程度。

为了通过评估认证，所有的"必要项目"必须达到要求，而"加分项"可以根据不同地区，项目的不同环境和特点加以选择，选择的项目越多，总分越高，说明项目的亮点越多，评定等级越高。本《建设导则》认为：不论南方与北方、沿海与内地评价内容是一致的，只是在权重值方面可以根据地方进行不同的权衡。评估项目都作为"A级评定"统一认定，根据分数的高低分为三个等级，分别为A1（优秀）、A2（良好）和A3（通过）。项目的评定等级和分数，可以大致反映开发项目的总体水平。

3）评估效用

本建设导则是以不低于现有国家规范和相应行业标准为基础，并参照了国际上相关评估标准和市场化操作手法而编制的。目的是使房地产项目开发有一个高水准和便于操作的参照系，满足不断提高的规模住区建设与开发的要求。本建设导则尽可能地以定量和定性的条文体例和表格的简易表达方式，可供房地产开发策划定位、规划设计、施工实施和检查验收各阶段不同专业人员直接参照，也可供各阶段制订实施方案之用。

4.3.2 评估说明

3.1 为了便于对不同阶段的绿色人居可持续住区建设环境专家评估，本建设导则可对前期策划与规划设计阶段和竣工后的综合评估阶段分别进行。竣工后验收评估的"终审评估"是综合性的、全方位的、可检查的评估。

3.2 各阶段评估均可参照本建设导则进行，由专家评估打分，专家个人按分项权重值统一计算，均以百分制计分。"通过"分数线为70分；76~85分为"良好"，86分以上为"优秀"。

3.3 绿色人居可持续住区建设最终评估的得分成绩，是建立在七大要素的一级指标成绩都在获得"通过"（70分）的基础之上进行。如果有一项一级指标未通过，则整个项目评价为不及格，对于一级单项总体有突出表现的，可在项目建设一级指标总分中酌情加1~3分。

4.3.3 导则评价分值总览

4.2.1 可持续建设场地			共54分
必要项1.1 保护农田	无	1. 场址选择遵循不占用国土局界定的18亿亩优质耕地的原则。	/
		2. 场址占用基本农田应按照"占多少，垦多少"的原则进行等质等量的置换。	
必要项1.2 保护自然栖息地和公共环境用地	无	1. 各地规划水利部门界定的百年（或50年）一遇划定的洪水水位场地不宜开发。	/
		2. 国家或地方列出的受保护濒危物种的栖息地，森林覆盖地和文物保护地。	
		3. 国家环境保护部门界定的，包括湿地在内的水域及其100米内的保护带不宜开发。	
		4. 由控制规划确定的城市公园，绿地和绿化保护带不宜进行开发。	

续表

必要项1.3 水和雨洪基础设施的规划效能	无	1. 将项目建在既有城市基础给水及排水设施的区域内。		/
		2. 住区选址建造在城市给排水规划的区域内。		
得分项1.1 场地整合（选址）				共计20分
项目1.1.1 住区开发强度合理	6	1. 住区开发符合城市核心区最低容积率并不小于2.5（城市中心区住区）。		3
		2. 住区开发用地应按城市发展规划紧凑型开发，留足城市住区绿地和必要城市空间。		3
项目1.1.2 合理利用已开发的场地	9	1. 场址位于成熟社区或与在建项目紧邻。		3
		2. 住区场址位于前期已开发的地区，充分利用既有居住区和土地综合利用的有利条件。		3
		3. 提倡旧区改造。改造过程严禁破坏历史文化街区和历史建筑。		3
项目1.1.3 污染土地再开发	5	1. 开发用地被评估为污染地或已被地方政府划定的污染地，对污染物的清理处置后，经检验证明该场地再利用是安全、有效和适合的。		根据开发强度得2-5
		2. 鼓励清理较复杂或较困难的污染场址。费用超大的项目申请由政府提供相应治理环境污染政策性补贴。		
得分项1.2 场地生态保护				共计20分
项目1.2.1 保护湿地和水体	4	1. 不在湿地、河岸地、水体等保护区域30米范围内建设。		2
		2. 对湿地、中小盆地30米缓冲地带减轻开发力度。		2
项目1.2.2 降低施工对场址的生态影响	10	1. 住区在自然绿地范围内开发建设，场地形态扰动（包括土方工程和植被清除）应限制在允许范围内。		3
		2. 尽可能减少施工用地，以降低对场址的干扰。		2
		3. 限制施工活动对土地的碾压，尽量利用已有的道路进行施工运输。		2
		4. 采取住区内土方挖填平衡的方式，减少土、石方运输工程量。		3
项目1.2.3 自然陡坡维护	6	1. 场址中大于45％的斜坡禁止作为建筑用地。		2
		2. 先前已开发的超过45％斜坡的场址，按照下述的要求对场址中已建设和规划建设部分进行调整，同时通过栽种适宜的植物或地方植物恢复坡地自然生态。	a）对于坡度25%~45%的坡地，开发用地比例限于45%以内；对于坡度15%~25%的坡地，开发用地比例限于60%以内。	2
			b）当居住区内的地面坡度超过8%时，地面水对地表土壤及植被的冲刷就严重加剧，行人上下步行也产生困难，就必须整理地形，通过阶梯的方式来缓解上述矛盾。	2
得分项1.3 场地可持续性开发				共计14分
项目1.3.1 建设场地环境保护	6	1. 防止建设过程中水土流失，保护表层土堆储存以便再利用。		2
		2. 防止雨水排放或冲积造成沉积。		2
		3. 防止施工扬尘和颗粒物造成大气污染。		2
项目1.3.2 雨洪流率管理和雨水防污处理	8	1. 地面不透水率小于或等于50%，应实施雨水管理措施。		2
		2. 降低雨水自然流淌造成的环境破坏和污染。		2
		3. 通过雨水径流管理，将年降雨量的90%收集进行处理，降低地面流经的雨水直接进入地表水系统造成的对地表水的污染。		2
		4. 因地制宜采取有效的雨水渗透措施，采用最佳管理措施达到消除收集雨水中80%的悬浮颗粒物，或采用符合地方雨水收集处理的标准规定。		2

续表

4.2.2　城市区域价值			共 56 分
必要项 2.1　住区多样性	无	1. 住区独立生活组团建设用地小于 3.0 公顷。	/
		2. 住区内 50% 的住宅套型设计使用功能不重复或户型不同。	
		3. 距住区边界 500 米范围内，至少有 4 个配套设施。	
		4. 距离住区边界 800 米范围内，至少有 6 个配套设施。	
得分项 2.1　城市设施利用			共计 9 分
项目 2.1.1　接入公共空间	3	住区规划要满足住区与至少一个城市公共场所的出入口的距离保持在 800 米范围内。	3
项目 2.1.2　邻近中小学校	6	1. 住区开发位于居住功能齐全的区域内。基本保证九学制以下学校学生步行上学不穿越城市次干道路。	3
		2. 至少有半数居民住在距学校 800 米步行距离内。	3
得分项 2.2　街区设置			共计 21 分
项目 2.2.1　街区周界	5	平均街区周界 500~600 米 适合得分 2 平均街区周界 400~500 米 适合得分 3 平均街区周界 300~400 米 适合得分 4 平均街区周界 250~300 米 适合得分 5	根据长度得 2~5
项目 2.2.2　步行街道设置	12	1. 住区中的每个建筑的主要面和主入口要朝向一个公共空间，如绿地、街道、广场等。	3
		2. 80% 的住宅建筑主出入口距地界红线不超过 8 米，或 50% 的建筑正立面距地界红线不超过 6 米；住区中大多数综合性建筑的和商业建筑应沿街布置。	3
		3. 沿商业街道平均每 30 米间隔应保证有建筑人流主出入口。	3
		4. 所有非居住建筑的首层的至少 1/3 立面，应有面向公共空间的透明玻璃；沿街道不得有没有窗户的超长的商店墙面（没有门窗，但公共艺术墙面除外）；沿街商铺和公共设施首层晚间不得遮闭。	3
项目 2.2.3　创造工作机会	4	1. 对于有居住功能的项目，距项目 800 米范围内，已开发的就业数量不小于新建项目 10% 的住宅套数量。	2
		2. 对于在已开发场址或先期开发场址中的建没有居住功能的项目，应安排建在 800 米范围内，创造新的工作机会不小于 10% 现有住宅套数量。	2
得分项 2.3　区域价值			共计 26 分
项目 2.3.1　地方传统建筑经验推广	6	1. 确认建筑方案对历史文化传统和文物保护进行过分析并认可。	3
		2. 就街区布局、朝向和主导风向等处置，有比较合宜地方特色的做法。	3
项目 2.3.2　地方建筑再利用	8	1. 项目包含一个或一个以上改造的建筑。	根据开发强度得 2~8
		2. 有已注册的具有历史文化价值的建筑。	
		3. 复原老建筑，确保老建筑按照地方或国家复原标准。	
		4. 符合当地规划部门的指定建筑复原任务要求。	
项目 2.3.3　地方文脉传承	12	1. 住区及周边古迹文物、历史文化遗产保护得当。	3
		2. 重视场地历史沿革，对文物视觉景观、建筑高度和密度做有效控制。	3
		3. 住区建筑风格和造型、色彩等方面尊重周围已形成的城市空间文化特色景观。	3
		4. 保护措施列入规划、设计和施工的全过程。	3

续表

4.2.3 住区交通效能			共 60 分
必要项 3.1 交通效能	无	1. 将项目建在已建成熟区域场地。 2. 将项目建在公共交通干线周边。 3. 将项目建在社区中心或设施方便的地区。	/
得分项 3.1 步行交通			共计 24 分
项目 3.1.1 步行街道路网	18	1. 新开发住区每平方公里内应至少提供 60 个主、次交通道交汇点。同时，为新建的社区建造至少一个步行街。	3
		2. 每 300 米有一条直通路线。	3
		3. 设置连续的人行道，净宽不得低于 1.2 米。对于设计行车时速低于 15 公里的街道，人行道不必两边都配置。	2
		4. 新街道 80% 有街边停车位（场）。	3
		5. 项目内新建或既有的街道应设计成为居住可达的基本道路，骑车最大时速 15 公里，基本商业街道可达最大骑车时速 30 公里。	3
		6. 人行便道和汽车道间应至少间隔 1.2 米绿化带。	2
		7. 确保多数住宅底层地面与便道的高差不大于 30 公分。	2
项目 3.1.2 舒适步行交通环境	6	1. 住区内的商业或综合建筑，至少 50% 设有底层零售店；所有商业和其他社区设施的底层，由通向公共空间（街道、广场等）的道路直接相联。	3
		2. 街道种植树木，成树树冠成荫面积需占总街道面积的一半，遮荫长度为街道总长的一半。	3
得分项 3.2 替代交通			共计 24 分
项目 3.2.1 公共交通方便宜人	12	1. 接近轨道交通站点。在 800 米的步行距离范围以内。	3
		2. 接近公交车辆站点。在 400 米的步行距离范围以内。	3
		3. 公交站点应有遮荫棚盖可以避风雨。	3
		4. 为障碍者、老年人提供坐凳和乘车方便的无障碍设施。	3
项目 3.2.2 减少依赖小汽车	12	1. 公共交通每天至少有 60 次。次数与对应得分情况如下： 60 ~124　　2 125~249　　3 250~499　　4 500~999　　5 1000 或以上　　6	根据数据得 2~6
		2. 家庭的汽车行驶距离或驾车比例至少不超过大城市地区整体的平均水平的 80%。 71%~80%　　2 61%~70%　　3 51%~60%　　4 41%~50%　　5 40% 或以下　　6	根据数据得 2~6
得分项 3.3 低碳交通			共计 12 分
项目 3.3.1 停车位数量	6	1. 停车位的设置规模满足当地规定，其中为 5%~10% 的用户提供共用停车位。	3
		2. 改建项目不宜新增停车位，并为 5%~10% 的用户提供共用车辆停车位。	3
项目 3.3.2 自行车存放和车位设施	6	1. 距商业或公共建筑主入口 180 米范围内设有人流量的 5%~10% 自行车停车场。	3
		2. 居住建筑为至少 30%~50% 的住户提供平均 1~2 个/户自行车停放车位或设施。	3

续表

4.2.4 人文和谐住区			共 76 分
必要项 4.1 社区开放性	无	确保住区项目内的街道，人行道，和公共空间能为社区内的公众直接利用，避免出现被围墙，社区大门等围合起来的现象。	/
必要项 4.2 开发强度	无	住区容积率应按下列指标控制：低层≤ 0.6~0.8；多层≤ 1.3~1.6；高层≤ 3.0；综合≤ 2.5。	/
得分项 4.1 住区空间			共计 58 分
项目 4.1.1 住区空间布局	15	1. 住区功能结构合理，建筑布置有序，空间层次清晰，景观环境均好性强。	3
		2. 路网格局因地制宜，构架清晰、顺畅、便捷、可达性强。人流、车流组织合理，互不干扰，与景观环境有机结合。	3
		3. 停车位数量较充足，静态交通组织合理，停车方式得当，布局合理，方便使用。	3
		4. 公共交通站点距住区出入口不超过 500m，公共交通便利。住区出入口的位置以及数量设置合理。	3
		5. 市政管线、管盖布置合理，无明显的潜在障碍问题。	3
项目 4.1.2 合理利用土地和地下空间	13	1. 地下空间分层分区、综合利用；制定公共优先、分期建设方案。	3
		2. 新建建筑地下空间与相邻建筑地下空间相连通或整体开发利用。	2
		3. 地下空间与地面交通系统有效连接，避免干扰住户和安全隐患。	3
		4. 城市中心地区利用地下空间作为停车场、设备用房等，考虑和周边住区地下空间联建。	3
		5. 地段狭小且紧邻拥挤的街道出入口，利用建筑底层架空或局部架空，使与街道空间连为一体。	2
项目 4.1.3 人文景观再创造	15	1. 社区规划机理清晰、城市风貌有个性特色，文化气息浓烈。	3
		2. 公共空间有文化主题内容、绿地树木面积有保证、公众参与性强。	3
		3. 街道清洁卫生、标牌标志明显规范、大小广告有序、城市小品及雕塑有味。	3
		4. 公园绿地水系亲切宜人、自然亲和性强，水系清洁无污染。	2
		5. 社区市民小商业设施形式喜闻乐见，具有大众性、文化性，有较好的生活品位。	2
		6. 住区建筑立面造型丰富，门头、阳台、外沿装扮有生活味；标识清晰。	2
项目 4.1.4 保护活动场地	9	1. 建筑组合的空间留有居民交往休闲场地，不被侵犯占用。	3
		2. 建筑与街道间设置不多于一个的平行、斜置、垂直停车位场地。	3
		3. 住宅或商业用停车设施用地不得超过项目土地设置的 20%。街面上平行停车位数不计算在内。	3
项目 4.1.5 坡地开发	6	1. 选择自然坡度在 25% 以内的地段合理布置居住建筑。	3
		2. 场地内的各种用地坡度符合指标。	3
得分项 4.2 住区公众性			共计 18 分
项目 4.2.1 混合居住社区	8	1. 套型大小充分多样，距项目 400 米的范围内，其非重复多样性指标至少为 50%。	4
		2. 出租住宅的价格面对中等收入地区的家庭承租。	2
		3. 商品住宅的价格面对中等或略高收入家庭购置。	2

			续表
项目 4.2.2 住区服务配套	4	在200米内所至少包含有两个公共服务项目。	4
项目 4.2.3 住区开放规划	6	1. 征询准住户和住区街道官员对项目立项（市场）建议。	1
		2. 在项目设计阶段公开征询对方案意见。	1
		3. 根据社区意见改善工程设计和善后工作。	2
		4. 与社区街道组织相关管理机构沟通听取意见，并获得他们的支持。	1
		5. 在设计和建设过程中，建立起与社区的沟通机制。	1
4.2.5 资源能源效用			共100分
必要项 5.1 最低能效性能	无	确定建筑节能整体设计、综合协调的工作原则，符合国家标准《公共建筑节能设计标准》的有关规定值。	/
得分项 5.1 能源与环境保护			共计46分
项目 5.1.1 防止破坏臭氧层	2	安装设备中不使用氢氯化烃（HCFC）和哈龙（Halon）。	2
项目 5.1.2 优化能源供应规划	7	1. 采用清洁能源，集中供热地区采用集中供热暖。	3
		2. 在无集中供热地区，对锅炉房供热还是燃气分散供热或其他供热方式，应做多方案技术经济比较。	2
		3. 在住区用能规划中采用最节约，减排的当地能源。	2
项目 5.1.3 就地可再生能源利用	13	1. 共享可再生能源技术，达到总能源的10%。	5
		2. 鼓励利用电网或热网的可再生能源技术，指标达到10%~20%。	4
		3. 体型、朝向、日照、通风和采光达到可再生能源直接利用目的。	4
项目 5.1.4 优化系统能效性能	19	1. 采用计算机模拟手段，进行全建筑模拟，说明能效提高的比例，节能率（能源费用）。	5
		2. 建筑围护结构和系统满足基准建筑的要求。	5
		3. 选用效率高的用能设备和系统，建筑设计的能耗低于常规建筑的耗能成本预算。	5
		4. 能耗推算各种燃料的消费比例，为基准和目标耗能系统建立计量统计系统。	4
项目 5.1.5 检验和查核	5	1. 在照明和控制系统终端安装连续计量设备。	0.5
		2. 在恒负荷和变负荷电机终端安装连续计量设备。	0.5
		3. 在变频驱动操作真空荧光显示屏（VFD）、终端安装连续计量设备。	0.5
		4. 变负荷下制冷机工效	0.5
		5. 在制冷负荷终端安装连续计量设备。	0.5
		6. 在空气利用器、节水器和热回收循环终端安装连续计量设备。	0.5
		7. 在配送空气静压和通风量终端安装连续计量设备。	0.5
		8. 在锅炉效率终端安装连续计量设备。	0.5
		9. 在建筑相关过程能源系统终端安装连续计量设备。	0.5
		10. 在供水升压和浇灌系统终端安装连续计量设备。	0.5
得分项 5.2 水资源和节水			共计24分
项目 5.2.1 降低用水量	10	1. 建筑的总用水量（不包括浇灌）比城市平均建筑基准用水量减少20%~30%。	根据数据得2~4
		2. 按表格基数计算居住建筑、商业建筑的基准用水量。	3
		3. 减少公用和公共绿化区对自来水的应用依赖；用于灌溉的自来水消耗量至少减量50%。	3

			续表
项目5.2.2 中水和雨水再利用	10	1. 设计建造雨水收集系统或渗透路面，回用率50%~70%	3
		2. 中水利用和处理量应达到30%~50% 其中10%~20%补充到卫生洁具冲厕。	3
		3. 采用再生处理工艺处理，满足安全卫生品质要求。	2
		4. 使用住区集中处理供应的中水、雨水和杂用水；与城市水网联网对接。	2
项目5.2.3 废水管理	4	1. 本工程50%的有机废物再加工为有用的有机物肥料。	2
		2. 有机废料有隔离措施，防止有害毒素进入再生水流中。	2
得分项5.3 材料资源和再生			共30分
项目5.3.1 材料再利用	6	1. 新建的公用基础设施中至少5%的回收、复用材料。	3
		2. 使用再循环材料占其总含量至少5%。或至少达到总材料总价值的10%。	3
项目5.3.2 地方材料	2	公共基础设施20%的材料为200公里半径范围内材料。	2
项目5.3.3 再生材料含量	4	使用含有再生成分的部品及材料，占工程用全部材料总价值5%~10%，工业废弃物的比率不超过再生品一半。	4
项目5.3.4 建筑垃圾减量和收集	6	1. 湿作业和现场加工的施工占到全部施工量的20%~30%，建筑垃圾总量减少50%~60%。	3
		2. 专门设置一个方便使用的回收物品集散地。明确标示和分类收集、储存可回收物品。	3
项目5.3.5 社区综合废物管理	6	1. 社区至少有一个适用于社区家庭或商业用户汇集有害物质的集散处，可回收：油漆、溶剂、油类、废电池等废弃物；或另有市政提供的回收服务地点。	2
		2. 社区设置垃圾分类收集站点。至少设置一处适用于居民再循环或再利用废品的回收服务站点，可对纸张、纸板、玻璃、塑料和金属的分类、回收、收集。	2
		3. 至少有一个居民集中收集、并处理食物垃圾的生化处理制肥站。	2
项目5.3.6 既有建筑物再利用	6	1. 保留既有建筑75%的建筑结构和外墙框架。	3
		2. 保留100%的建筑结构和外墙和至少50%非外墙构件内墙、门、地板覆盖物和天花板。	3
4.2.6 健康舒适环境			共100分
得分项6.1 住区环境舒适保证			共计18分
项目6.1.1 降低热岛效应	8	1. 在50%的场址硬质铺装地面（包括道路、步道、院落、停车位等），组合实施以下措施：	① 停车场，人行道，广场等地面应种树或提供绿化绿茵。	2
			② 将至少50%的停车场放在地下、50%的地面停车面积有遮阳结构覆盖，或者不少于50%的地面停车场使用渗透路面系统铺设（透水率高于50%）。	2
			③ 非共享空间部分利用建筑装置或构件进行遮阳达1年以上；所有用于遮盖停车空间的屋顶或遮盖物，其太阳反射系数（SRI）必须在0.3以上，或者采用种植屋面或太阳能发电板遮盖。	2
		2. 住区中的所有建筑屋面至少75%面积符合使用低吸热率材料；或者建筑屋面的50%设置"绿色"（种植）屋顶；全部建筑屋面种植屋顶和低吸热率材料屋顶覆盖率的总和不得低于屋面面积的75%。并且开发建设各个阶段都要满足屋顶防范热岛效应的要求。		2

续表

项目 6.1.2 公共设施系统可控	5	1. 提供单个照明控制，可使至少 90% 以上的建筑用户能够根据其工作需要调节照明，对于多人共用空间，照明控制实现满足团体需要的照明调节。	2
		2. 为至少 50% 建筑用户的提供可调节温度，新风的控制器；安装永久的温湿度监测系统，使操作人员能够控制热舒适度、建筑加湿、除湿系统的有效性。	3
项目 6.1.3 住区噪声控制与指标	5	1. 室外等效噪声级，白天 ≤ 55dB，夜间 ≤ 45dB，夜间偶然噪声级 ≤ 60dB。	3
		2. 沿街噪音的防治包括密闭换新风双玻窗、隔声屏墙、防护树林间距 ≥ 30 米；防振噪音、沟 ≥ 2 米深。	2
得分项 6.2 室内环境品质评估			共计 62 分
项目 6.2.1 室内噪声控制与指标	8	1. 允许噪音标准：白天 ≤ 45dB(A)，夜间 ≤ 35dB(A)。	做好分户墙和楼板的隔声处理。	2
			给排水管道和卫生洁具等所产生的噪音防治。	2
		2. 常规房间不与电梯间、空调机房相邻；管道穿过墙体或楼板设减震套管、套管内径大于 50mm。	2
		3. 采取有效减振、减噪、消声措施，选用低噪声设备机电系统；对产生振动的设备基础应采取隔振措施。	2
项目 6.2.2 室内热舒适度	6	1. 围护结构和设备符合热舒适度控制整合要求；可开启、密闭窗系统设计达到热辐射控制的最大化。	2
		2. 温度控制器、地板、新风装置、柔和辐射板控制实现高舒适度和低能耗投入。	2
		3. 窗的可开启面积符合房间地板面积要求：厨房及 6m² 以下房间为 1/10；卧室、起居室（厅）、明卫生间为 1/20。	2
项目 6.2.3 自然光和视野	4	1. 75% 采光空间，规定采光系数至少为 2%（直射日光除外）。	2
		2. 90% 采光空间有直接视野。	2
项目 6.2.4 室内采光日照时效	8	1. 居住单位至少有一个常规使用空间获得日照，日照时段符合国家日照标准规定。	2
		2. 保持最佳建筑朝向的采光性能。室内采光系数为 0.5%~1%，窗地面积比：常规空间 ≥ 1/7；50% 卫生间能直接采光。	2
		3. 室内照明光源位置合理，照度适宜，公共部位保证最低照度标准。室内交通疏散部位设置夜间指示灯。	2
		4. 设置不同电路以便在不同时段控制不同系统的电路，达到既方便用电又节电的目的。	2
项目 6.2.5 减少光污染	8	1. 室外照明其光线不得射入住宅室内，窗户上垂直照度不得超过 4lx。	2
		2. 设置防眩光装置，如采用遮阳百叶、遮光幕等，景观灯位置和高度适宜。	2
		3. 公共照明应满足行走的安全要求和心理要求。	2
		4. 住区各环境区域对光干扰的限制值符合要求。	2
项目 6.2.6 室内自然风	6	1. 提高非空调和采暖季节的自然通风效率，房间可开启窗面积不应小于该房间地板面积的 10%，并不得小于 0.60m²。	2
		2. 合理设置风口位置，防止串气、泛味，避免厨房、卫生间、吸烟室等处的受污染空气循环使用。	2
		3. 安装 CO_2 浓度监控，探头高度距地 1~2 米之间。	2
项目 6.2.7 新风补充	4	1. 采暖制冷期间，有可调节的换气装置，补充新鲜空气。	2
		2. 消除冷、热桥，防止结露和滋生霉菌。	2

续表

项目 6.2.8 空气污染物	5	室内空气中的氡、甲醛、苯、氨和 TVOC 等空气污染物浓度符合要求。	每项 1 分 共 5 分
项目 6.2.9 住宅室内功能和设施设备	8	1. 各功能空间布局紧凑，动静分区，公私分离，洁污分开；具有可改造性、灵活性的方便条件。	2
		2. 厨房、卫生间等基本空间完备，并配置水电气暖等管道设备系统，实施同层排水的技术措施。	2
		3. 住宅管井管网布置紧凑、有序，管道接口定位准确，设备、管道设置考虑改造和更换方便。	2
		4. 所有公共管道设备系统调节和检修的部件，不布置在住宅套内。各户冷、热水表、电能表和燃气表的设置便于管理。	2
项目 6.2.10 吸烟环境控制（ETS）	5	1. 建筑室内禁止吸烟，设置的室外吸烟区远离建筑入口和有可开启的窗户。	2
		2. 设计指定吸烟室，能有效地留存烟雾并将烟雾排到建筑外。非吸烟区示踪气体浓度低于吸烟室浓度的 1%。	3
得分项 6.3 装修材料污染控制			共计 20 分
项目 6.3.1 低排放材料	14	1. 推行住宅装修一次到位。	4
		2. 室内装修材料有害物指标限量应符合规定。	每项 1 分 共 10 项
项目 6.3.2 化学物与污染源控制	6	1. 采用常备的建筑通风口系统捕集灰尘、颗粒，避免设置在人流入口处。	2
		2. 对有化学物的区域采用通顶隔断墙，独立外排风，排风率至少要达到每平方米 0.7 立方米/分钟，且无循环回风。	2
		3. 在水和化学物容易混合的地方，排水装置对液体废弃物有必要处理。	2
4.2.7 全寿命住区建设			共 54 分
必要项 7.1 住区节能系统运行调试	无	1. 委托建筑或设备系统优化专家验收小组承担责职。其中试运行人员不得包括项目设计或施工管理负责人员。	/
		2. 评审设计意向书和设计依据的技术文件。	/
		3. 将节能建筑及设备系统优化规定列入工程文件计划书。	/
		4. 检查制订并落实节能建筑及设备系统优化计划。	/
		5. 核查安装、功能性能、培训、运行及维护文件。	/
		6. 完成节能建筑及设备系统整体优化设计报告书。	/
得分项 7.1 全寿命质量管理			共计 30 分
项目 7.1.1 全寿命适应性设计	12	1. 实施可灵活布局的空间设计；50% 为可拆装改装的轻质墙体。	3
		2. 实施 SI（承重结构支撑体和内装建筑部分和设备）分离的集成化安装体系；湿作业部位占工程量 10%~20%。	3
		3. 室内部品集成化达到 60%~70%。	3
		4. 室内管道同层排布，公共管道集中且不进居住单元。各种管道系统集成施工，管道隐蔽暗藏，无安全隐患。	3
项目 7.1.2 建筑使用中的经济性	8	1. 建筑性能、工程质量、设备运行纳入保险体系。	2
		2. 有公共维修金和社会基金的保证，有定期维修的制度规定。	2
		3. 用于电器、能耗、维修的日常开销比常规的同类建筑明显降低。	2
		4. 使用过程中碳排放、溴化银排放量达到规定标准。	2

续表

项目7.1.3 综合验收报告	10	1. 运行调试机构独立，实施对设计过程和施工文件阶段的评审。	2
		2. 独立的调试机构先期对施工文件进行评审。	2
		3. 独立的调试机构对提交的试运行的文件进行评审。	2
		4. 向业主提供重新试运行所需的信息手册。	2
		5. 签订一份共同评审运行维护的合同，含一套在建筑竣工后一年中有关试运行问题的解决方案。	2
得分项7.2 住区建设质量管理保证			共计24分
项目7.2.1 建筑工程质量保证	12	1. 建筑隐蔽工程记录完整，档案存放有案可查。	3
		2. 建筑无明显结构裂缝，不构成隐蔽危害。	3
		3. 无跑冒滴漏的迹象；管道容易维修和保养良好，无安全隐患。	2
		4. 全装修成品房交活，工程施工精良保质期定为二年。	4
项目7.2.2 文明建设管理	8	1. 施工场地文明整洁，各种材料堆放整齐，场地各种标志清楚，消防逃生无安全隐患。	3
		2. 挖土坑、土方堆土、易挥发材料工序期间有苫盖和防尘的措施；防尘扬土。	3
		3. 禁止夜间作业，日常场地噪音≥60dB，夜间作业≤45dB。	2
项目7.2.3 专业团队的认可	4	1. 设计、经纪、施工和物业有相应的专业资质认可的证书。	2
		2. 主创人员有相应技术职称，获得中国房地产研究会人居委专家委员会认可。	1
		3. 项目接受示范项目管理办法规定，接受专家委员会的指导。	1
总分：500分			

注：1. 得分总览表系依据条文正文简化编制，使用时请参照原文。
    2. 本表为项目综合开发评价使用，可根据各地使用情况做必要的权重比值，以适应各地的绿色目标和实际特点需要。
    3. 总分500分划分为金牌A1-460分；金牌A2-420分；金牌A3-380分，三个级差。

第五部分
国外绿色城市·住区·建筑案例

5.1 绿色城市
5.2 绿色住区
5.3 绿色建筑

本章汇集了国际上已获众多口碑的绿色城市、绿色住区、绿色建筑典型案例，目的在于通过案例举证再次说明《中美绿色建筑标准比较研究》成果中反复表达的定义、理念和深刻的内涵，从而更好地理解研究成果的国际性、实用性价值。本章包含了绿色建筑单体、建筑群（商业、住宅）等案例，同时还将绿色案例范围扩大到城市层面和住区层面。

通过案例分析，读者将会深入体会到居住社区如同城市的细胞，一个健康的城市细胞有益于增添城市的活力，同时城市的生命力也为城市住区提供了源源不断的物质和精神的支持，如同为细胞输送养分的血脉。城市住区和城市是有机结合的一体，建立绿色住区发展模式是实现城市"精明增长"的重要条件。本章通过对美国城市"精明增长"案例和哥本哈根可持续发展案例的深入解析，告诫城市在发展过程中尽可能避免无序蔓延的趋势，使新城市和住区在规划建设中改变思路，从点到面，从单体到住区，促进城市的区域融合，实现人居环境和谐共生。

研究成果之《可持续发展绿色住区建设导则》中贯穿"精明增长"的理念，在节约土地、保护耕地的基础前提下，充分利用城市基础设施，并采用绿色低碳交通规划，达到保护环境和资源的目的，力求实现人人享有美好的人居环境的愿望。这一愿望的实现需要城市管理者、城市开发者、城市建设者和城市居民的共同努力。

5.1 绿色城市

美国城市"精明增长"原则准确地表达了一个可持续发展的理念，要求在不破坏人类赖以生存的环境和气候的前提下建设现代化、宜居、安全的城市。"精明增长"的核心思想是资源利用最大化，是城市设施和城市生活对资源（能源、土地、水、其他建材）的高效使用。"精明"表示聪明、智慧和精干，是高效和节约的体现。

本部分借鉴美国和丹麦等一些城市案例进一步解析城市"精明增长"建设理念，帮助读者掌握绿色建筑的深刻内涵，理解中国房地产研究会人居委《可持续发展绿色住区建设导则》编制的用心。

5.1.1 哥本哈根的可持续发展之路

哥本哈根是丹麦的首都、最大城市及最大港口，也是著名的古城。总面积为97km^2，人口 67.2 万。作为联合国气候大会主办城市，哥本哈根以采用新能源技术、拥有低能耗的交通系统并生态宜居而著称，该城甚至提出了于 2025 年达到零排放的目标。

哥本哈根的城市规划理念是以居民生活为核心，即生活—空间—建筑，基于这种理念规划的哥本哈根，体现了城市建设与人类住区建设互动和有机结合。

1）城市基础建设规划

以能为居民提供工作、生活、就医、上学等便利条件为核心，同时还设置了许多供居民交流和休憩的公共空间。

图5-1　城市公共空间（资料来源：Shakil Alyas拍摄）　　图5-2　城市公共空间

2078年哥本哈根线状城市规划
■ 老城区
■ 工业区
■ 控制带

图5-3

2）城市交通规划

哥本哈根是一个密集型的城市，整个城区成手掌型，采用"五指规划"，即以市中心为出发点，按手掌五指方向延伸展开，将公共交通放到指状上面，有效解决了交通拥堵问题。全城由五条交通干线两条环线沟通，形成了风光独特、海岸纵横、河道蜿蜒、汽车如流、游船如梭、绿草茵茵、繁忙而不失紊乱、繁华而不失宁静的哥本哈根。

3）公共交通

城市倡导"以人为本"，坚持紧凑型发展，人们主要以公共交通及自行车作为主要交通工具。城市拥有近400万辆自行车及300余公里的自行车道，是市民交通的首选。在哥本哈根还设计了很多步行街，禁止通车，人们都愿意在此步行。

图5-4　轨道交通　　图5-5　公共交通

图5-6　自行车已成为哥本哈根重要的交通工具　　图5-7　公共步行区域

2007年《Monday Morning》杂志提出住区与城市基础服务设施的指标为（图5-8）：

公共汽车应该在距住区500m范围内；

在500m范围内有商店；

在500m范围内有公园；

步行30分钟可以到达城市教育设施；

有很安全的步行和自行车的道路；

混合居住类型和价格；

房屋建筑或公寓使用根据环境来收费；

好的户外和户内的空气质量；

社区邻里之间的亲密感觉；

有一个安全的生活环境。

哥本哈根城市建设正符合了这个城市指标。

HEALTHY CITY CHECKLIST

- LESS THAN 500 METRES TO A BUS, TRAIN OR TRAM STOP WITH REGULAR SERVICES (MIN. EVERY 30 MINUTES)
- LESS THAN 500 METERS TO SHOPS
- LESS THAN 500 METERS TO PARKS
- LESS THAN 30 MINUTES PER MASS TRANSIT TO EDUCATION, EMPLOYMENT, SOCIAL AND CULTURAL OPPORTUNITIES
- SAFE WALKING AND CYCLING PATHS TO A PRIMARY AND SECONDARY SCHOOL
- MIX OF HOUSING TYPES AND PRICES, SUITABLE FOR VARIOUS LIFE PHASES
- HOUSING BUILT OR ADAPTED USING ENVIRONMENTAL PRINCIPLES
- GOOD OUTDOOR AND INDOOR AIR QUALITY
- SENSE OF COMMUNITY IN THE NEIGHBOURHOOD
- TOLERANT AND SAFE ENVIRONMENT

Source: Anthony Cason (2006)

图5-8　健康城市标准

可持续发展的元素
1. Buildings Component Issues（建筑组成）
2. Energy Issues（能源）
3. Water Issues（水）
4. Mobility Issues（机动性）
5. Waste Issues（废物）
6. Food Issues（食物）
7. Greening Issues（绿色）
8. Social Issues（社会）

4）专家观点

焦点关注——可持续发展要素

Shakil Alyas：美国自然资源保护委员会绿色建筑项目研究员

问：您认为一个城市住区符合哪些指标，才可以被称作可持续发展的城市住区？

答：城市住区发展应符合八大要素：第一个是可持续建筑的推进，在此包括建筑改造、建筑新建，其中又包括公共建筑、底层住宅和商业设施，还有一些可移动房屋；第二个是能源的问题，如何综合运行多种类的能源和如何使用可再生能源；第三个是水，城市供水、雨水再利用、城市废水处理等问题；第四个是交通，城市的可持续交通，包括交通管理，道路价格和公共交通；第五个是城市废物管理，包括城市道路清洁，垃圾收集、转运、填埋、焚化、循环再利用的问题；第六个是食品健康；第七个是关于绿地和绿化的问题；第八个是有关城市发展社会民生的问题。

城市发展社会问题
一. 在城市层面
1.市民参与
2.宜居城市
3.社区住宅
4.城市犯罪/安全
5.城市贫穷地区与公共空间
二. 在住区层面
1.室外空气质量
2.供水与卫生
3.住房及建筑
4.食物
5.当地的商业与服务
6.学校及其他教育机构
7.公共空间
8.交通与街道通畅
9.通信技术
10.经济与就业

◎ **焦点关注——城市建设核心**

开彦：中国房地产研究会人居环境委员会副主任专家组组长

问：您认为在哥本哈根的案例中，强调的以"生活"为核心，适用于中国的本土环境吗？

答：哥本哈根的城市建设模式与中国不同，它强调以生活为核心，是以实际生活需求为规划建设的基点，其次是空间，最后才是建筑。而我们是先建设建筑，再思量空间，最后才思量生活的需求和品质，其结果常常打了折扣。这也是由于中国的历史情况决定的，现在中国人已越来越注重自身的"生活"质量了。

◎ **焦点关注——政府责任**

马韵玉：中国标准设计研究院顾问总工程师、住房和城乡建设部住宅产业化委员会专家

问：在哥本哈根，政府充当了一个重要的角色，您认为政府应该处于何种地位？其职责如何？

答：我去国外的一些国家考察过，我发现这些国家的小区规划中更多的是基于市民如何就业、上学、就医，来考虑规划、建设。中国政府应该学习国外的建设模式，将其应用到本国建设中来。我们不能以人口太多为理由，放慢推进城市可持续发展的步伐，忽视控制碳排放。中国许多大城区中的小区建设、工业建设，仅仅关注GDP，不关注后果，让空气污染，河流也遭受污染，甚至没有清洁水。这些都与政府相关职能单位执行不力有密切关系。

◎ **焦点关注——整体节能**

王涌彬：中国房地产研究会人居环境委员会常务副主任

问：哥本哈根注重的是城市的整体节能，对此您是怎么看待的？

答：城市里建筑是节能的，整个城市不一定是节能的、可持续的。这些节能的建筑真正组合在一起时不一定节能、高效。现在绿色低碳的研究只停留在建筑层面，没有延伸到城市住区的层面，不在城市层面解决问题就不能达到目的。建筑仅是城市细胞，其中存在的住区、城市系统有问题，细胞再好也不能达到效果，解决不了问题。我们应该呼吁，从城市规划层面研究可持续的问题。从大层面往细处做，即从产业结构上与产业链上考虑，理论上，更加科学合理。

◎ **焦点关注——公共空间**

靳瑞东：美国自然资源保护委员会中国项目主管、绿色建筑资深专家

问：哥本哈根十分强调公共空间，中国很多城市把建筑放在头位，空间很大，就是不见人，对此您有何看法？

答：城市公共空间的问题与国外比起来确实有很多不足之处。虽然公共空间很多，但要穿过层层街道、公路，不够方便。另外工作单位、居住区、商铺、医院、学校之间的距离太远，让人疲于奔命，是让小区建设模式闹的。应该像以前的"机关大院"那样混合多功能居住模式比较方便，尤其对于老年人。只不过现在的大院封闭得像城堡，应该开放成为市民大众共享的城市住区。

5.1.2 美国城市发展"精明增长"理念

近几十年来，美国城市的无序蔓延已经成为了城市发展中的重大问题。以巴尔的摩这个美国大西洋沿岸重要海港城市为例，自1900~2000年一百年中，城市面积急剧扩张，从星星点点到星罗棋布。

美国城市无序蔓延发展的诱因主要是以下几个方面：
①美国高速公路的不断兴建；
②人口的增加和工作收入的增加；
③低价的汽油以及汽车拥有量的增加；
④购买低密度大面积住房信贷政策的优惠；
⑤公共财政投资于郊区基础设施建设；

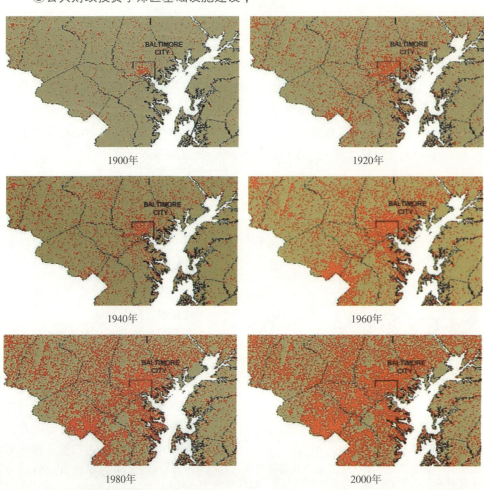

图5-9 巴尔的摩百年城市发展趋势

⑥缺乏区域协调机制而导致的破碎的地方政府体系。

这样毫无秩序的蔓延最终造成了一系列问题：

①交通拥挤与交通安全问题；

②城市居民由于拥堵而使通勤时间变长，用于家庭与工作的时间变少，以致社区的归属感削弱；

③由于耕地、森林和湿地的减少和破坏，城市没有了天然的保护屏障导致空气污染，温室气体排放严重；

④中心城区面临衰败。

如何解决城市蔓延问题，美国提出了"精明增长"的理念，所谓"精明增长"，是一种新的紧凑、集中、高效的城市发展理念，在住区建设中主要表现在：加强对现有社区的重建，重新开发利用废弃、污染工业用地，以节约基础设施和公共服务成本；城市建设相对集中，密集组团，生活和就业单元尽量拉近距离，减少基础设施、房屋建设和使用成本。

精明增长的核心内容是：用足城市存量空间，减少盲目扩张；

精明增长的核心思想是：城市设施和城市生活对资源（能源、土地、水、其他建材）的高效利用。

精明增长的最终目标是：达到人类可持续发展的最终目的。

精明增长的十大原则：①混合利用土地；②尽量利用现有城区的设施；③提高各档次的住宅；④发展可步行社区；⑤创造有特色、有吸引力的城市和社区；⑥保留一定的开阔绿地；⑦尽量在现有建成区发展；⑧提供多种交通模式；⑨对城市发展和开发项目的决策有可预见性、公平、经济适度；⑩鼓励居民和利益相关方参与城市发展决策。（资料来源：Smart Growth America Coalition）

1）美国俄勒冈州的波特兰市

基于"精明增长"城市开发计划：

①"城市开发边界"的计划以遏制城市无序蔓延；

②LUTRAQ（土地利用、交通管理、空气质量）方案；

③波特兰增长概念规划。

住区建设方面表现：住区用地需求集中在现有中心（商业中心和轨道交通中转集中处）和公交线路周围；三分之二的工作岗位和40%的居住人口被安排在各个中心和常规公交线路和轨道交通周围；增加现有中心的居住密

图5-10 波特兰地区1980年的城市发展界线
（资料来源：中国房地产研究会中国人居环境委员会绘制）

度，减少每户住宅的占地面积；强调混合功能以及符合人性尺度的设计和宽敞空间。

市政建设方面表现：投入 1.35 亿美元用于保护 137.6km² 的绿化带；提高轨道交通系统和常规公交系统的服务能力；尽量减少土地的消耗、机动车交通和空气污染；强调街道的相互联系，使公共交通更加便利和舒适。

此计划一经实施，波特兰的人口增长了 50%，而用地面积却只增长了 2%。至此波特兰市成为美国最具吸引力的城市之一。

2）美国伊利诺伊州Glenview的购物中心模拟规划

原本这个购物中心外围是一个宽广的空地市政规划建设减少了车行道的宽度，铺设了人行道，并种植大量的树木。

孤零零的购物中心旁建了一些比例协调、与购物中心相呼应的建筑物。

临街建起各有特色的商店，购物中心的中心墙面也改建为商店，现在这个"空盒子"也变得富有情趣了。

3）专家观点：城市发展"精明增长"理念

钱京京：美国自然资源保护委员会中国区主任

中国正在快速地城市化，到 21 世纪中叶将成为以城市人口为主的国家，因此必须对城市问题给予特别的重视。中国庞大的人口基数和特定的自然地理条件，决定了土地资源、水资源、能源资源的稀缺将是城市发展的瓶颈，而应对策略只有走紧凑型、节约型的城市发展道路。在这方面，国外的城市发展和规划方面的经验、教训，和先进理论值得认真研究和借鉴，特别是可持续发展概念应用于城市发展而引申出的"精明增长"指导原则。参考这些原则，我们认为当前中国的城市发展特别应该注意以下几点：

图5-11 购物中心外宽阔的空地

图5-12 减少车行道宽度，铺设人行道及种植树木

图5-13 周边建设比例合适的建筑

图5-14 临街修建特色商铺

①强调城市密度，提倡集约、紧凑的城市布局，展示由此所能够带来的方便、舒适、有吸引力的城市生活和社交环境。

②强调合理的土地混合利用及建筑混合利用，防止过度的住职分离，减少潮汐交通现象。

③强调经济发展规划、土地利用规划、城市规划，及其他专项规划更好的相互协调，提高城市建设投资的经济效益。

④强调步行友好、自行车友好的街道系统设计，减少人们对机动车的日常使用，改善城市空气质量、节约能源。

⑤强调多种城市交通模式的便利衔接，充分利用经济手段调节不同人群对城市公共交通系统和道路系统的使用。

⑥强调保护耕地和自然生态，从改进税收政策入手，使严控"农转非"措施得以更好地实施；审慎批准大面积新城开发，清理各类违规开发区和园区。

⑦ 强调对现有城区的有机更新，不提倡大片改造，这不仅节约资源和能源，也防止引起社会分化。

⑧强调保护自然景观和维护历史文化街区原貌，提倡维修而不是改造；遏制建设"假古董"、"假古迹"的现象出现，防止过度商业化开发，唯此才能真正提高一座城市的独特性和价值。

⑨强调城市建筑、街道的人性化比例、通达性和节能。

⑩强调公众参与，真实听取市民和利益相关方对城市规划、建设及具体开发项目的意见，即减少判断失误，也减少未来可能的批评。

世界著名的美国城市规划专家简·雅格布曾经写到："摧毁美国社区的不是电视和毒品，而是小汽车。"[1] 她还说过："设计一个梦幻城市容易，而建造一个活生生的城市则煞费思量。"[2] 热衷于建宽阔的马路、宏伟的楼宇和广场、成片高墙围绕的高档住宅区，和大购物中心并不能构造出一个充满活力、有特色、有吸引力的城市。城市的宜居性也不仅仅等于高绿化率、高人均住房面积和低交通拥堵。更根本的是生活和交通便利、空气质量良好、资源充足、社会安全、交流互动方便，有经济活力和就业机会。因此，我国的城市在开发建设中应注意避免肤浅或片面理解宜居城市、生态城市、低碳城市等概念，应抓住城市可持续发展的本质，结合国情、市情用好"精明增长"的原则，防止重蹈美国城市郊区化蔓延的覆辙。

5.2 绿色住区

住区是城市的一个构成细胞，肩负着促进城市发展、提高城市功能的作用。

城市管理者对城市住区的发展起着举足轻重的作用。政府编制可持续发展目标需要社会公众、工程技术人员、开发商等共同参与，并将制订的目标贯彻执行到城

---

[1] 简·雅格布，Dark Age Ahead（中译本为《集体失忆的黑暗时代》），2004年。
[2] 纪录片：Jane Jacobs: Urban Wisdom（简·雅格布：都市智慧），2008年。

市建设和日常生活行为的方方面面。

作为城市建设管理的主体，政府规划建设部门在住区可持续发展中起着积极的推动和促进作用，通过建立绿色住区系统开发的理念，从点到面、从单体到住区，促进城市区域与绿色住区融合发展，让住区与城市互动成为可持续发展的前奏。

一个光明而绿色的未来

"到2020年我们将是世界最环保的城市"

——温哥华市长　格雷戈尔·罗伯森

温哥华市民希望居住在一个充满活力的、可以负担得起的、可持续发展的城市。温哥华政府十分珍惜温哥华得天独厚美丽的自然环境，也为其自然环境的多样性而喝彩，并正努力提供建设一个智能与绿色的城市。

技术与环境两者的结合正在改变世界经济形势。温哥华正创建一个有希望的、有绿色未来的城市。温哥华是储藏自然遗产，并且可以提供给全民参与机会的理想之地。

温哥华正在努力打造世界上新的绿色之都！

5.2.1　东北克里克住区

1）项目总体概况

东北克里克（Southeast False Creek）位于温哥华市中心，是废旧土地再利用发展项目，开发区为占地32hm²的混合居住区。

图5-15　"千年·水"住区首期开发工程（资料来源：www.vancouver.ca）

图5-16 "千年·水"项目整体住区图（资料来源：www.thechallengeseries.ca）

该项目首期名为"千年·水"项目（Millennium Water），是2010年冬奥会的主要场址。在冬奥会结束后将其改造成为1.6万户居民与商业用户的住宅。在政府改建的第一期中，对历史遗产"盐屋"进行修复，建成了1100个居住单元、住区托儿中心、儿童保育中心、一所小学、住区公园、公共广场等。作为一个完整的住区设计，整个住区不仅向其住户和周边住区提供居住、经济以及娱乐等设施，还提供了大量的公共交往场所。

"千年·水"项目采用大量的革新理念，并大量利用可再生能源的新技术，实现了建筑物"零消耗"。

2）项目认证及技术特色

"千年·水"住区建成后，获得了广泛的好评和世人的关注，被评为"世上最可持续发展邻里住区"，美国绿色建筑协会也授予其LEED-ND体系铂金奖认证。此住区摘得该项殊荣则是凭借多种因素，包括临近市中心，住宅的混合利用，拥有经济适用房、绿色住宅，改善并恢复生态环境等要素。

（1）场地可持续建设

"千年·水"住区坐落市区附近的福溪海岸边，该地区原为重工业和铁路交通业用地，20世纪90年代被规划为可持续住区，并借冬奥会的契机促使该地区的发展。市政府定性为废旧土地再利用建设项目（褐地再利用）。通过对当地环境治理、保护、重建和有效的生态系统管理，及配套基础设施添置，达到修复改善居住环境的目的。

（2）水资源与节水

住区雨水处理分为两类：一类是渗透式系统，包括生态屋顶、地面及绿地。另一类是开放性路面，路面由混凝土和石材铺设，雨水渗透率达到40%。通过对屋顶、地面雨水收集、集中过滤处理，用于景观灌溉及洁具清洗。此外，还利用人造湿地对地表进行污水处理，保证其流入自然水体之前得到净化。

图5-17 住区内的生态保护岛（资料来源：www.thechal-lengeseries.ca）

图5-18 住区内10号楼室内光环境（资料来源：www.thechallengeseries.ca）

图5-19 住区内建筑绿色屋顶（资料来源：www.thechallengeseries.ca）

（3）材料

建筑物屋顶运用防水材料，与排水系统和植物根系层组成的基本屋顶组合，以确保达到安全可靠的生态屋顶的标准；提高建筑物外墙性能，使用高效放射式采暖和制冷系统，以降低建筑物的能源消耗。

（4）节能

热能回收——通过回收车库和制冷系统产生的废热用于建筑采暖，避免大量热能流失。

高效热泵技术——采集污水热能，供给住区与邻里小区的采暖与热水系统。

太阳能——利用太阳能技术来缓解建筑物对采暖和制冷的需求，减少对传统能源的依赖。

（5）交通

到达公共空间的距离在400m以内。居民可以步行到达，无需穿越车行干道。住区直接和五个主要的公共交通系统连接。

（6）室内外环境

50%以上绿色屋顶有效地调节建筑物内温度，降低城市热岛效应。住区建设强调公共空间及公用设施的共享，在室内外公共空间使用能源设备以及可控的照明系统。

图5-20 住区内的步行道路（资料来源：www.about.com）

3）项目最终目标

住区能源综合利用系统利用污水回收提供热能；

再生能源满足住区全部热能需求的65%；

图5-21 住区内9号楼外保温幕墙立面图（资料来源：www.thechallengeseries.ca）

住区能源消费比标准北美住宅项目减少 40%；

饮用水的使用减少 40%；

建筑物能源的消耗与生成均衡。

5.2.2 坞边绿地—维多利亚

1）项目总体概况

坞边绿地（Dockside Green）坐落在加拿大维多利亚市，项目占地 15 英亩（约 6.07hm²），市政府要求将原工业用地通过改造再开发为居住用地，并将个性发展放在可持续发展的开发计划中。项目集居住、工作、零售、办公、公共娱乐场所与文化广场为一体，其中，住区分 3 个居住组团，共计 26 幢住宅楼，建筑面积 130 万平方英尺（12 万 m²），是 2500 户居民的家园。作为一个港口住区，坞边绿地给周围居民提供生活配套支持。

图5-22 坞边绿地俯瞰图（资料来源：greensource.construction.com）（左）
图5-23 绿色屋顶使用高漫射材料（资料来源：dockside green victoria）（右）

项目开发过程中通过工程废物管理、生态种群共同利用、整合污水处理系统等绿色技术措施，并满足温室气体排放政策。因为采用了综合节能措施，有望将现有的能源反馈到城市的能源网中。

项目特色表现在以下几个方面：

场地的可持续建设——坞边绿地对污染的原工业用地进行了再开发，包括抗侵蚀与防沉降的保护性设计。

提倡绿色交通出行——住区内公共场所与基础设施互相支持，各项设施的间距都小于 800m。住区内修建了自行车道和人行道，便于居民步行或使用自行车等公共交通工具，同时还提供公共交通和港口渡轮。

水资源的节约利用——雨水从建筑物屋顶及表面收集后就地储存或集中到污水处理厂处理后再利用，用以冲洗厕所与灌溉区内绿地。在一年中可以节水 7 千万加仑。采用复式节水装置的 26 栋楼中，居民饮用水的需求总量降低了 65%。

能源效率——每栋楼节能效率比加拿大国家能源规范要求提高 48%~52%。室内安装了传感器与节能照明、新风排风能量回收等一些节能装置。星级能源电器降

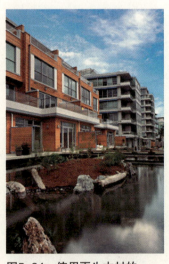

图5-24 使用再生木材的住宅（资料来源：dockside green）

低能源损耗，在所有的住宅中都安装了碳排放量监控器，帮助居民更好地了解自家的能源用量。

材料再利用和垃圾回收——提高垃圾分类率。实施简单易行的材料循环再利用策略，自行提供能源及进行垃圾处理。项目还使用生物气化系统，可将废木加工成清洁燃气来满足建筑的供暖与热水需求。

2）概念规划设计

坞边绿地运用了"三重底线标准"（triple-bottom-line）的非常规规划理论。该理论认为经济、生态、社会平等具有相同的比重。采纳这一理论之后，开发商创造了一套新的成本计算方法，这超越了建筑本身设计。具体表现为：

考虑环境影响因素——设计团队将当地的气候与美景作为最重要的因素。这个计划修复并扩大海岸线，沿海岸建设人行道、小型船坞、一个拥有露天剧场和舞台的广场以及运动场，沿河畔可以穿过社区内的林荫小道。

考虑历史人文因素——根据本地的历史原貌和人文特色，建设了包括小型船坞厂、港口码头和配套的零售业与办公场所。

雨洪管理统筹规划——在降低成本的同时达到了减少温室气体的排放，及降低热岛效应的目的。

3）项目最终实现目标

社会型、经济型和环境型三者集合的社区效应，远远超出了技术方面的评价。通过高效能建筑群高密度规划建设，设施的综合利用，便利的替代交通形式，达到了环境资源的可持续发展，成为未来绿色住区的主要发展方向。

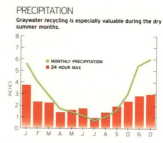

图5-25　当地各月降水量

5.3　绿色建筑

5.3.1　德国绿色生态建筑

德国建筑节能体系在欧洲乃至世界都处于领先地位，建筑节能技术更是独具特色。古语云，他山之石可以攻玉。本文通过专家对话和案例介绍的方式详细解读此次考察的绿色节能生态案例，供大家共同学习和借鉴。

1）汉诺威住房储蓄银行办公楼

汉诺威住房储蓄银行办公楼外观像一个被罩起来的大方盒子。盒子内三栋办公楼和接待大堂围合出三个院子。方形玻璃罩和四层办公主体建筑间形成的过渡空间，提供了一个暖房（廊）和内外空间交接的场所，与此同时也成为人们共享空间。

图5-26　办公楼内部玻璃包裹的热过渡空间（资料来源：开彦拍摄）（左）

图5-27　交通廊热过渡空间（资料来源：开彦拍摄）（右）

玻璃暖房（廊）空间形成了聚热和热过渡性的防护体系，像给办公室穿上了真空的大棉袄，从而保持室内相对恒温恒湿。用很少的热能量获得了舒适的环境，高效利用了能源。暖房中绿色植物在阳光中繁枝叶茂。独特新风系统装置将清爽的空气送到每一位员工的工作面。采暖和制冷能耗调整接近零能耗。

智能的人工照明并配合吸声防噪反光板，营造出室内清新的环境空间，极大地提高了室内的舒适度。

该项目创造了高舒适度、低能耗、生态化、高效化的成功范例，成为德国乃至欧洲的榜样。

2）生活品质体验馆（Baufritz）

生活品质体验馆由德国Baufritz公司建设，该项目致力于研究木质住宅的特点包括木结构住宅的实用性、节能性、灵活性和对未来的环境保护。Baufritz木结构住宅强调的第一个特点是高舒适度，这和绿色节能建筑理念一致。

体验馆的一个特色是应用多种生态技术，获得舒适的居住环境。该馆应用材料、色彩、灯光等多种方式，让人通过听觉、嗅觉、视觉、触觉和味觉之五官感受体验建筑内舒适的居住环境。

嗅觉：室内气候舒适性。通过嗅觉检验室内空气质量，运用了包括30cm厚木结构呼吸性外保温系统、无灰尘污染的中央空调系统、空气净化系统等技术。

图5-28　德国Baufritz生活品质体验馆的木质结构（资料来源：人居委）（左）

图5-29　生态体验馆内部的舒适环境（资料来源：开彦拍摄）（右）

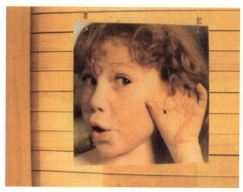
图5-30　听觉（资料来源：开彦拍摄）

图5-31　味觉（资料来源：开彦拍摄）

此外室内还考虑到易过敏人群的舒适性，为该人群提供单独的健康计划和室内温度指标。

听觉：智能舒适性及无辐射噪声环境。包括自动防盗门装置系统、自动警报系统、语音对讲系统；利用再生能源的供热系统，网络、电话、电子设备集成系统。设置有STRAHLEN辐射试验盒，以检测室内电子辐射，如手机、电子通信设备等。Baufritz公司在为客户建造

图5-32　嗅觉（资料来源：开彦拍摄）

的产品中实现减少99%的室内电子辐射，并且保持产品的价格不变。技术手段主要依靠电路阻隔和室内墙面辐射吸收，因此达到室内低电子辐射和无辐射噪声。

触觉：通过皮肤直接感受休闲舒适性环境。可设置阳光房、桑拿房、室外休闲区、冬季花房以及按个人喜好需要进行设计安排。

视觉：良好的采光是提高生活质量的要素之一，室内照明试验的目的是为了找出室内光照舒适度的规律，一方面检测新照明系统的灯光和调节的合理性，实现光照的自动调控，另一方面考虑相适应的室外照明系统，特别是注意室外灯光对室内舒适度的影响。

图5-33　光线视觉（资料来源：开彦拍摄）

图5-34　触觉（资料来源：开彦拍摄）

5.3.2 日本可持续建筑"NEXT 21"未来建筑

"NEXT 21"是由日本大阪燃气公司建造的高集成度耐久性住宅，建于1992年10月，1993年4月开始入住。"NEXT 21"针对未来城市集合住宅的需要，从硬件和软件两个方面入手，为21世纪可持续性住宅的建设提供借鉴。其设计理念在于：

图5-35 日本"next21"住宅（资料来源：中国房地产研究会中国人居环境委员会拍摄）

①节约能源、资源并兼顾舒适的生活；
②保护市区内生态环境以减少环境污染的负荷；
③开发新设计方法与设备，营造舒适的居住和社区空间；
④设计具有魅力的样板住宅，以满足住户不同生活方式的需求；
⑤开发可变性住宅，其设备与配套设施适应了不同家庭及不同生活阶段对住宅规模与户型的变更需要。

共有5方面的设计特色：

1）能源供给系统与节能设计

采用普通电源与绿色能源组合的能源供给系统，具体有几下四种：普通电耗、磷酸燃料电池、燃气、太阳能电池。

节能设计体现在高气密性、高保温性、立体绿化。

通过采用上述组合能源供给系统与节能设计相结合的手法，该建筑能耗比普通住宅节约27%，二氧化碳、氧化氮等的排放量分别减少25%、56%，这证明了组合能源供给系统可以用于城市集合住宅。

在第二阶段，改用以燃气为主的能源供给系统，能源比普通住宅节约30%。高气密性、高隔热性的住宅设计不但增加了住宅的高保温性，降低了能源消耗，而且提供了室温适宜的舒适环境。

2）与环境共生——立体绿化

"Next21"的设计利用了屋面、中庭及各层露台的空间，确保了1000m²的绿地。

图5-36 建筑立面绿化A（资料来源：中国房地产研究会中国人居环境委员会拍摄）

图5-37 建筑立面绿化B（资料来源：中国房地产研究会中国人居环境委员会拍摄）

立体绿化与屋顶花园明显改变了热环境。当周围建筑的墙壁温度达到 40℃ 以上时，该建筑物的绿化部分和立体街道与外部气温大体相同，被控制在 34℃~35℃。当晚上 8 时时，周围建筑的墙壁仍为 32℃，而该建筑物墙壁则与外部气温会降到 28℃ 左右。

由此可见，城市集合住宅的立体绿化不仅能降低单体建筑的能耗，而且对减轻城市热岛效应也具有明显的效果。

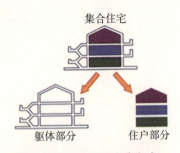

图5-38 建筑的SI建造方式（资料来源：中国房地产研究会中国人居环境委员会绘制）

3）可变性住宅

"NEXT21"采用建筑支撑体与住户内装修分离的方式（以下简称 SI 方式）建成，因此可以根据不同结构的家庭、不同生活方式的需要，改变住户内部的装修与设备，而不破坏建筑物结构，从而保证建筑物的物理寿命和社会寿命，减少资源、能源的浪费。

可变性住宅的设计中，分户墙的设计有利于住户规模的变更，可移动式间壁墙的设计减少了住户改造时的垃圾量，可适应性用水设备和配管的设计可以满足不同居住者和不同生活方式的需求。

改造实践证明采用 SI 建筑体系建造的建筑和设备具有很强的适宜性和可变性，非常适合住户的装修改造。可移动式户内隔墙的结构设计可以使 95% 的户内隔墙建材能够多次利用，废弃材料仅为 5%，基本上实现了尽量减少建筑垃圾的环境友好型住宅改造。

4）新设备与新材料的应用

"Next21"引进开发了 106 种住宅设备和新技术，并进行了使用测试评价。根据评价结果，其中 24 小时换气空调系统、自动清洗浴盆系统及遥控淋浴系统等 36 种设备和技术实现了商品化。另外，"Next21"还采用了新建材，如能除湿、除臭的硅藻土板作为内装修的材料。生活垃圾、生活污水全部处理，基本实现了零排放。中水的回收量平均每月为 235m²，保证了 1000m² 绿地的绿化用水，5 年内合计节约水使用量 19%，减轻了对外部环境的负荷。

图5-39 立体街道（资料来源：中国房地产研究会中国人居环境委员会拍摄）

5）立体街道设计

"NEXT21"楼梯、走廊及天桥等被看做立体街道，不仅仅要满足交通，而且要满足楼内绿化、居民社交、儿童嬉戏的需要。其设计宗旨是通过立体街道的设计，创造新的城市集合住宅生活方式。

附录1　名词解释

1. 绿色人居：体现绿色平衡理念，"以人为本"，与自然环境亲和，实现人—建筑—环境和谐统一的人居环境空间。绿色人居做到资源、能源利用高效循环、废物排放减量无害，居住环境健康舒适。绿色人居是一个高效、安全、舒适的居住空间，是理想人居环境发展的高级阶段。

2. 可持续住区：即住区能够可持续发展"既满足当代人的需求，又不对后代人满足其需求的能力构成危害的发展"。这是联合国1987年宣言"我们共同的未来"中提出的概念，已为国际社会广泛接受。

3. 精明增长：指增长方式的科学性和精准性，能以最小的投入获取最大的效益，全面体现科学发展观。

4. 全寿命建筑：指完整的生命周期的建筑，包含建筑材料的生产运输、建造施工、使用运营、维修改造、终止拆除等全过程。

5. 百年住宅：寓意住宅建筑的健康长寿、运营良好。百年住宅需要适应百年周期内的功能使用、家庭组成的变迁、管道实施的更新、文化心理的满足等多方面的要求。

6. 低碳城市（住区）：城市总体二氧化碳排放量相对较低的城市（住区）（相对于同等人口或用地规模以及经济水平）。低碳城市（住区）应该是结构合理、功能高效、与自然环境协调、可持续发展的城市。

7. 低碳住宅：是指从建筑全生命周期内包括材料设备生产、运输、建造，使用及维护更新，到后期拆除的整个过程，达到减少化石能源的使用总量，垃圾减量，材料再循环使用，降低住宅建筑的二氧化碳排放总量的目标。低碳住宅既可以是新建建筑、也可以针对既有建筑节能改造。

8. 社区，社会学名词（英文为Community）。基本定义为：社区是指地区性的生活共同体。人们在社会生活中，不仅结成一定的社会关系，而且总离不开一定的地域条件下形成的一个个生活共同体。整个社会就是由大大小小的地区性生活共同体结合而成的。这种聚居在社会学上称之为社区。构成一个社区，应包括以下5个基本要素：①一定数量的社区人口；②一定范围的地域空间；③一定类型的社区活动；④一定规模的社区设施；⑤一定特征的社区文化。我国推进的城市社区建设中，社区一词的含义，特指城市基层社会管理经过规模调整了的居民委员会辖区。

9. 城市住区（英文为Neighborhood）是指由城市主要道路或自然分界线所围合的生活聚集地。城市住区内设置比较完整的公共生活空间和服务性设施，能够满足人们基本物质及文化生活常规需要。城市住区规模较大，配置服务性内容繁多，往往具有城市机能和公共功能的特征。

附录2 住房和城乡建设部科技计划项目验收证书

住房和城乡建设部科技计划项目
验收证书

建科验字[2011]第 112 号

项 目 名 称： 中美绿色建筑评估标准比较研究

完 成 单 位： 中国房地产研究会人居环境委员会
（盖章）

组织验收单位： 住房和城乡建设部建筑节能与科技司
（盖章）

验 收 日 期： 2011 年 5 月 25 日

住房和城乡建设部建筑节能与科技司
二〇一〇年一月制

附录3　住房和城乡建设部科技计划项目验收意见

受住房和城乡建设部建筑节能与科技司委托，2011年5月25日下午中国房地产研究会在北京主持召开了由研究会人居环境委员会承担的《中美绿色建筑评估标准比较研究》（建科2007-R3-27）课题验收会。

会议由中国房地产研究会副会长童悦仲主持。验收专家委员会由七人组成，住房和城乡建设部住宅建设与产业现代化技术专家委员会副主任徐正忠担任主任委员，北京市建筑设计研究院原副院长赵景昭担任副主任委员。专家委员会听取了课题组汇报，审阅了课题成果资料，进行了评议，形成意见如下：

1. 课题组提供的验收资料完整，内容翔实，符合验收要求。

2. 课题组对美国和中国绿色建筑评估体系的内容、认证体系以及政策等方面进行了全面细致的对比研究；对国内外众多绿色建筑的评估体系进行了分析比较；对国内同行全面了解世界各国绿色建筑标准体系具有积极意义。

3. 课题组结合中国人居环境建设的实践，编制完成了《可持续发展绿色人居住区建设导则》。该导则导向明确，操作性强，填补了我国绿色住区建设体系的空白，对指导我国城镇绿色住区发展提供了理论依据，具有推广价值。

4. 该课题借鉴国外经验，注重研究成果的本土化。取得的成果具有创新性和很高的学术价值，达到国际先进水平。

建议：

1. 将课题名称改为《可持续发展绿色住区建设导则研究》。

2. 选择合适项目进行"绿色住区"建设试点，条件成熟后申报住房和城乡建设部标准编制计划。

专家委员会一致同意通过验收。

验收委员会主任：徐正忠　　副主任：赵景昭

2011年5月25日

验收专家委员会成员：

徐正忠：住房和城乡建设部住宅建设及产业现代化技术专家委员会副主任、住房和城乡建设部科技司原司长

赵景昭：北京市建筑设计研究院原副院长、教授级高级建筑师

孙克放：住房和城乡建设部住宅产业化促进中心总工程师、教授级高级建筑师
谢远骥：首都规划建设委员会原总建筑师、教授级高级建筑师
金笠铭：清华大学建筑学院培训中心主任、教授
辛　萍：住房和城乡建设部科技发展促进中心住房和城乡建设部建筑节能中心高级工程师
卢　求：洲联集团副总经理、博士、中国建筑业协会节能分会副主席

参考文献

[1] 张元端.中国人居环境:从理论到实践的思考[M].北京:中国建筑工业出版社,2008.

[2] 开彦,王涌彬.中国人居环境金牌住区评估标准及案例应用[M].北京:中国建筑工业出版社,2009.

[3] TopEnergy绿色建筑论坛组织.绿色建筑评估[M].北京:中国建筑工业出版社,2007.

[4] 中国城市科学研究会.绿色建筑:2009[M].北京:中国建筑工业出版社,2009.

[5] 林宪德.绿色建筑:生态·节能·减废·健康[M].北京:中国建筑工业出版社,2007.

[6] Bill Dunster,史岚岚,郑晓燕.走向零能耗[M].北京:中国建筑工业出版社,2008.

[7] 卜一德.绿色建筑技术指南[M].北京:中国建筑工业出版社,2008.

[8] 刘念雄,秦友雄.清华大学建筑学与城市规划系列教材:建筑热环境[M].北京:清华大学出版社,2005.

[9] 聂梅生,秦佑国,江亿,等.中国生态住宅技术评估手册[M].北京:中国建筑工业出版社,2003.

[10] 周建亮,孙碧襄.中国绿色建筑评价体系的不足与改进[J].住宅科技,2007(14):62-63.

[11] 张扬,康艳兵.鼓励节能建筑的财税激励政策国际经验分析[J].节能与环保,2009(9):17-19.

[12] 陈起俊,杨吉锋,周继.LEED for Homes对中国人居工程评价的启示[J].节能经济,2008(4):80-83.

[13] 李锐.LEED对我国绿色建筑评价体系的启示和借鉴[J].山西建筑,2010,36(8):18-20.

[14] 康艳兵,张扬,韩凤芹.关于鼓励节能建筑的财税政策建议[J].中国能源,2009,31(11):34-36.

[15] 支家强,赵靖,辛亚娟.国内外绿色建筑评价体系及其理论分析[J].城市环境与城市生态,2010,23(2):43-47.

[16] 任邵明,郭汉丁,续振艳.中国建筑节能市场的外部性分析与激励政策建筑节能[J].建筑节能,2009,(1):75-78.

[17] 徐子苹,刘少瑜.英国建筑研究所环境评估法BREEAM引介[J].新建筑,2002,(1):55-59.

[18] 秦佑国,林波荣,朱颖心.中国绿色建筑评估体系研究[J].建筑学报,

2007,（3）：68-70.

[19] 尹伯悦，赖明，谢飞鸿，窦金龙. 借鉴国外绿色建筑评估体系来研究中国绿色矿山建筑标准的建立和实施 [J]. 中国矿业，2006, 15（6）：26-17.

[20] 张玉菊. 国内外绿色建筑评估体系分析 [J]. 安徽农业科学，2009, 37（7）：3336-3337.

[21] R. Yao, B.Z. Li, K.Steemers. Energy policy and standards for built environment in China. Renewable Energy, 2005, 30：1973-1988.

[22] LEED Steering Committee. LEED Policy Manual Foundations of the Leadership in Energy and Environmental Design Environmental Rating System：A Tool for Market Transformation. US Green Building Council. Summer 2004.

[23] China Ministry of Construction, 2005. National Standard of the People's Republic of China（GB50189-2005）. Design Standard for Energy Efficiency of Public Buildings. Ministry of Construction of the People's Republic of China Enforcement, April 4, 2005.

[24] 杨德位. 南湖小区既有建筑围护结构能和分析及节能改造研究 [D]. 重庆：重庆大学，2007.

[25] 俞伟伟. 中美绿色建筑评价标准认证体系比较研究 [D]. 重庆：重庆大学，2008.

[26] 李路明. 绿色建筑评价体系研究 [D]. 天津：天津大学，2003.

[27] 孙佳媚. 绿色建筑评价体系及其在工程实践中的应用 [D]. 天津：天津大学，2006.

[28] 徐莉燕. 绿色建筑评价方法及模型研究 [D]. 上海：同济大学，2006.

[29] 黄琪英. 国内绿色建筑评价的研究 [D]. 成都：四川大学，2005.

[30] 胡俊. 构建现代绿色建筑体系的探索研究与实践 [D]. 重庆：重庆大学，2005.